Aprenda Google Analytics

Gerando Impacto Comercial e Insights

Mark Edmondson

CB017499

ALTA BOOKS
GRUPO EDITORIAL
Rio de Janeiro, 2024

Aprenda Google Analytics

Copyright © **2024** Starlin Alta Editora e Consultoria Eireli.

Copyright © **2023** Mark Edmondson.

ISBN: 978-85-508-2116-0

Authorized Portuguese translation of the English edition of Learning Google Analytics ISBN 9781098113087 © 2023 Mark Edmondson. This translation is published and sold by permission of O'Reilly Media, Inc., which owns or controls all rights to publish and sell the same. PORTUGUESE language edition published by Grupo Editorial Alta Books Ltda., Copyright © 2024 by STARLIN ALTA EDITORA E CONSULTORIA LTDA.

Impresso no Brasil — 1ª Edição, 2024 — Edição revisada conforme o Acordo Ortográfico da Língua Portuguesa de 2009.

Dados Internacionais de Catalogação na Publicação (CIP) de acordo com ISBD

E24a   Edmondson, Mark

Aprenda Google Analytics: Gerando Impacto Comercial e Insights / Mark Edmondson ; traduzido por Renan Amorim. - Rio de Janeiro : Alta Books, 2024.
288 p. : il. ; 15,7cm x 23cm.

Tradução de: Learning Google Analytics
Inclui índice.
ISBN: 978-85-508-2116-0

1. Ciência da Computação. 2. Google Analytics. I. Amorim, Renan. II. Título.

2024-114

CDD 004
CDU 004

Elaborado por Odilio Hilario Moreira Junior - CRB-8/9949

Índice para catálogo sistemático:
1. Ciência da Computação 004
2. Ciência da Computação 004

Todos os direitos estão reservados e protegidos por Lei. Nenhuma parte deste livro, sem autorização prévia por escrito da editora, poderá ser reproduzida ou transmitida. A violação dos Direitos Autorais é crime estabelecido na Lei nº 9.610/98 e com punição de acordo com o artigo 184 do Código Penal.

O conteúdo desta obra fora formulado exclusivamente pelo(s) autor(es).

Marcas Registradas: Todos os termos mencionados e reconhecidos como Marca Registrada e/ou Comercial são de responsabilidade de seus proprietários. A editora informa não estar associada a nenhum produto e/ou fornecedor apresentado no livro.

Material de apoio e erratas: Se parte integrante da obra e/ou por real necessidade, no site da editora o leitor encontrará os materiais de apoio (download), errata e/ou quaisquer outros conteúdos aplicáveis à obra. Acesse o site www.altabooks.com.br e procure pelo título do livro desejado para ter acesso ao conteúdo..

Suporte Técnico: A obra é comercializada na forma em que está, sem direito a suporte técnico ou orientação pessoal/exclusiva ao leitor.

A editora não se responsabiliza pela manutenção, atualização e idioma dos sites, programas, materiais complementares ou similares referidos pelos autores nesta obra.

Produção Editorial: Grupo Editorial Alta Books
Diretor Editorial: Anderson Vieira
Vendas Governamentais: Cristiane Mutüs
Gerência Comercial: Claudio Lima
Gerência Marketing: Andréa Guatiello

Assistente Editorial: Isabella Gibara
Tradução: Renan Amorim
Copidesque: Eveline Machado
Revisão: André Cavanha
Diagramação: Joyce Matos
Revisão Técnica: Daniel Sanches
(Arquiteto e Engenheiro de Dados)

Rua Viúva Cláudio, 291 — Bairro Industrial do Jacaré
CEP: 20.970-031 — Rio de Janeiro (RJ)
Tels.: (21) 3278-8069 / 3278-8419
www.altabooks.com.br — altabooks@altabooks.com.br
Ouvidoria: ouvidoria@altabooks.com.br

ALTA BOOKS
GRUPO EDITORIAL

Editora
afiliada à:

Sobre o Autor

Mark Edmondson trabalhou com análise digital por mais de 15 anos e é conhecido como colaborador do setor com seus blogs e programas de código aberto muito esperados que ampliam as fronteiras do que a análise digital pode realizar. É o criador de vários pacotes em R que foram publicados e lidam com APIs do Google, incluindo o googleAnalyticsR e o googleCloudRunner, desenvolvidos para auxiliar em seu próprio trabalho. Depois de fazer seu mestrado em Física no King's College London, ele trabalhou em todos os ramos de marketing digital com marcas de renome mundial que se adequavam aos seus interesses atuais de usar a nuvem, o aprendizado de máquina e a ciência de dados para transformar dados em informações e insights. Ele dá palestras no mundo todo sobre conceitos como aprendizado de máquina, computação em nuvem e programação de dados, e teve a honra de participar do programa Google Developer Expert para o Google Analytics e Google Cloud. Mark mora em Copenhague, Dinamarca, com sua esposa, seus dois filhos, seus gatos e suas guitarras. Se desejar entrar em contato com ele, envie uma mensagem para *ga4-book@markedmondson.me.*

Sumário

Prefácio

O GA4 é a maior evolução até o momento da ferramenta de marketing digital mais popular da internet, o Google Analytics. BuiltWith.com calcula que cerca de 72% dos 10 mil maiores sites da internet usam o Google Analytics e todos esses sites procurarão fazer o upgrade do antigo Universal Analytics para o GA4 nos próximos anos. Devido ao novo modelo de dados do GA4, a última iteração do Google Analytics não será compatível com seus antecessores, diferentemente das atualizações passadas, como do Urchin para o Universal Analytics. Os sistemas mais antigos acabarão sendo aposentados, de modo que é realístico dizer que, dentro de alguns anos, o GA4 se tornará a solução de análise mais popular do planeta.

O GA4 apresenta um novo paradigma de marketing digital: fazer com que as ferramentas de análise não só relatem o que aconteceu, mas influenciem o que acontecerá por meio da ativação de dados. A ativação de dados tem a ver com causar um efeito positivo no nosso site para que possamos ver um verdadeiro impacto comercial na nossa análise. A tendência do marketing digital nos últimos anos vem se voltando a tomar decisões mais rápido para nos ajudar a justificar o custo do nosso site, aplicativo ou atividade nas redes sociais. Assim como os booms do e-commerce, a análise digital vem se tornando mais essencial para garantir que os recursos sejam alocados corretamente em um cenário altamente competitivo.

Desde que os predecessores do GA4 — o Urchin e o Universal Analytics — foram lançados em 2005, a internet mudou, passando a incorporar aplicativos de aparelhos de dispositivos móveis, IoT, aprendizado de máquina, iniciativas de privacidade e novos modelos de negócios — o que exige uma evolução de como os dados são processados. O GA4 incorpora recursos para dar suporte a esse novo fluxo de dados e nos prepara para o futuro do marketing digital.

Além de suas muitas integrações nativas, como o Google Ads, o Google Optimize e o Campaign Manager no Google Marketing Suite, o uso expandido do GA4 da Google Cloud Platform e do Firebase significa que os publicitários digitais agora possuem a habilidade de criar praticamente todo fluxo imaginável de dados e aumentar sua proporção para 1 bilhão de usuários. Aprender a coordenar esses recursos permite que os publicitários digitais usem sua análise com mais facilidade para criar aplicativos de dados baseados nas mesmas fontes de dados, atingindo resultados visíveis mais rápido para seus próprios sites.

Essas novas oportunidades exigem habilidades de aprendizado que talvez sejam desconhecidas para os publicitários digitais tradicionais. Assim, o objetivo deste livro é familiarizá-lo com suas implementações do GA4 e ajudá-lo a fazer com que atinjam seu mais pleno potencial. Apresentaremos casos de uso comuns da ativação de dados do GA4 e daremos instruções passo a passo de como implementá-los, além de apresentar ideias e conceitos para ajudá-lo a criar seus próprios aplicativos personalizados.

Espero conseguir inspirar aqueles que desejam criar seus próprios projetos de ativação de dados. Serão incluídos exemplos de códigos para ajudar a fornecer alguns modelos, bem como introduções a vários componentes de nuvem, como armazenamento e modelagem de dados, APIs e funções sem servidor para ajudá-lo a avaliar quais tecnologias você talvez queira habilitar.

Até o fim deste livro, você será capaz de entender o seguinte:

- Quais casos de uso as integrações do GA4 podem permitir
- Quais habilidades e recursos são necessários
- A quais funções a tecnologia de terceiros deve atender
- Como o Google Cloud é integrado com o GA4
- Quais dados o GA4 deve coletar para possibilitar os casos de uso
- O processo de elaborar fluxos de dados desde a estratégia ao armazenamento, à modelagem e à ativação de dados
- Como respeitar as opções de privacidade do usuário e por que é importante fazer isso

Acho que esta é a época mais emocionante da análise digital, simplesmente porque o potencial do que podemos fazer hoje é praticamente ilimitado. A nuvem possibilitou o que era impossível para pessoas físicas ou empresas menores fazerem há apenas 10 anos, e essa revolução significa algo que realmente acho: estamos limitados apenas pelo nosso nível de ambição. Se este livro ajudar a inspirar nem que seja apenas uma pessoa a despertar essa ambição, meu esforço já terá valido a pena.

Para Quem Este Livro Foi Escrito

Se está lendo este livro, você provavelmente é um publicitário digital com alguma experiência em análise digital. Talvez esteja trabalhando em uma agência ou um departamento de marketing digital, talvez para uma marca de e-commerce ou web publisher. Talvez esteja tentando justificar o upgrade do Universal Analytics para o GA4 ou já tenha feito a troca e agora está tentando usar seus recursos avançados. O objetivo deste livro é inspirar os leitores não técnicos com as possibilidades e fornecer uma quantidade suficiente de informações práticas para que os leitores mais técnicos possam implementar os casos de uso do livro e utilizar os blocos de construção para criar suas próprias integrações personalizadas.

O objetivo deste livro é ensiná-lo sobre os recursos das integrações do GA4 que vão além do básico e que você vem usando durante os seus 1 ou 2 anos de experiência com o marketing digital. Você provavelmente já se sente confortável ao implementar tags em sites e/ou ler os relatórios básicos do GA. Usuários mais técnicos talvez utilizem as APIs do Google e possuam certo conhecimento de JavaScript/Python/R/SQL, além de alguma experiência com a nuvem.

Este livro não é uma lista completa dos recursos do GA4. Pelo contrário, ele se concentra no que você pode fazer para extrair valor de negócio das suas implementações do GA4 usando a Google Cloud Platform para facilitar as coisas.

Convenções Utilizadas Neste Livro

As seguintes convenções tipográficas são usadas neste livro:

Itálico
> Indica novos termos, URLs, endereços de e-mail e nomes e extensões de arquivos.

`Fonte monoespaçada`
> Usada para a listagem de programas e fazer referência a elementos dos programas nos parágrafos, como nomes de variáveis ou funções, bancos de dados, tipos de dados, variáveis de ambiente, declarações e palavras-chave.

`Fonte monoespaçada em itálico`
> Exibe textos que devem ser substituídos por valores fornecidos pelo usuário ou por valores determinados pelo contexto.

 Este elemento representa uma dica ou uma sugestão.

 Este elemento representa uma observação geral.

 Este elemento representa um aviso ou um alerta.

Usando Exemplos de Códigos

Materiais suplementares (exemplos de códigos, exercícios etc.) estão disponíveis para download no site *https://github.com/MarkEdmondson1234/code-examples* (conteúdo em inglês).

O leitor também encontrará o conteúdo no site da editora em *https://altabooks.com.br*. Basta buscar pelo ISBN ou nome do livro.

Se tiver alguma pergunta técnica ou um problema ao usar os exemplos de códigos, envie uma mensagem para *bookquestions@oreilly.com* (em inglês).

O objetivo deste livro é ajudá-lo a realizar seu trabalho. Em geral, se forem apresentados exemplos de código neste livro, você poderá usá-los nos seus programas e documentos. Só será necessário entrar em contato conosco para nos pedir permissão se for reproduzir uma parte significativa do código. Por exemplo, não é necessário pedir permissão para escrever um programa que usa várias partes dos códigos deste livro. Mas é necessário pedir permissão para vender ou distribuir exemplos dos livros da editora. Não é necessário pedir permissão para responder uma pergunta citando este livro e usando um exemplo de có-

Agradecemos, mas não costumamos exigir, que o livro seja citado como fonte. Isso costuma incluir o autor, o título, a editora e a data de publicação. Por exemplo: "Edmondson, Mark. *Aprenda Google Analytics*. Rio de Janeiro: Alta Books, 2024."

Se você acha que seu uso dos exemplos de códigos não se enquadra no uso aceitável ou nas permissões concedidas e descritas aqui, envie uma mensagem para *permissions@oreilly.com* (em inglês).

Agradecimentos

Gostaria de agradecer a Sanne por seu encorajamento e por acreditar em mim, e a Rose pela minha filha incrível.

A IIH Nordic foi fundamental, ajudando-me a escrever este livro — muito obrigado a Steen, Henrik e Robert por seu apoio.

A comunidade #measure me inspirou; suas ideias me deram algo sobre o que escrever. Em especial, gostaria de agradecer a Simo por sua bondade ao longo dos anos.

Agradeço também aos revisores técnicos que me forneceram um feedback valioso: Darshan Patole, Denis Golubovskyi, Melinda Schiera e Justin Beasley.

## CAPÍTULO 1

O Novo Google Analytics 4

Este capítulo faz uma introdução ao novo Google Analytics 4 (GA4) e aborda por que ele foi criado. Veremos em que pontos o Google achou que seu predecessor, o Universal Analytics, estava deixando a desejar, e como o GA4 deve compensar nessas áreas com a base de um novo modelo de dados.

Também veremos como a integração da Google Cloud Platform (GCP) com o GA4 aumenta sua funcionalidade e os casos de uso que ajudarão a ilustrar os novos recursos do GA4, ajudando-o a dar início aos seus próprios projetos de dados.

Apresentando o GA4

O Google Analytics 4 foi lançado a partir do seu beta e apresentado como o novo Google Analytics no início de 2021. Seu nome beta "App+Web" foi trocado por Google Analytics 4.

As principais diferenças entre o GA4 e o Universal Analytics destacadas no post de anúncio do GA4 foram suas habilidades de aprendizado de máquina, seu esquema de dados unificado na web e nos dispositivos móveis, e seu design voltado para a privacidade.

O Google vinha planejando o lançamento do GA4 há muitos anos antes do seu anúncio público. Depois do lançamento, o Google Analytics se tornou o sistema mais popular de análise da web. Contudo, em 2021, seu design ainda refletia os objetivos de design dos últimos 15 anos. Embora a plataforma tivesse sido aprimorada nos últimos anos pela dedicada equipe do Google Analytics, restavam alguns desafios modernos que eram mais difíceis de resolver: os usuários estavam pedindo visualizações de clientes individuais para apps da web e de dispositivos móveis em vez de precisarem enviar dados para duas propriedades separadas; o Google Cloud era o líder em tecnologias de aprendizado de máquina, mas o aprendizado de máquina ainda não era fácil de integrar com o modelo de dados do GA; e a privacidade do usuário era uma preocupação crescente que exigia controlar mais de perto para onde os dados fluíam.

Quando foi lançado em 2005, o Google Analytics abalou o setor de análises oferecendo uma versão completa e gratuita do que antes era disponibilizado apenas por produtos corporativos pagos. Reconhecendo que quanto mais desenvolvedores web estivessem cientes de seu tráfego, maior seria a probabilidade de investirem no AdWords (o atual Google Ads), o Google Analytics se tornou um investimento que beneficia a todos, dando acesso às opiniões dos usuários conforme navegavam seus sites.

Em 2020, o cenário das análises era bem diferente. Produtos de análise concorrentes eram lançados com modelos de dados mais simples que podiam trabalhar com diversas fontes de dados e eram mais adequados ao aprendizado de máquina e à privacidade (um recurso de usuário essencial). Podíamos usar a nuvem para tornar o sistema de análise mais aberto, dando mais controle aos profissionais analíticos. Soluções de análise concorrentes podiam até ser executadas na própria infraestrutura de nuvem do Google, o que alterou a economia de criar ou comprar. As soluções de análise ideais teriam padrões sensíveis para aqueles que estavam procurando uma introdução rápida, mas poderiam ser personalizadas e ampliadas para atender as necessidades de clientes mais aventureiros.

A Unificação da Análise Mobile e Web

Embora seu nome anterior ("App+Web") tenha sido substituído por GA4 no lançamento, o nome descartado indicava melhor em que sentido o GA4 era diferente.

Até ser aposentado no final de 2019, o Google Analytics para apps de dispositivos móveis (Android/iOS) possuía seu próprio sistema de análise, à parte do sistema de análise web. Esses kits de desenvolvimento de software (SDKs) usavam um modelo de dados diferente, mais adequado para a análise de aplicativos, no qual conceitos como visualizações de página, sessões e usuários possuíam significados diferentes, o que quer dizer que não poderiam ser facilmente comparados com os dados da internet. Os usuários que visitavam o app e uma página na internet não costumavam ser vinculados.

O modelo de dados do GA4 segue uma estrutura personalizável e de eventos que foi adotada pelos apps de dispositivos móveis. O Universal Analytics impôs limitações para quando os dados podiam ser combinados, o que se tornou conhecido como escopo de dados, o que significa que os publicitários precisavam pensar em como seus dados se encaixavam nos escopos, como usuário, sessão ou eventos. Esses eram predeterminados pelo Google, de modo que éramos obrigados a adotar seu modelo de dados. Com a abordagem de apenas eventos do GA4, tínhamos mais flexibilidade de determinar como queríamos organizar nossos dados.

Quando os velhos SDKs para dispositivos móveis do Google Analytics foram aposentados em 2019, o Google incentivou seus usuários a usar os SDKs do Firebase, que foi desenvolvido como uma experiência de desenvolvedor mobile completa para iOS e Android com um SDK mobile para criar apps para dispositivos móveis do zero, agora incluindo a análise da web. Ademais, o novo GA4 representava um fluxo de dados adicional: o novo fluxo da internet. Fazer com que os fluxos do iOS, do Android e da internet usassem o mesmo sistema significava que, a partir de então, teríamos uma maneira realmente vinculada de medir a análise digital em todas essas fontes.

Firebase e BigQuery — Os Primeiros Passos em Direção à Nuvem

Para muitos publicitários, o GA4 foi sua primeira introdução aos novos produtos da nuvem que são uma parte intrínseca da operação do GA4: o Firebase e o BigQuery.

O Firebase e o BigQuery são produtos da GCP, um extensivo serviço que o Google oferece para todos os serviços de nuvem. Este livro se concentra nos produtos que fazem parte dos serviços de análise de dados em nuvem, mas lembre-se de que são apenas um subconjunto da inteira plataforma em nuvem.

O Firebase é uma ampla estrutura de desenvolvimento mobile que agora inclui o Google Analytics. Os desenvolvedores mobile também o usam para criar apps de dispositivos móveis que não precisam de servidores e possuem recursos úteis, como configuração remota para alterar o código de aplicativos implantados sem precisar relançá-los na loja, APIs de aprendizado de máquina, como a modelagem preditiva, a autenticação, o alerta de dispositivos móveis e as integrações de publicidade do Google. O Firebase é um subconjunto dos serviços da GCP que, em alguns casos, são uma reformulação de produtos subjacentes da GCP — por exemplo, as Cloud Functions do Firebase são iguais às Cloud Functions da GCP.

O BigQuery pode ser considerado uma das joias da GCP; foi reconhecido como um dos produtos mais atraentes em comparação com os equivalentes usados em outros provedores de nuvem. O BigQuery é um banco de dados em SQL feito sob medida para serviços analíticos e um dos primeiros bancos de dados sem servidor a ser disponibilizado. Ele inclui inovações como um modelo de precificação que armazena dados a um custo baixo, cobrando as pesquisas sob demanda e um motor de busca veloz que roda com Dremel e, em alguns casos, oferece uma velocidade cem vezes maior em comparação com o MySQL. Os usuários do GA360 talvez já estejam familiarizados com ele, visto que uma de suas funcionalidades era exportar dados brutos e sem amostragem para o BigQuery — mas apenas para aqueles que compraram uma licença do GA360 (foi aí que comecei a trabalhar com a nuvem!). Os dados exportados pelo BigQuery do GA4 estarão disponíveis para todos, o que é emocionante, pois o BigQuery em si é um gateway do restante da GCP. Os recursos do BigQuery aparecem bastante neste livro.

Implantação do GA4

Este livro não é um guia completo sobre a implementação do GA4; para isso, seria melhor consultar os recursos listados no Capítulo 10. Entretanto, este livro aborda as configurações comuns que lhe darão a visão geral, desde a coleta de dados ao valor de negócio.

Basicamente, existem três formas de configurar os dados coletados de sites: gtag.js, analytics.js ou *Google Tag Manager* (GTM). Em quase todos os casos, recomendo implementá-los por meio do GTM, abordado em mais detalhes no Capítulo 3. Os motivos para isso são a flexibilidade e a capacidade de desacoplar o trabalho da dataLayer da configuração da análise, o que minimizará o esforço de desenvolvimento necessário no site HTML. Os recursos do desenvolvedor serão mais eficientes ao implementar uma dataLayer mais limpa para o GTM, visto que isso cuidará de todas as nossas necessidades de rastreio, não apenas das tags do GA4 ou do Google. Quaisquer mudanças adicionais na configuração de rastreio poderão ser realizadas na interface web do GTM, sem a necessidade de usar nosso precioso tempo novamente para cada edição menor.

Com a introdução do Server Side (SS) do GTM, as possíveis configurações também podem incluir integrações diretas com o Google Cloud e sistemas de back-end com modificações de solicitações e respostas da chamada HTTP, dando-nos uma extrema flexibilidade.

Universal Analytics Versus GA4

Dizem que o GA4 é a evolução de seu predecessor, o Universal Analytics (apelidado de GA3 desde o lançamento do GA4). Mas exatamente em que sentido ele é diferente?

Uma das primeiras perguntas que as pessoas fazem ao ouvir falar sobre o GA4 é: "Quão diferente ele é para a mudança ser atrativa? Por que eu deveria trocar de ferramenta, treinar e reaprender a usar um sistema que vem funcionando bem nos últimos 15 anos?" Esta é a pergunta-chave que será respondida nesta seção.

Um tópico de ajuda do Google também aborda essa questão.

Um novo modelo de dados

A primeira grande mudança é no modelo de dados em si, visto posteriormente neste capítulo em "Modelo de Dados do GA4".

O Universal Analytics se concentrava bastante nas métricas dos sites, nas quais conceitos como usuários, sessões e visualizações de página eram mais fáceis de definir; entretanto, esses conceitos eram mais difíceis de definir no caso de outras fontes de dados, como nos apps de dispositivos móveis e nos acessos a servidores. Em geral, isso quer dizer que soluções alternativas precisavam ser incorporadas ou que algumas métricas precisavam ser ignoradas nos relatórios quando os dados vinham de certas fontes. Também queria dizer que algumas métricas não funcionavam muito bem com outras ou eram impossíveis de consultar.

O GA4 se afastou de um esquema imposto de dados para algo muito mais livre: agora tudo é um evento. Essa flexibilidade nos permite definir nossas próprias métricas com mais facilidade, mas para os usuários que não querem lidar com esse nível de detalhes, ele também fornece tipos de eventos automáticos e padrão que oferecem algumas métricas mais familiares.

Isso também quer dizer que agora é possível coletar de forma automática alguns dados que, antes, precisavam ser configurados separadamente, como os cliques em links, de modo que as implementações do GA4 devem exigir menos experiência para serem implementadas corretamente, ajudando a diminuir a barreira de entrada para novos usuários de análise digital. O conhecimento especializado, como a diferença entre uma métrica de sessão e uma métrica de hit, seria menos crítico.

Uma abordagem mais flexível das métricas

Os eventos do GA4 podem ser modificados depois de enviados. Isso nos permite corrigir erros de rastreamento ou padronizar eventos ("venda" versus "transação") sem a necessidade de modificar os scripts de rastreamento — muito mais fáceis de executar.

Ao criarmos definições personalizadas para nossos eventos, não precisamos nos lembrar de nenhum esquema predefinido. Criamos nosso evento com parâmetros otimizados e os registramos na interface do GA4 para começar a ver o evento surgindo nos nossos relatórios.

Exportações do BigQuery

Agora, as exportações do BigQuery, um antigo recurso do GA360, estão disponíveis inclusive para aqueles que não pagam pela versão corporativa do GA4. O Firebase Analytics para dispositivos móveis possuía esse recurso no lançamento, e como o GA4 não passa de um acréscimo, a análise web também o possui.

Isso muda tudo, porque a parte mais difícil de um projeto de dados costuma ser obter acesso aos dados brutos por trás de nossos aplicativos de uma forma que ainda possamos trabalhar com eles com facilidade. Com as exportações do BigQuery, precisamos apenas preencher alguns formulários na internet para fazer esses dados fluírem praticamente em tempo real, prontos para a análise, usando o SQL do BigQuery.

Visto que o BigQuery está intimamente integrado ao restante da GCP, isso também quer dizer que ele possui integrações estreitas com o restante da pilha de dados da GCP, como Pub/Sub, Dataflow e Data Studio. Esses serviços permitem coletar dados diretamente do

BigQuery, e como suas APIs são abertas, elas também são uma fonte ou um depósito para muitos serviços de terceiros.

Tudo isso significa que o antigo problema de silos de dados, nos quais os dados necessários estavam trancados em bancos de dados com diferentes políticas corporativas, agora possui uma rota de solução enviando tudo para um único destino: o BigQuery. É assim que podemos começar a relacionar as vendas e o marketing ou consultar os dados de outra fonte, como a previsão do tempo, com mais facilidade. Segundo minha experiência, transferir todos os dados úteis para um único lugar teve um efeito muito transformador na maturidade digital do cliente, visto que um dos obstáculos mais comuns — "Como obter os dados?" — foi removido.

Nada de amostragem — tudo em tempo real

Um dos motivos para usar as exportações do BigQuery do GA360 foi que essa era uma das formas de obter dados sem amostragem, o que também se aplica ao GA4. Embora os limites da amostragem sejam reduzidos na WebUI, os dados subjacentes sempre são sem amostragem e disponibilizados em tempo real. Se precisássemos de uma exportação sem amostragem, ela era disponibilizada via BigQuery ou utilizando a API Data gratuita. Isso evitava ter de pagar pelo GA360 para obter dados para alguns casos de uso que exigiam fontes de dados de análise de alta precisão e em tempo real.

Privacidade e dados de análise digital

Os usuários estão positivamente mais cientes do valor de seus dados hoje, e a privacidade se tornou um assunto importante no setor. Todos reconhecem que os usuários devem ser plenamente informados da opção de aprovar a forma como seus dados são usados e o site tem a responsabilidade de ganhar a confiança e valorizar essa informação. Para nos ajudar com isso, disponibilizou-se o Google Consent Mode para remover os cookies e os identificadores pessoais armazenados para que eles não sejam disponibilizados ao Google Analytics até que o usuário dê seu consentimento. Contudo, os dados impessoais ainda podem ser úteis e o GA4 tem uma forma de modelar como seriam nossas sessões e conversões de dados se 100% dos nossos usuários consentem em nos fornecer seus dados. Como, em geral, nossos novos clientes tenderão a não confiar no nosso site e dar seu consentimento de início, essas informações podem ser úteis para aprimorar nosso desempenho.

Quando o GA4 é a resposta?

Dadas as mudanças no GA4, segue um resumo das oportunidades que ele oferece em comparação com o Universal Analytics para ajudá-lo com as dúvidas mais frequentes:

- Como integrar nossos dados de análise digital com a GCP para fazer nossos dados operarem além dos serviços do GA4 (justamente sobre o que este livro mais fala!)?
- Como unificar o rastreio de usuários em todas as nossas propriedades digitais, incluindo nossos apps de dispositivos móveis e sites?
- Como fazer mais implementações analíticas personalizadas em vez de padronizadas?
- Como acessar nossos dados de análise digital para alimentar nosso modelo de aprendizado de máquina?
- Como respeitar as opções de privacidade e ainda assim obter alguns dados sobre o desempenho do nosso site?

Esta seção explicou por que usar o GA4 e suas principais diferenças em relação ao Universal Analytics. A principal fonte dessas mudanças é a forma como o GA4 registra seus dados no seu novo modelo de dados, que aprofundaremos mais na próxima seção.

Modelo de Dados do GA4

O modelo de dados do GA4 é o que o diferencia do Universal Analytics. Esse novo modelo permite que o GA4 ofereça recursos mais avançados. Esta seção analisa mais a fundo esse modelo de dados e explica como ele funciona.

Os principais elementos desse modelo de dados incluem:

Simplicidade
Tudo é um evento do mesmo tipo. Nenhuma relação arbitrária é imposta aos dados.

Velocidade
Visto que o modelo de dados é mais simples, o processamento reduzido dos eventos permite que tudo seja feito em tempo real.

Flexibilidade
Os eventos podem ser nomeados até o limite da nossa cota (quinhentos por padrão). Parâmetros podem ser anexados a cada evento para ajustar seus metadados.

Agora vamos nos aprofundar e explorar a sintaxe de como os resultados dos eventos do GA4 são criados.

Eventos

Os eventos são a unidade atômica da coleta de dados no GA4. Cada ação que um usuário toma no nosso site, segundo nossas configurações, envia um evento aos servidores do Google.

Isto é um evento:

```
{"events": [{"name": "book_start"}]}
```

Simplesmente contar o número de eventos "book_start" nos fornece informações úteis, como quantas pessoas começaram o livro, a média de leituras do livro por dia etc.

Para garantir que uma coleção de eventos seja associada a um usuário, esses eventos precisam de uma ID em comum. No GA4, isso significa enviar uma `client_id`, que é uma ID pseudônima que costuma ser encontrada nos cookies do GA4. Em geral, ela é gerada na forma de um número aleatório, com uma indicação de data e hora de quando foi criada:

```
{"client_id":"1234567.1632724800","events": [{"name": "book_start"}]}
```

Essa linha representa o mínimo de dados necessários para os eventos enviados para a nossa conta do GA4.

 As indicações de data e hora costumam ser fornecidas no formato do Unix, ou seja, os segundos desde a meia-noite de 1º de janeiro de 1970. Por exemplo, cookies com 1632724800 significam segunda-feira, 27 de setembro de 2021, 08h39m56s — o momento em que estou escrevendo esta frase.

Esses exemplos vêm do Measurement Protocol v2, que é uma forma de enviar eventos. Uma forma muito mais comum é usar os scripts de rastreamento do GA4 no nosso site ou no nosso app de iOS ou Android para compilar e criar esses eventos. Mas acho que é útil saber o que esse script faz.

O mesmo evento enviado de um rastreador web que usa `gtag()` seria assim:

```
gtag('event', 'book_start')
```

A biblioteca JavaScript do GA4 se certifica de que o cookie fornecerá a `client_id`, de modo que só precisamos fornecer nosso nome de evento personalizado.

Ao usar os scripts de rastreamento do GA4, a biblioteca tentará nos ajudar a não configurar tipos de eventos comuns fornecendo eventos coletados automaticamente. Esses incluem eventos úteis, como visualizações de página, visualizações de vídeos, cliques, downloads de arquivos e scrolling. Já é uma vantagem em comparação com o Universal Analytics: o que antes precisaríamos configurar já é padrão no GA4. Menos configuração significa implementações mais rápidas e menos probabilidades de bugs. Para usar esses eventos automáticos, podemos escolher quais ativar com as configurações avançadas de medidas.

Também temos os *eventos recomendados*, que são os eventos que implementamos, mas que seguem uma estrutura de nomenclatura recomendada pelo Google. Eles são mais personalizados ao nosso site e incluem recomendações para atividades paralelas, como viagens, e-commerce ou sites de emprego. Também vale a pena usá-los, pois os relatórios futuros podem se basear nessas convenções de nomenclatura para apresentar novos recursos. Os eventos genéricos recomendados incluem logins de usuários, compras e compartilhamento de conteúdo.

Como esses eventos automáticos e recomendados são padronizados, se coletarmos nossos próprios eventos personalizados, devemos nos certificar de não duplicar seus nomes para evitar conflitos e confusões. Espero que esteja conseguindo ver como o sistema é flexível em sua tentativa de oferecer padronização com padrões sensíveis para não precisar reinventar a roda em cada implementação.

Parâmetros Personalizados

Não obstante, a contagem de eventos por si só não é suficiente para um sistema de análise útil. Para cada evento, pode haver muitos — ou nenhum — parâmetros que nos dão informações adicionais sobre eles.

Por exemplo, um evento de login nos dará o número de logins no nosso site. Mas talvez queiramos saber como o usuário faz seu login — usando seu e-mail ou pelas redes sociais. Nesse caso, nosso evento `login` também sugerirá um parâmetro `method` para especificar isso:

```
gtag('event', 'login', {
  'method': 'Google'
})
```

Se isso fosse realizado com um protocolo de medida mais fundamental, seria mais ou menos assim:

```
{
  "client_id":"a-client-id",
  "events": [
    {"name": "login",
     "params": {
       "method": "Google"
     }
    }]
}
```

Perceba que incluímos um array de `params` com as informações adicionais.

Itens de e-commerce

Uma classe especial de parâmetros personalizados são os itens, que são um array mais aninhado nos parâmetros personalizados que contêm todas as informações sobre o item. Em geral, o e-commerce representa os fluxos de dados mais complexos porque diversos itens, atividades e dados estão associados às vendas.

Todavia, os princípios são basicamente os mesmos: nesse caso, o parâmetro personalizado é um array que contém alguns campos recomendados, como `item_id`, `price` e `item_brand`:

```
{
  "items": [
    {
      "item_id": "SKU_12345",
      "item_name": "jeggings",
      "coupon": "SUMMER_FUN",
      "discount": 2.22,
      "affiliation": "Google Store",
      "item_brand": "Gucci",
      "item_category": "pants",
      "item_variant": "Black",
      "price": 9.99,
      "currency": "USD"
    }]
}
```

Se combinarmos isso com os eventos de e-commerce recomendados, como `purchase` e outros parâmetros, o evento completo será assim:

```
{
  "client_id": "a-client-id",
    "events": [{
      "name": "purchase",
      "params": {
        "affiliation": "Google Store",
        "coupon": "SUMMER_FUN",
        "currency": "USD",
        "items": [{
          "item_id": "SKU_12345",
          "item_name": "jeggings",
          "coupon": "SUMMER_FUN",
          "discount": 2.22,
          "affiliation": "Google Store",
          "item_brand": "Gucci",
          "item_category": "pants",
          "item_variant": "Black",
          "price": 9.99,
          "currency": "USD",
          "quantity": 1
        }],
        "transaction_id": "T_12345",
        "shipping": 3.33,
        "value": 12.21,
        "tax": 1.11
      }
    }]
}
```

Considerando que esse código representa alguns dos eventos mais complexos enviados ao GA4, espero que você consiga perceber a simplicidade do modelo subjacente. Usando apenas eventos e parâmetros, o GA4 pode ser configurado para coletar interações complexas no nosso site.

Propriedades do Usuário

Além dos dados no nível dos eventos, também é possível configurar dados no nível do usuário. Esses dados estão associados a `client_id` ou `user_id` que registramos. Isso pode ser usado para configurar o segmento de clientes ou as preferências de idioma.

 Nesse ponto, lembre-se de respeitar as escolhas de privacidade do usuário. Se estiver acrescentando informações de um usuário específico, então leis como GDPR (Regulamento Geral de Proteção de Dados) da UE exigem que obtenhamos primeiro o consentimento do usuário para coletar seus dados para os fins indicados.

Enviar as propriedades do usuário é muito parecido com enviar eventos, mas usamos o campo `user_properties` e quaisquer eventos que desejemos enviar:

```
{
  "client_id":"a-client-id",
  "user_properties": {
    "user_type":{
      "value": "bookworm"
    }
  },
  "events": [
    {"name": "book_start",
     "params": {
       "title": "Learning Google Analytics"
    }}
    ]
}
```

Se usássemos **gtag()**, o código ficaria assim:

```
gtag('set', 'user_properties', {
  'user_type': 'bookworm'
});
gtag('event', 'book_start', {
  'title': 'Learning Google Analytics'
});
```

Nesta seção, vimos várias formas de enviar eventos do GA4, como o protocolo de medida e gtag, e a sintaxe de enviar eventos com parâmetros e propriedades do usuário. Agora veremos como processar os eventos que vêm do GA4 por meio de suas integrações com a GCP.

Google Cloud Platform

Agora, a GCP pode ser inserida no sistema do GA4 por meio dos seus sistemas de análise de dados preexistentes. Ela oferece serviços em tempo real, de aprendizado de máquina e que podem ser estendidos à escala de 1 bilhão, e pelos quais pagamos apenas quando usamos, evitando a parte chata relacionada com manutenção, segurança e atualizações. Dê à sua empresa a possibilidade de se concentrar no seu campo de especialização, permitindo que a nuvem cuide das demais tarefas. Graças à estrutura da nuvem de pagar conforme o uso, as equipes pequenas podem criar serviços que, antes, teriam exigido mais pessoas e recursos de TI.

Nesta seção, analisaremos os serviços da GCP que você provavelmente mais usará ao fazer sua integração com o GA4, as habilidades e os papéis que sua equipe precisará exercer para utilizar essas ferramentas, como dar os passos iniciais, administrar os custos e escolher o serviço de nuvem certo para o seu caso.

Serviços Relevantes da GCP

Este livro se concentra mais nos serviços de aplicativos de dados da GCP, mas esse ainda é um grande conjunto de serviços que está sendo constantemente atualizado. Para uma análise mais detalhada que vai além do âmbito deste livro, recomendo o livro *Data Science on the Google Cloud Platform* [sem publicação no Brasil], de Valliappa Lakshmanan.

Os serviços de nuvem essenciais a seguir são empregados em casos de uso mais adiante neste livro e vêm se mostrando fundamentais no meu trabalho em geral. Existem muitos serviços de nuvem, e escolher o certo para você pode ser um tanto intimidador quando se está começando. Sugiro que faça uma pesquisa dos serviços destacados aqui, pois são úteis para quem está começando.

Vamos nos familiarizar com esses serviços ao longo do livro, em uma ordem aproximada de utilidade:

BigQuery

> Como mencionado anteriormente, o BigQuery servirá bastante como destino e fonte para análise e grupos de dados. Ele possui até capacidades de modelagem com o ML BigQuery.

Cloud Functions

> Servindo como a ligação entre os serviços, as Cloud Functions nos permitem executar pequenos fragmentos de código — Python, por exemplo — em um ambiente sem servidor.

Pub/Sub

> Pub/Sub é um sistema de fila de mensagens que garante que cada uma seja entregue pelo menos uma vez em uma escala que pode lidar com toda a internet sendo enviada por sua fila.

Cloud Build

> Cloud Build é uma ferramenta de integração contínua/desenvolvimento contínuo (CI/CD) que nos permite ativar contêineres de Docker em batch em resposta aos pushes do GitHub. É um recurso valioso que contribuiu para várias de minhas soluções.

Cloud Composer/Airflow

> Cloud Composer/Airflow é um orquestrador que nos permite criar fluxos de dados interdependentes, complexos e confiáveis, além de agendamentos.

Dataflow

> Dataflow é uma solução de batch e streaming de dados em tempo real bem integrada com muitos serviços da GCP.

Cloud Run

> Cloud Run é parecido com as Cloud Functions, mas nos permite executar contêineres Docker que incluem qualquer código desejado.

Em geral, existem muitas maneiras de criar o que precisamos e as diferenças podem ser sutis, mas recomendo que seja pragmático e escolha algo que funcione primeiro, então otimize qual serviço é melhor executar depois. Por exemplo, talvez você precise importar dados todos os dias que passam por uma fila agendada do BigQuery, mas então descobre que o Cloud Composer é uma ferramenta melhor para coordenar a importação.

Entretanto, fica o aviso de que nenhuma dessas ferramentas é do tipo aponte e clique. É necessário saber programar para que elas entreguem o que precisamos. Assim, veremos quais habilidades são necessárias para tirar o máximo de proveito na próxima seção.

Habilidades de Programação

Um dos aspectos mais intimidadores de aplicar essas integrações pode ser que elas exigem habilidades que talvez você imagine que apenas os programadores possuam. Talvez se considere "não técnico".

Eu costumava achar a mesma coisa. Lembro de dizer no início da minha carreira: "Eu não sei usar o JavaScript." Então ficava esperando seis semanas para que um desenvolvedor ficasse livre para escrever cinco linhas de código em um site. Depois que encontrei tempo e disposição, comecei a fazer alguns experimentos por conta própria, cometendo vários erros ao longo do caminho. Também descobri que os profissionais também cometem vários erros, e a única diferença é que eles têm a motivação de seguir em frente. Outra descoberta foi que grande parte do que eu estava fazendo em Excel era mais complicado e difícil do que se estivesse usando uma ferramenta mais apropriada para o trabalho. Realizar uma tarefa em Excel exigia mais energia cerebral do que fazer a mesma coisa em R, por exemplo.

Assim, se estiver disposto, incentivo-o a seguir em frente. Se sentir que as coisas estão difíceis, isso não acontece necessariamente porque você não tem talento — essas coisas são difíceis para todo mundo no início. Programar pode parecer bem complexo em alguns casos, e as coisas podem dar errado se esquecemos de usar um único ";". Contudo, assim que aprendemos mais uma área, a próxima fica mais fácil. Comecei sendo um bom usuário de Excel. Então, aprendi Python e JavaScript. Por fim, apaixonei-me por R. Então, precisei aprender a gostar de SQL e bash. Hoje, uso um pouco de Go. A natureza da programação é tal que, à medida que aprendemos e nos tornamos melhores, ao olharmos para trás, para um programa que escrevemos há seis meses, ele parecerá horrível. Isso é natural; o importante é conseguir olhar para trás e ver algum progresso. Quando conseguimos fazer alguma coisa que funciona, ganhamos experiência, e ela continuará crescendo nos 10 anos seguintes, quando estiver escrevendo um livro sobre isso.

No meu caso, o código aberto foi algo que aumentou minhas habilidades, visto que divulgar códigos e obter feedback multiplicou qualquer experiência que obteria executando esse código. É por isso que sou grato pelo feedback que recebo hoje, pelo GitHub ou qualquer outra fonte. Os códigos deste livro também estarão disponíveis em um repositório do GitHub [conteúdo em inglês] para acompanhar o livro, os quais tentarei manter atualizados e sem bugs.

 Seguindo essa mesma lógica, se você ler algum dos meus códigos e tiver feedback sobre como escrevê-lo melhor, entre em contato comigo! Estou sempre aprendendo.

Os casos de uso neste livro incluem exemplos de código que empregam as seguintes linguagens:

JavaScript
> É essencial para todo o rastreamento de páginas da internet que envolvem HTML e costuma ser usado para a coleta de dados via tags. Também é bastante usado no GTM para criar modelos personalizados.

Python
> Por ser uma linguagem muito popular suportada por várias plataformas, é útil saber programar em Python, visto que ele pode ser considerado a segunda melhor

linguagem para tudo. Também possui uma forte representação de aprendizado de máquina. Contudo, você provavelmente não precisará disso a menos que esteja trabalhando com implementações avançadas.

R

Embora usar o Python talvez já seja suficiente, a comunidade data science do R faz com que seja a melhor linguagem para data science na minha opinião. Suas bibliotecas e comunidade de código aberto abrangem tudo, desde ingestão de dados até ativação de dados via painéis interativos e relatórios. Atribuo grande parte do meu raciocínio de como abordar os fluxos de dados à mentalidade que obtive com o R, de modo que ele influencia meus projetos mesmo quando não o uso diretamente.

bash

Ao interagir com servidores de nuvem, eles provavelmente usarão sistemas baseados em Linux, como Ubuntu ou Debian, que empregam bastante o bash para funcionar, em vez de uma interface gráfica, como o Windows. Também é útil saber algumas linhas de comando da programação em bash ao lidar com arquivos muito grandes que não podem ser facilmente importados em outras linguagens. O gcloud e outras CLIs também exigem algum conhecimento de shell scripts, sendo que o mais popular é o bash.

SQL

Na maioria dos casos, os dados brutos com os quais trabalhamos estarão em um banco de dados e o SQL será o melhor método para extraí-los. O SQL também apresenta uma forma útil de encarar os objetos de dados.

Embora seja possível ter sucesso copiando e colando tudo, realmente recomendo que você leia cada linha e entenda pelo menos o que cada seção de código faz.

Supondo que você tenha algum código à sua disposição agora, graças às suas próprias habilidades ou às da sua equipe, vejamos como começar a trabalhar na GCP e implantar seu primeiro código na nuvem.

Entrando na GCP

GCP é um grande componente de negócio do Google, possuindo fluxos totalmente isolados do Google Analytics nos quais você aprenderá a navegar.

Você pode começar a usá-la gratuitamente, mas a primeira coisa que precisa saber é que, para qualquer coisa mais sofisticada, precisará fornecer os dados de seu cartão de crédito para o uso da nuvem. Entretanto, poderá usá-lo por vários meses de graça.

A página de inicialização do Google o ajudará a fazer seu primeiro login.

 Se já tiver um Projeto no Google Cloud, ainda poderá valer a pena criar um novo a partir dos exemplos deste livro para garantir que sejam ativados com as versões mais atuais das APIs. Por exemplo, você provavelmente precisará ativar as APIs Reporting e Admin do Google Analytics, e do Cloud Build, além de verificar se a API do BigQuery está ativa por padrão.

Custos da Nuvem

A nuvem oferece inúmeras possibilidades, mas tem um custo. Muitos serviços de nuvem são oferecidos gratuitamente, mas fique de olho, pois os custos podem aumentar rapidamente. Já vi casos em que um SQL do BigQuery agendado diariamente usou muito mais dados do que o esperado, e o usuário saiu de férias. Quando viu, algumas semanas depois, o serviço estava custando milhares de dólares! Um cenário ainda pior seria publicar sem querer suas chaves de autenticação confidenciais. Em pelo menos três ocasiões, vi essas chaves serem coletadas por bots para dar início a caras máquinas de mineração de Bitcoin com GPU habilitado, cada uma delas custando milhares de dólares.

Embora as contas gratuitas normalmente sejam suficientes para o teste e os modelos de preços sejam abundantes, vale a pena usar a calculadora de preços GCP ou executar versões limitadas de seus apps primeiro para avaliar os custos de produção. Os custos dos serviços podem influenciar bastante qual aplicativo de nuvem você deveria usar.

Você também deve ser proativo ao criar alertas de cobrança e proteger suas chaves de autenticação.

Entretanto, apesar desses alertas antecipados, as empresas em geral vêm sendo surpreendidas pelos baixos custos da nuvem em relação ao seu valor. As que vêm armazenando dados no BigQuery costumam ter contas de menos de US$100 por mês no início e contas mais altas depois de criarem um bom caso de uso que gera um valor muito mais alto. Arredondei o custo para US$100 — na verdade, está mais para US$5 até termos casos de uso ativos e prontos, mas costumo dizer para os clientes que esse custo é de US$100 para que eles tenham a agradável surpresa de descobrir que é menor!

Os fatores que influenciam o custo incluem dados sendo movimentados, tempo de computação e condições dos aplicativos em tempo real. As economias de custo da nuvem costumam ser devidas e cobradas só depois que o trabalho é realizado, em vez de pagar um valor fixo pelos serviços. Mas isso depende bastante dos serviços que usamos; como, em geral, existem muitas maneiras de lidar com um problema específico, costuma haver uma maneira de replicar seu uso no nosso ambiente local e de uma forma mais barata do que usar as tecnologias sem servidor e em nuvem sobre as quais falaremos em "Avançando na Pirâmide sem Servidores".

Avançando na Pirâmide sem Servidores

Destravar verdadeiramente o poder da nuvem envolve uma evolução ao pensar na forma como abordamos os problemas de TI usando seus pontos fortes. O primeiro passo em direção à nuvem costuma envolver o modelo "lift and shift" (ou rehosting), no qual simplesmente replica o que tem em execução localmente na nuvem, como um banco de dados MySQL local substituído por um servidor na nuvem que executa o MySQL. Outra estratégia é "mover e melhorar", que envolve, por exemplo, colocar nosso banco de dados MySQL no SQL do Google Cloud, uma instância administrada do MySQL.

Contudo, um modelo "lift and shift" trará apenas benefícios menores em comparação com o pleno potencial da nuvem. Para que uma empresa realize a verdadeira transformação digital, ela precisa adotar os metasserviços desenvolvidos com base nos fundamentos da computação e do armazenamento, com o preceito de que fazer isso necessariamente nos ligará um pouco mais ao serviço do provedor em nuvem.

A intenção dessas empresas de nuvem ao usar esses serviços é *desalocar* os recursos de TI para manutenção, patches e desenvolvimento dos serviços criados e *investir* no uso de aplicativos criados com base em um método mais sob demanda. Sem dúvidas, esse modelo me permitiu escrever este livro, visto que, sem a computação em nuvem, a criação dos nossos próprios serviços em nuvem seria muito mais complicada e limitaria nossa habilidade de experimentar várias soluções. Quando os recursos de TI são terceirizados com eficácia, são necessárias equipes muito menores para obter resultados.

Um exemplo disso é o BigQuery. Criar nosso próprio serviço de BigQuery exigiria investir imediatamente em enormes farms de servidores prontos, que gerariam gastos enquanto estivessem ociosos, simplesmente para estarem à disposição para quando precisássemos de recursos para uma "grande consulta". Ao usar o serviço BigQuery para essa mesma consulta, esses recursos são comprados online quando necessário, e pagamos apenas pelos segundos em que estão em execução.

Para ilustrar isso, acho útil usar o diagrama da pirâmide sem servidores da Figura 1-1. Ele ilustra alguns serviços e concessões que fazemos ao escolher um serviço para executar seu caso de uso.

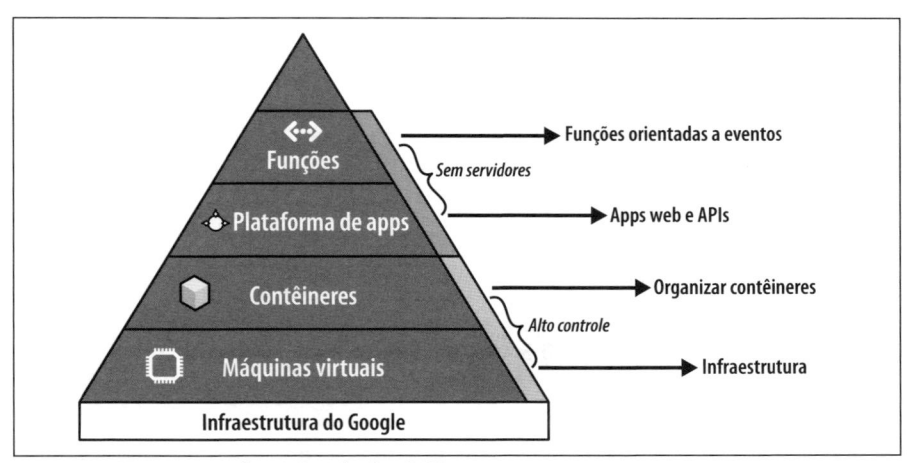

Figura 1-1. Hierarquia da pirâmide da GCP

No nível inferior, temos as máquinas e o armazenamento virtual, que são basicamente versões em nuvem dos computadores ligados na nossa mesa. Se quisermos ter controle total sobre a configuração, podemos fazer isso com algumas vantagens de nuvem, como backups, segurança e patches. Essa camada é chamada às vezes de *infraestrutura como serviço* (IaaS).

No próximo nível, temos os serviços que executam as máquinas e o armazenamento virtuais para nós, mas de forma abstrata, de modo que só precisamos nos preocupar com as configurações das quais precisamos. O App Engine é um exemplo, e essa camada é chamada às vezes de *plataforma como serviço* (PaaS).

Acima, temos ainda outro nível de abstração sendo executado sobre o PaaS equivalente. Esses serviços costumam ser mais orientados a funções, de modo que serviços como o data warehouse de análise (BigQuery) estão disponíveis. Às vezes é chamado de *banco de dados como serviço* (DBaas).

E mais acima, temos serviços que eliminam parte das configurações para fornecer mais conveniência. Em geral, basta fornecer apenas o código que precisamos executar ou os dados que queremos transformar. As Cloud Functions são um exemplo: não precisamos saber como a função executa seu código, e sim apenas especificar como queremos que seja executado. Isso é chamado de *funções como serviço* (FaaS).

Com isso em mente, podemos decidir em que ponto deve ficar nosso aplicativo. Os serviços no topo da pirâmide costumam ter um custo maior por execução, mas se temos bastante volume ou o custo de implementação for alto, eles ainda representam uma economia considerável de dinheiro. À medida que precisarmos possuir ou ampliar ainda mais a infraestrutura, podemos pensar em descer na pirâmide para exercer mais controle.

Os casos de uso deste livro procuram estar o mais alto possível na pirâmide. Em geral, esses serviços são os últimos desenvolvimentos, a forma mais rápida de começar e servirão para nos dar a escala para atender nosso primeiro bilhão de usuários.

E isso está realmente ao nosso alcance agora — uma consideração ao escolher seu serviço é o quanto ele será usado, o que pode incluir a escala global do Google. Talvez você não precise disso no momento, mas ainda vale a pena considerar, caso precise reprojetar seu aplicativo se ele for um sucesso inesperado.

É aí que estar bem acima na pirâmide (como visto na Figura 1-1) se mostra útil, visto que esses serviços costumam oferecer funcionalidades de autoampliação. Esses devem ser limitados para evitar erros custosos, mas, em essência, se você tem dinheiro, então deve esperar um desempenho similar para mil usuários assim como espera para um bilhão. Mais abaixo na hierarquia, ainda temos opções, mas precisaríamos estar mais envolvidos nas configurações de quando e onde aplicar a escala.

Resumindo Nossa Introdução à GCP

Esse foi nosso breve resumo do porquê a nuvem é tão poderosa e como seu poder pode ser aplicado em nossas implementações do GA4. Falamos sobre como a nuvem nos oferece recursos que, há apenas alguns anos, exigiriam uma grande equipe de TI, e também falamos sobre os conceitos do modelo sem servidores em comparação com o modelo "lift and shift" de como abordar essa questão. Ela envolverá uma expansão das nossas funções digitais para incluir as linguagens de programação que nos permitirão usar esses serviços, com a promessa de que investir nessas habilidades o tornará um publicitário digital mais eficaz. A maior parte deste livro abrangerá como colocar isso em prática, com alguns exemplos de casos de uso de coisas que você pode fazer agora.

Introdução aos Nossos Casos de Uso

Este livro apresenta todos os conceitos e tecnologias relevantes para as integrações do GA4, mas a teoria e o planejamento só podem nos levar até certo ponto. A forma como realmente aprendi as habilidades discutidas neste livro foi implementando aplicativos. Cometi alguns erros no caminho, mas, em geral, esses se mostraram ser experiências de aprendizado valiosas, pois depois de entender por que algo deu errado, entendemos melhor como fazer a mesma coisa corretamente.

Para ajudá-lo a iniciar sua jornada, depois de apresentar todos os blocos de construção necessários para seus aplicativos nos capítulos seguintes, nossos casos de uso nos Capítulos 7, 8 e 9 abordarão casos técnicos de uso, detalhando o ciclo de vida inteiro de um aplicativo de dados do GA4, incluindo exemplos de código: criando casos comerciais, exigências técnicas e como decidir quais tecnologias usar. Se acompanhar tudo em sequência, no fim, provavelmente terá uma integração operante.

 Na prática, talvez você pule alguns passos e precise voltar para ler com atenção o que pulou. Ademais, ao implementar certo caso de uso, as tecnologias talvez tenham mudado um pouco e precisem ser atualizadas.

Mesmo no caso de um exemplo perfeitamente implementado, é improvável que ele venha a corresponder exatamente ao que seu negócio precisa ou ao que você deve priorizar. Os casos de uso abrangem minha experiência dos problemas comuns de clientes, mas o seu com certeza será um pouco diferente. Visto que provavelmente precisará adaptar os casos de uso às suas necessidades, é importante entender não apenas o que fazer, mas também por que estamos fazendo de uma forma e não de outra. Então, você poderá adaptar o processo para atender melhor suas prioridades.

Independentemente de suas necessidades pessoais, alguns temas em comum podem ser relacionados no que se refere a como abordar esses projetos. O Capítulo 2 apresenta uma estrutura que todo projeto bem-sucedido de integração de dados com que trabalhei teve em comum. Os casos de uso seguirão essa estrutura para lhe dar prática na aplicação. As quatro áreas principais são ingestão, armazenamento, modelagem e ativação de dados. Contudo, a pergunta que o caso de uso faz é o principal motivador de tudo isso, porque se estivermos tentando resolver um problema que não ajudará nosso negócio quando resolvido, todo esse esforço não será tão eficaz quanto desejávamos. Encontrar o problema certo para resolver é importante para o nosso negócio, e é por isso que, no Capítulo 2, abordaremos algumas perguntas que você pode se fazer e que poderão ajudá-lo a defini-lo.

Os casos de uso práticos lhe permitirão se concentrar apenas no trabalho prático da implementação. A melhor maneira de aprender é seguir em frente e implementá-los em vez de apenas lê-los. Eles também podem servir de referência ao implementar seus próprios casos de uso, visto que, em geral, você pode reutilizar os aspectos de uma solução em outra. Por exemplo, todos os casos de uso deste livro usam o GA4 como fonte de ingestão de dados. Os casos de uso também procuram usar várias tecnologias diferentes para cobrir um amplo alcance de aplicativos.

Caso de Uso: Compras Preditivas

O primeiro caso de uso do Capítulo 7 serve de base para ajudá-lo a se acostumar com a abordagem geral que compartilha sua estrutura com os casos de uso mais complexos que serão apresentados posteriormente neste livro. Usaremos apenas uma plataforma: o GA4. Os mesmos princípios se aplicam aos casos de uso mais complexos, mas também deve mostrar como é possível trocar o GA4 por outros aplicativos, caso esses atendam melhor às suas necessidades. Esse caso usa vários dos novos recursos do GA4, incluindo seu aprendizado de máquina e exportações de público.

A compra preditiva usa a modelagem para prever se um usuário comprará algo no futuro ou não. Isso pode ser usado para alterar o conteúdo de um site ou uma estratégia de publicidade para os usuários. Por exemplo, se a probabilidade de um usuário fazer uma compra estiver acima de 90%, talvez precisemos diminuir a publicidade para esse usuário, pois o trabalho está praticamente concluído. Por outro lado, se a probabilidade de compra estiver abaixo de 30%, talvez seja bom considerar esse usuário como uma causa perdida. Executar tal política significa que poderemos voltar nossa alocação de recursos apenas para os usuários que estão em 60%, que poderão ou não fazer a compra. Isso deve orientar nosso custo por aquisição (CPA) e potencialmente aumentar nossa receita de vendas.

Para fazer isso, usaremos o GA4 para fazer o seguinte:

- Coletar dados do site, incluindo eventos de conversão
- Armazenar todos os dados necessários
- Realizar uma modelagem de dados usando suas métricas preditivas, como compra e probabilidade
- Exportar para o Google Ads para a ativação usando o Audiences do GA4

Esse processo é ilustrado no diagrama simples de arquitetura de dados da Figura 1-2.

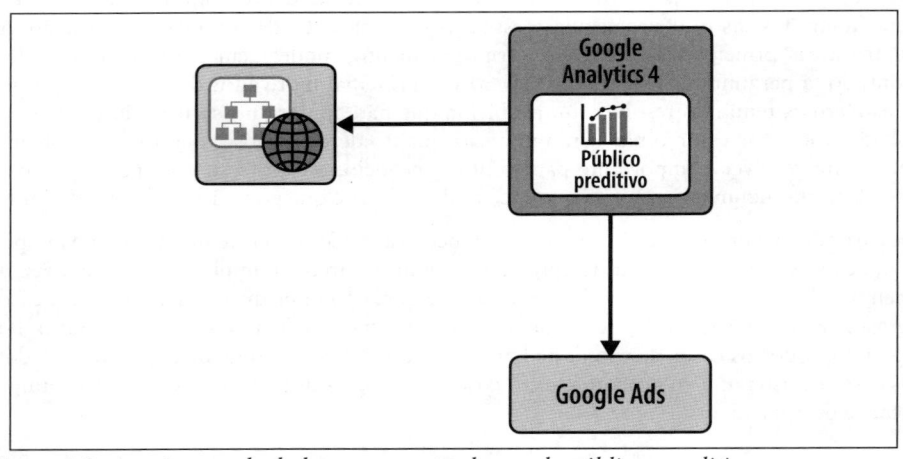

Figura 1-2. Arquitetura de dados para o caso de uso de públicos preditivos

Nenhuma programação será necessária para realizar isso, e toda a configuração será feita dentro da IU.

As métricas preditivas são um recurso integrado do GA4 que fazem uso direto das capacidades do Google de aprendizado de máquina para descobrir as verdadeiras diferenças de como nosso negócio funciona. Contudo, nosso site precisa atender certos critérios para se qualificar para o uso do recurso de métricas preditivas, o que limita nosso controle de quando esse recurso pode ser usado. Se não podemos usar as métricas preditivas, ainda podemos usar nossos dados, criar o modelo por conta própria e realizar a integração no Google Ads posteriormente. Falaremos sobre isso na próxima seção.

Caso de Uso: Segmentação de Público

O caso de uso da segmentação de público do Capítulo 8 nos mostra como entender melhor o comportamento agregado dos nossos clientes. Quais tendências ou comportamentos em comum podemos escolher para atender melhor esse segmento? Quantos tipos de clientes nós temos? Os segmentos orientados a dados que encontramos correspondem às suposições do nosso negócio?

Esses projetos de segmentação vêm sendo historicamente usados para ajudar a personalizar as mensagens de publicidade para esses usuários. Por exemplo, alguns clientes podem ser identificados como possuindo uma probabilidade maior de comprar produtos de venda cruzada, de modo que podemos limitar nossas mensagens de publicidade apenas a esses clientes para diminuir os custos de campanhas e não enviar mensagens desnecessárias para clientes que se incomodam com elas.

Podemos fazer essa segmentação com base em diversos critérios diferentes. Um método de sucesso que vem sendo usado desde antes da internet é o modelo RFM, que observa os hábitos atuais, frequentes e monetários dos usuários, e segmenta aqueles com uma pontuação similar em cada setor. Com a riqueza de dados disponíveis hoje, podemos criar outros modelos com centenas de campos. O modelo escolhido será orientado em grande parte pelas necessidades comerciais do seu caso de uso, bem como pelas considerações de privacidade. A privacidade é importante aqui, visto que pode ser necessário obter o consentimento dos usuários para incluir seus dados nos modelos. Se não fizermos isso, o cliente poderá se irritar ao ser contatado.

Usando esse exemplo, gostaríamos de tornar nossos custos mais eficientes com o Google Ads. Nesse contexto, o Google Ads realizará a função de ativação de dados, pois é para lá que enviaremos os dados para alterar o comportamento dos usuários. Nosso caso comercial terá o objetivo de diminuir os custos e fazer mais vendas se conseguirmos personalizar melhor nossas mensagens.

Gostaríamos de usar os dados que temos sobre o comportamento de um cliente no site e seu histórico de compras para determinar se deveríamos ou não exibir certos anúncios. Para fazer isso, usaremos o seguinte:

- GA4 e nosso banco de dados de gestão de relacionamento com o cliente (CRM) como fontes de dados
- Cloud Storage e BigQuery como nosso armazenamento de dados
- BigQuery para criar nossos segmentos

- Firestore para enviar esses segmentos para nossos usuários do GA4 em tempo real
- GTM SS para melhorar os dados do GA4
- Audiences do GA4 para enviar esses segmentos para o Google Ads

As interações entre esses serviços são exibidas na Figura 1-3.

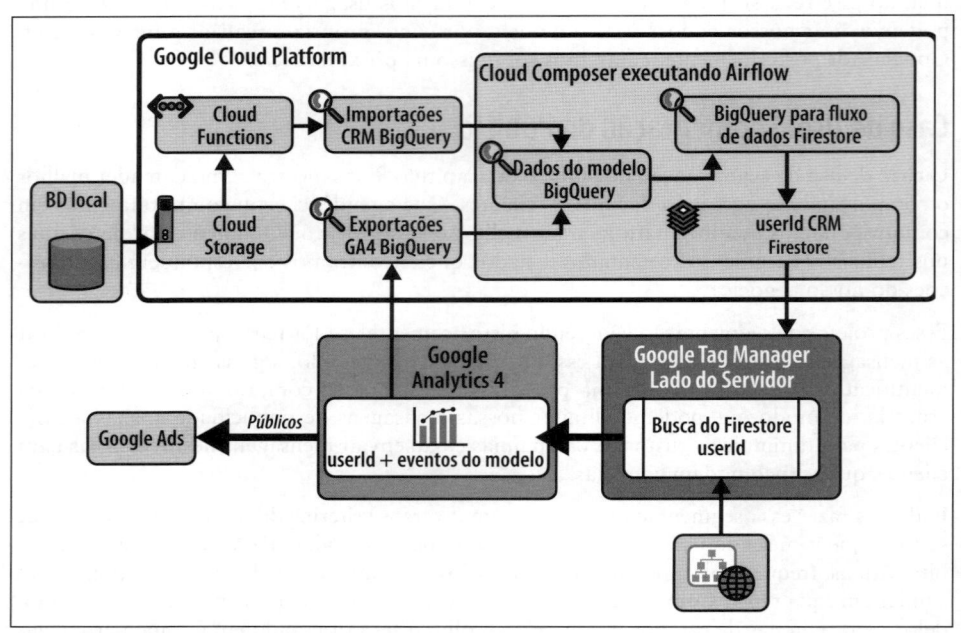

Figura 1-3. Arquitetura de dados para o caso de uso da segmentação de usuários

Ao longo do processo, garantiremos que as opções de privacidade sejam respeitadas e que nenhum dado pessoal seja exportado ou transferido para onde não seja necessário.

As tecnologias que usaremos para os seguintes serviços serão abordadas mais a fundo nos capítulos relevantes posteriormente:

- GA4 para a medição da web
- Um banco de dados de produção para o histórico de compras
- Importações via Cloud Storage, Pub/Sub e Cloud Functions
- BigQuery para criar os modelos de segmentação
- Cloud Composer para agendar as atualizações
- Cloud Storage, Pub/Sub e Cloud Functions para importar os segmentos para o GA4
- GA4 para criar os públicos

Você precisará ter algum conhecimento de programação em Python e SQL, bem como saber fazer algumas configurações no GA4, no console do Google Cloud e no Google Ads.

Também precisaremos nos certificar de que estamos coletando os dados certos no GA4 para relacionar as atividades da web com os dados de CRM de uma forma que observe as leis de privacidade.

Caso de Uso: Previsão em Tempo Real

O caso de uso do Capítulo 9 envolve a criação de um aplicativo de previsão em tempo real. A análise em tempo real costuma ser o primeiro pedido das empresas quando estão começando a fazer análises, cuja prioridade também costuma cair se descobrirem que não podem reagir a esse fluxo de dados em tempo real. No entanto, se possuirmos essa habilidade, esse será um projeto emocionante no qual trabalhar, pois poderemos ver os benefícios imediatos.

Um bom exemplo desse caso de uso é uma sala de redação de uma editora que reage a eventos em tempo real ao longo do dia ao escolher quais histórias publicar ou promover. Em uma empresa em que cliques e visualizações significam receita, uma postagem viral de uma rede social pode gerar um grande impacto comercial. Para atingir esse sucesso, são necessárias várias tentativas, edições e promoções nas home pages e uma constante alimentação do feed em tempo real de assuntos e sentimentos em voga nas redes sociais. O caso de uso que detalharemos aqui mostra como pegar esse fluxo de dados analíticos da web e prever como será o tráfego com base na captação atual. Podemos fazer essa previsão no Audiences do GA4, configurado para identificar os vários segmentos dos nossos clientes.

Esse caso de uso demonstrará como usar o Docker para executar a solução de painel no Cloud Run, rodando o pacote de aplicativos da web Shiny do R. Um dos principais motivos de usarmos o Docker é que podemos substituir os códigos executados nos contêineres por outras linguagens, de modo que o Python, a Julia ou qualquer outra futura linguagem de data science possa ser substituída. As funções de dados para esse projeto incluem:

- A ingestão de dados via APIs
- O armazenamento de dados no aplicativo
- A modelagem de dados em R
- A ativação de dados por meio de um painel Shiny do R

Para realizar esse caso de uso, precisaremos do seguinte:

- GA4 para coletar o fluxo de eventos da web em tempo real
- Cloud Run para executar o painel
- Audiences do GA4 para ter um segmento útil para fazer a previsão

A Figura 1-4 mostra como esses recursos se conectam uns aos outros.

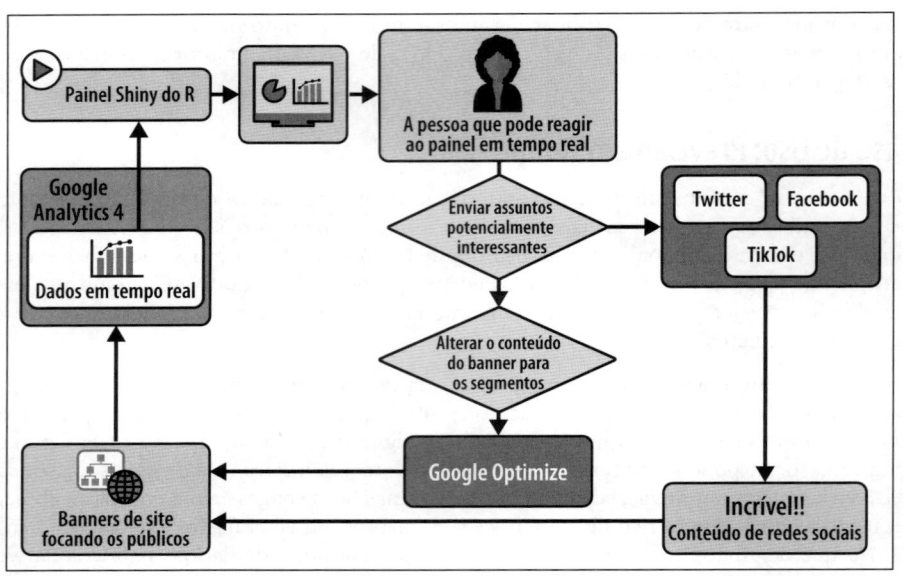

Figura 1-4. Os dados em tempo real são obtidos no GA4, e uma previsão é criada para ajudar a priorizar o conteúdo para redes sociais e banners locais via Google Optimize

Usaremos alguns recursos do R para criar feeds e fazer a modelagem em tempo real, e usaremos algumas habilidades de visualização do painel para criá-lo.

Resumo

Este capítulo apresentou as principais formas de usar o GA4 para avançar com suas implementações de análise digital. Vimos por que o GA4 foi criado para início de conversa e em que ele é diferente e uma evolução em relação ao Universal Analytics, com seu novo modelo de dados mais simples. Também vimos como sua integração com a GCP abre sua análise digital a todo um novo mundo de aplicativos de serviços, como o Firebase e o BigQuery. Embora esses novos serviços de nuvem exijam novas habilidades, como programação, os novos serviços da nuvem os tornam mais acessíveis do que no passado. As ofertas de arquitetura sem servidores tornaram possível eliminar bastante trabalho de configuração e escala dos serviços de computação. Uma recomendação geral ao começar é procurar usar os serviços até determinado ponto da arquitetura em que seja possível manter a barreira de entrada o mais baixa possível.

Embora a tecnologia esteja disponível hoje, a forma de abordá-la e tirar o máximo proveito dela é uma habilidade fundamental que pode ser estranha para os publicitários digitais que nunca usaram a nuvem antes. Assim, no Capítulo 2, configuraremos a estrutura e a estratégia geral para criar projetos bem-sucedidos de análise de dados que possam ser replicados em muitos outros projetos. Desenvolveremos as funções de ingestão, coleta, modelagem e ativação de dados a partir de uma perspectiva estratégica, preparando-o para os capítulos de implementação prática que se seguirão.

## CAPÍTULO 2

Arquitetura e Estratégia de Dados

Este capítulo aborda os passos que devemos dar antes de começar a configurar ou escrever qualquer código. Meu ponto de vista se baseia, em grande parte, nas consultorias de marketing digital, de modo que ele pode pender para projetos dessa natureza. Contudo, isso também significa que os processos são motivados por qualidade, custo, resultados rápidos e controle dos recursos que deveriam ressoar com outros negócios. Examinaremos como gerar entusiasmo e comprometimento dos stakeholders relevantes, consideraremos os prós e os contras de diversas abordagens, e ajudarei você a avaliar as ações e os requisitos necessários para termos um guia de como executá-los. Também veremos como determinar se um projeto foi bem-sucedido.

Criando um Ambiente para o Sucesso

Eu queria pelo menos incluir uma visão geral dos aspectos não técnicos dos projetos de análise digital, pois eles são bastante importantes na criação dos resultados comerciais. Não chegaremos a lugar nenhum a menos que tenhamos o negócio em si do nosso lado, e isso costuma ser a parte mais difícil de justificar, avaliar e obter a aprovação para realizar o projeto para início de conversa. Veremos como obter o apoio dos stakeholders para um projeto, criar um plano ágil e orientado a casos de uso que demonstra o verdadeiro valor do negócio e avaliar se a maturidade digital da nossa empresa está pronta para tal projeto, de modo que ela possa se beneficiar dele em longo prazo. Se nossa empresa não estiver digitalmente madura, nem o melhor produto de dados terá algum impacto (por exemplo, se o pessoal não estiver disposto a usá-lo).

Apoio dos Stakeholders

Quando comecei a desenvolver aplicativos de data science, eu tinha uma atitude de "construa e eles virão". Achava que o brilhantismo do aplicativo justificaria sua adoção, e precisaríamos apenas apresentar a prova de conceito prática para que ele fosse adotado no mundo todo.

A realidade é que as pessoas simplesmente não adotarão aplicativos altamente técnicos que não tenham sido desenvolvidos em parceria com aqueles que serão beneficiados por ele, a menos que tenhamos muita sorte. Hoje, estou bem ciente de que as pessoas que trabalharão com os dados precisam estar envolvidas desde o início, precisam ter o processo em mãos e estar cientes dos benefícios empresariais para se sentirem confortáveis para explicá-lo ao chefe delas (e ao chefe do chefe etc.).

O melhor processo para fazer isso é reunir todos os envolvidos na mesma sala e conversar sobre o que desejamos realizar. O valor do negócio provavelmente virá dos participantes não técnicos. Isso é ainda mais importante se formos usar dados interdepartamentais, ao passo que, em geral, a política dos silos de dados será a maior pedra no caminho do projeto. É perigoso pensar qual aplicativo de dados seria o melhor apenas com base na nossa perspectiva, porque podemos ser atraídos pela ideia mais interessante do ponto de vista técnico, e não necessariamente a mais fácil de usar no negócio.

Outra questão-chave se relaciona com os projetos de desenvolvimento de TI em geral. A análise digital atual começa a ser feita pelos departamentos de marketing da empresa e costuma não exigir as mesmas melhores práticas que o departamento de TI desenvolveu para seus próprios sistemas ao longo de muitos anos. Se o GA4/BigQuery for o primeiro contato geral da empresa com a nuvem, poderá haver grande hesitação do departamento de TI para concordar com isso, em especial se estivermos planejando usar nossos próprios dados. Precisamos ter o apoio do departamento de TI para obter uma perspectiva bem-sucedida em longo prazo; de outra forma, arriscamos ter um processo do tipo "TI oculta" criado para contornar as restrições que o departamento de TI talvez encare como um obstáculo para nós. Isso não é sustentável.

Se esse for seu primeiro projeto na área, um objetivo secundário seria ganhar a confiança da empresa de que essa é uma área em que vale a pena investir. O primeiro projeto apresentará a infraestrutura em nuvem pela primeira vez e mostrará como difere do desenvolvimento local. Assim, recomendo que não comece com um projeto grande e complicado (ou um projeto "espaçonave"), mas com um aplicativo menor e, ainda assim, útil. O sucesso comprovará que ele funciona, os custos são bons e você tem uma boa base para desenvolver a maturidade digital da empresa.

Caso de Uso — Uma Abordagem para Evitar Espaçonaves

Na minha experiência, a abordagem orientada a casos de uso vem se mostrando a melhor maneira de concluir esses projetos. Um caso de uso dá a todos um objetivo a alcançar e respostas para por que estamos trabalhando no projeto. Sem um caso de uso, uma solução tecnológica pode ser apresentada apenas porque faz uma vaga promessa de ser benéfica. Depois que o entusiasmo inicial passa, o projeto corre o risco de ser cancelado se alguns de seus defensores internos saem ou quando os primeiros custos de sua execução chegam.

É importante analisar o projeto por partes e restringir o âmbito o máximo possível para obter sucesso — sugiro o máximo de seis meses. Qualquer período maior pode resultar em perda de foco quando as pessoas vão embora, e o projeto pode se transformar em algo grande e caro (a "espaçonave"), ganhando má reputação por demandar muitos recursos sem nenhum resultado comercial.

A capacidade de mostrar ganhos rápidos é importante para ter confiança nos processos, o que também é importante quando dados estão envolvidos, visto que a perda de confiança nos nossos processos pode acabar com toda a análise.

"Dê-me a liberdade de um resumo sucinto" foi a expressão que ouvi no início da minha carreira, e ela ficou bem gravada na minha memória. É muito melhor trabalhar em um projeto com alvos e ações bem definidos. Não tenha medo de transferir recursos não necessários para a Fase 2 depois de o trabalho inicial ter sido concluído, e mantenha o âmbito em mente ao trabalhar no projeto. O ideal é que os requisitos técnicos do projeto sejam totalmente referenciados e possam ser verificados no seu encerramento.

Apresentando o Valor de Negócio

Algo bem relacionado à abordagem orientada a casos de uso é trabalhar no verdadeiro faturamento comercial ou na economia de custos resultante do nosso projeto. Quanto melhor conseguirmos definir isso, mais confiança teremos nos orçamentos que apresentarmos.

Em geral, podemos apresentar esse valor de várias maneiras:

- Se a automação estiver envolvida, veja quantas horas por mês são usadas no momento pelos funcionários e calcule a economia média de horas uma vez que a solução estiver em execução.

- Se estiver procurando por métricas-chave crescentes, escolha as que estejam o mais relacionadas possível com o faturamento ou a economia de custos. Eu usei a métrica "aumento de velocidade da página" no passado, mas para muitos negócios, ficava longe demais do real valor comercial. "Aumento das conversões totais" é muito melhor, pois podemos multiplicar isso pelo valor-alvo médio e obter um número crescente.

- As economias de custo costumam ser usadas para manter o orçamento, ao passo que fazemos as coisas com mais eficiência. Contudo, isso depende da fase do negócio em que estamos. Empresas jovens se concentram no crescimento e costumam não se preocupar com a economia de custos, já os negócios bem estabelecidos, com uma diminuição da cota de mercado, podem focar apenas os custos.

Uma vez que temos algum valor monetário relacionado com nosso caso de uso, podemos determinar qual valor nossa solução trará. Pode acontecer que, depois dessa avaliação, cheguemos a perceber que nossa solução é cara demais. Nesse caso, economizaremos muito tempo e esforço que podem ser direcionados a projetos mais valiosos.

Avaliando a Maturidade Digital

Outro fator-chave é que os casos de uso em que estamos trabalhando podem ser realizados segundo a maturidade digital das empresas no momento. Não basta apontar para o topo da montanha como objetivo quando estamos na base dela, sem um bom par de botas de escalada.

Da mesma forma, fazer promessas de projetos avançados de aprendizado de máquina em tempo real a empresas que usam a taxa de rejeição como um indicador-chave de desempenho (KPI) pode receber alguns acenos de cabeça, mas raramente se tornarão projetos de verdade. Precisamos nos fazer várias perguntas e avaliações para ver quais serão os próximos passos na jornada de uma empresa. Entretanto, manter o topo da montanha em mente serve de inspiração para por que elas deveriam procurar melhorar, o que abre as portas para a criação do guia da maturidade digital por muitos anos.

Priorizando Nossos Casos de Uso

Agora decidiremos em quais ideias trabalhar. O processo de priorização nos permite selecionar os projetos com critérios, tais como a quantidade de recursos necessários ou o impacto esperado sobre o faturamento.

Seguem algumas perguntas que nos ajudarão a priorizar o que o nosso guia de marketing digital deverá incluir:

- Quais são as principais fontes de dados necessárias para atingir nossos objetivos de trabalho?
- Quais são nossos principais canais de ativação de dados?
- O que esperamos fazer com os dados que não podemos fazer agora?
- Quais dados achamos que deveríamos usar, mas não podemos?
- Quais tecnologias estamos usando para o trabalho com dados atual?
- Quais são nossos principais KPIs comerciais?

Ao trabalhar com clientes, criamos uma pequena lista de casos de uso feita com todos os stakeholders, então classificamos os itens com base no seu impacto comercial e tempo esperado de execução. Depois procuramos priorizar as ideias que podem ser comercializadas mais rápido e gerarão mais impacto.

Exigências Técnicas

Quando todos os stakeholders estiverem entusiasmados com o projeto, poderemos dar início à minha parte favorita: criar o âmbito e as exigências técnicas para sua execução. Isso determinará o guia de como completar o projeto, incluindo o máximo de detalhes técnicos (os planos até então podem ter sido mais genéricos). Todos os projetos de dados possuem os quatro elementos a seguir que nos ajudarão a dividir as fases do trabalho:

Ingestão de dados
Determinar como os dados chegarão, muito provavelmente em estado bruto

Armazenamento de dados
Decidir como os dados serão armazenados e disponibilizados por meio de junções, transformações e agregações

Modelagem de dados
Transformar os dados brutos em algo útil

Ativação de dados
Pegar os dados úteis e enviá-los a um sistema que terá um impacto comercial

As funções são úteis, visto que as tecnologias atuais que as fornecem são neutras — a maioria das nuvens fornecerá serviços que podem ser substituídos ou são parecidos. Por exemplo, se estivermos implementando um caso de uso que utiliza BigQuery, mas quisermos replicá-lo com o Azure ou o AWS, em vez do Google Cloud, poderemos substituir a função de armazenamento de dados do BigQuery por uma alternativa de provedor de nuvem (talvez Snowflake, Azure Synapse Analytics ou Redshift).

Como este é especificamente um livro sobre GA4, nossos casos de uso sempre o envolverão. Sua função mais comum será de fonte de dados, mas ele também possui recursos que atendem várias outras funções. Se usarmos os recursos de importação de dados do GA4, como as importações personalizadas de dados ou o Measurement Protocol, então ele poderá ser usado para a função de armazenamento de dados. Se usarmos suas métricas preditivas, usaremos suas habilidades de modelagem de dados. Talvez exportemos essas métricas via Audiences para a ativação de dados. Este livro também buscará ir além desses recursos por meio das integrações do GA4 para mostrar sua flexibilidade e poder.

Para conter suas expectativas, é comum, no caso de novos usuários, pensar que a função de modelagem de dados tomará a maior parte do tempo de um projeto. Na verdade, muito provavelmente, é a que tomará menos tempo! O tempo de implementação da modelagem de dados costuma ser reduzido em comparação com a preparação dos dados. Como princípio, espero que o tempo gasto seja mais ou menos o seguinte:

- Ingestão de dados: 20%
- Armazenamento de dados: 50%
- Modelagem de dados: 10%
- Ativação de dados: 20%

A Ferramenta Certa para o Trabalho Certo

Com frequência, deparamo-nos com ferramentas feitas especialmente para uma parte da jornada do fluxo de dados, mas que podem fazer tudo. Tenha cuidado ao usar essas ferramentas fora de sua área de especialização! Um exemplo são as ferramentas de visualização de dados que podem importar, transformar e visualizar dados. Essas ferramentas são convenientes para fontes de dados simples, mas apresentarão problemas assim que nos depararmos com fluxos de dados mais complexos, e desperdiçaremos nosso tempo tentando fazer com que funcionem com eles. Use os pontos fortes de cada ferramenta para outras partes do fluxo de dados. O BigQuery é um lugar muito melhor para armazenar e transformar dados. Assim, use-o para exportar os dados para o Data Studio para a visualização, que possui habilidades de transformação de dados adequadas para trabalhos leves, mas não para junções ou agregações pesadas.

Ingestão de Dados

Começaremos com o primeiro passo da nossa jornada de dados: coletá-los nas várias fontes disponíveis. Na ingestão de dados, coletamos dados brutos onde eles são gerados, como em interações em sites, atividades em redes sociais ou cliques em e-mails. Falaremos sobre como tratar a ingestão de dados para nossos casos de uso com GA4 e GCP no Capítulo 3.

A forma como ingerimos dados costuma estar bem relacionada com quem os possui ou controla:

Dados primários
Os dados primários são nossos dados particulares. Nossa análise da web, nossas vendas internas ou nossos sistemas de marketing se enquadram nesse tipo de dados. Nossa maturidade digital e escolha de sistemas de dados serão os maiores fatores de quão facilmente usaremos esses dados. É muito comum que a qualidade dos dados impossibilite o uso deles. Assim, uma tarefa pré-projeto poderia ser fazer a limpeza para que possamos usá-los. Um exemplo seria usar limpadores de bancos de dados de tags de campanhas ou de gestão de relacionamento com o cliente (CRM). Os dados do GA4 se enquadram nessa classe. Em muitos casos, os dados digitais costumam ser a forma mais simples de tirar proveito da coleção de APIs do GA4 para enviar dados como destino primário, como com eventos personalizados, envios

de dataLayer ou o Measurement Protocol. Não obstante, o Google determina que nenhuma informação de identificação pessoal (PII) deve ser enviada ao GA4, o que significa que precisaremos enviar as PIIs diretamente dos nossos sistemas. A facilidade de exportar ou integrar dados primários vem se tornando um fator ao determinar em que sistemas investir. Sistemas antigos de empresas são raramente substituídos se ainda funcionam, mas o motivo mais comum de frustração que já vi é que eles são como jardins fechados e murados, não nos permitindo ser realmente os proprietários dos nossos dados, pois não podemos extraí-los nem usá-los em outros sistemas.

Dados secundários

Os dados secundários são os dados primários de outras empresas — um exemplo seria os dados de impressão do Google Search Console das nossas palavras-chave de SEO. Em geral, temos um acordo com a empresa, e os dados podem ser fornecidos via API ou exportação de dados. Pode ser útil melhorar nossos dados primários sem precisar compartilhá-los com outras pessoas. Esses dados costumam ser acessados por chamadas de API ao serviço ou talvez por exportações de FTP. Nesse caso, precisaremos analisar como hospedar o código que obtém os dados. Em alguns casos, como o serviço BigQuery Transfer, isso pode exigir apenas que o usuário certo preencha um formulário. Em geral, podemos usar uma solução SaaS para conectar os dados, como Supermetrics, Fivetran ou StitchData. Em outros casos, podemos criar nossas chamadas de API e agendar sua execução — eu costumo usar uma combinação de Cloud Scheduler, Cloud Function, Cloud Run ou Cloud Composer.

Dados terciários

Os dados terciários costumam ser um agregado de dados de várias fontes. Dados climáticos ou benchmarks costumam se enquadrar nessa classe. Esse tipo de dados pode realmente acrescentar algum contexto aos nossos e ser coletado na fonte ao coletar outros dados, como chamar uma API climática quando um usuário acessa para ver se o Sol estará brilhando lá fora, ou depois de coletarmos dados através de uma importação programada de API, tal como descrito para os dados secundários.

Nenhuma Informação de Identificação Pessoal (PII) no GA4

Para enfatizar esse ponto, isso inclui quaisquer dados enviados sem querer ao GA4, bem como aqueles enviados intencionalmente. Os culpados mais comuns incluem URLs com endereços de e-mail inclusos por meio de envios de formulários, campos de busca em que os usuários escrevem por acaso seus dados pessoais e assim por diante. O GA4 pode fechar e já fechou contas no passado por terem coletado PIIs. Assim, vale a pena tirar um tempo para garantir que não correremos esse risco.

Depois de decidir como importar nossos dados, precisaremos de um lugar para armazená-los. É hora de começar a pensar nas opções de armazenamento.

Armazenamento de Dados

Originalmente, todos os dados são armazenados em algum lugar. Contudo, para nosso aplicativo de dados, precisamos decidir se continuaremos usando sua origem ou se precisaremos movê-los para outro sistema para controlá-los. Falaremos sobre como tratar o armazenamento de dados para nossos casos de uso com GA4 e GCP no Capítulo 4. Para nossos casos de uso, a resposta costuma ser o BigQuery, visto que ele oferece muitas capacidades técnicas que são úteis para os aplicativos de dados:

- O custo de armazenamento é mínimo
- Aceita dados em tempo real ou em batch
- Podemos realizar buscas analíticas em terabytes de dados e retornar os resultados dentro de um tempo razoável
- Ele se integra bem com outros sistemas

O BigQuery não é totalmente adequado para todos os aplicativos, embora o seja para vários casos de uso. Se estivermos procurando por resultados em fração de segundos para uma busca (digamos que estamos procurando uma ID de usuário e precisamos dos atributos dele), então o BigQuery não será a ferramenta certa para o trabalho. Talvez o fluxo de dados do nosso aplicativo possa transferir os dados do BigQuery para o Firestore para disponibilizá-los em um formato mais rápido de acessar.

Como decidir qual solução de armazenamento de dados devemos empregar, mesmo quando não estamos usando a GCP ou o GA4? O objetivo desta seção é ajudá-lo a tomar essa decisão.

Nossas necessidades de armazenamento de dados devem considerar estas perguntas:

Nossos dados são estruturados ou desestruturados?
Nossos dados estão em um formato que pode ser mantido em um banco de dados (CSV ou JSON, por exemplo) ou em um formato que não pode ser consultado tão facilmente, como imagens, vídeos, arquivos binários, ondas sonoras ou CSV/JSON sem um esquema definido? Um ótimo recurso atual é que podemos executar o aprendizado de máquina em alguns desses formatos para transformá-los em dados estruturados (tagueando arquivos de imagem, por exemplo).

Precisaremos analisar os dados?
Os trabalhos analíticos favorecem a realização de cálculos rápidos, ao passo que os dados não analíticos, como de servidores da internet, favorecem o acesso a registros individuais. Uma forma de abordar isso seria nos perguntar se o banco de dados usa colunas ou linhas para armazenar os dados: as colunas são mais rápidas para SUMs e COUNTs, já as linhas são mais rápidas para retornar um registro individual.

Precisaremos fazer atualizações com dados de estilo transacional?
As atualizações de dados para transações financeiras, por exemplo, podem atualizar o saldo bancário de um usuário milhares de vezes por hora, ao passo que decisões de empréstimo precisam fazer atualizações em massa apenas uma vez por semana. Talvez seja necessário seguir as propriedades ACID.[1]

Precisamos de baixa latência nos resultados?
Se precisamos de resultados em uma fração de segundo, um banco de dados analítico talvez não seja a escolha ideal.

---

1 ACID: atomicidade, consistência, isolamento e durabilidade.

Integraremos nossos dados com SDKs para dispositivos móveis?

O Google possui uma suíte do Firebase dedicada aos dados mobile, permitindo integrar outros serviços para dispositivos móveis.

Qual é a quantidade de dados que usaremos?

Sabermos se estamos falando de MB, TB ou PB afetará nossas opções.

Ele integrará bem nossas necessidades de ingestão/modelagem/ativação de dados?

É possível que um armazenamento de dados atenda todas as nossas outras necessidades, mas se ele estiver no local errado ou não conseguir operar com os outros passos (ou se for caro demais fazer isso), então talvez não seja adequado. Esse poderia ser o caso se, por exemplo, estivéssemos tentando importar dados de várias nuvens de locais para um aplicativo. A maioria das nuvens pode criar aplicativos, mas sairá caro se precisarmos importar/exportar dados entre elas.

Se pudermos responder a essas perguntas, então a Figura 2-1 poderá nos ajudar a determinar qual ferramenta da suíte da GCP talvez seja adequada.

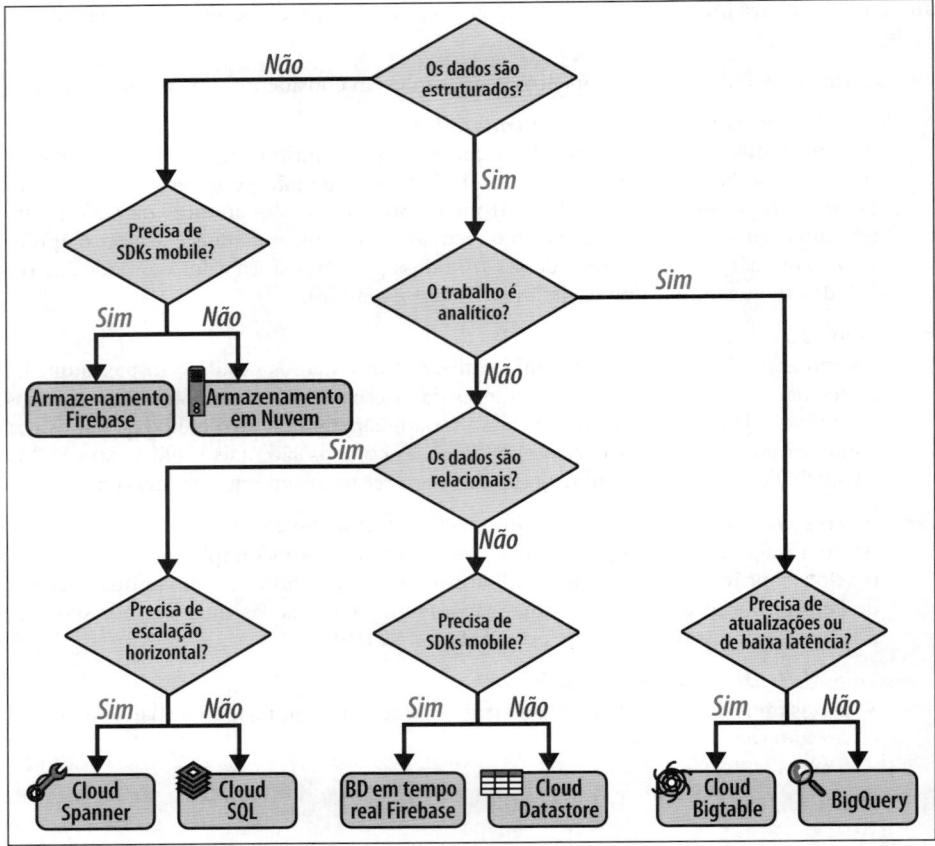

Figura 2-1. Um fluxograma para escolher a opção correta de armazenamento da GCP

Agora dá para entender por que o BigQuery é a resposta para a maioria dos nossos casos de uso em GCP e GA4. Responderei as perguntas da figura com alguns fluxos de trabalhos analíticos comuns:

- Nossos dados são estruturados ou desestruturados? **A maioria dos dados analíticos é estruturada.**
- Precisaremos analisar os dados? **Sim!**
- Precisaremos fazer inserções transacionais? **Não.**
- Precisamos de baixa latência nos resultados? **Não para os fluxos de trabalho analíticos.**
- Integraremos nossos dados com SDKs mobile? **Não.**
- Qual quantidade de dados usaremos? **Todo tipo, não importa.**
- Ele integrará bem nossas necessidades de ingestão/modelagem/ativação de dados? **O GA4 possui integração nativa com o BigQuery.**

As respostas a essas perguntas mostrarão por que o BigQuery é uma boa escolha. Se suas respostas forem diferentes, talvez você escolha outra solução.

No entanto, no caso de alguns cenários de ativação de dados, chegamos a uma solução diferente:

- Nossos dados são estruturados ou desestruturados? **Estruturados.**
- Precisaremos analisar os dados? **Não. Isso já foi feito na etapa de modelagem.**
- Precisaremos realizar inserções transacionais? **Talvez.**
- Precisamos de baixa latência nos resultados? **Sim. Será em tempo real para os usuários.**
- Integraremos nossos dados com SDKs mobile? **Talvez.**
- Qual quantidade de dados usaremos? **Em geral na casa dos TB.**
- Ele integrará bem nossas necessidades de ingestão/modelagem/ativação de dados? **Preciso de uma API em tempo real com tempo rápido de resposta.**

Isso nos leva ao Firestore.

Uma vez que nossos dados estiverem fluindo para a solução de armazenamento escolhida, começaremos a pensar no formato deles. É aí que começamos a gerar valor, informando o modelo de dados que solucionará todos os nossos casos de uso.

Modelagem de Dados

Modelagem de dados é o processo de pegar os dados do nosso armazenamento, por meio da fase de ingestão, e modificá-los para usá-los em nossos casos de uso. A modificação inclui filtragem, agregação, cálculo de estatísticas ou aprendizado de máquina. É na fase da modelagem de dados que a mágica acontece na maioria dos projetos e, em geral, será a mais personalizada. De preferência, devemos gastar a maior parte dos nossos recursos especializados, como o tempo dos cientistas de dados, aqui. Entraremos em detalhes sobre isso nos casos de uso deste livro no Capítulo 5.

A modelagem inclui inúmeras atividades e pode ser tão simples quanto fornecer uma tabela agregada limpa ou tão complexa quanto uma rede neural de aprendizagem em tempo real. Em todos os casos, o objetivo é transformar nossos dados brutos em ouro ou, o mais comum, em uma tabela simples que pode ser usada por nosso canal de ativação de dados.

Desempenho do Modelo Versus Valor de Negócio

Primeiro, vamos considerar quanto desempenho nosso modelo precisa ter. De início, podemos achar que nosso desempenho deve ser o mais exato possível, mas esse não é exatamente o caso.

A primeira grande preocupação é definir nossa métrica "satisfatória" do desempenho do modelo. Naturalmente, nossa equipe de data science tentará obter a pontuação mais alta possível, mas as leis de retornos decrescentes mostram que 95% podem ser duas vezes mais difíceis de atingir do que 80% e 99% podem ser até 10 vezes mais difícil. O nosso caso exige 99% de precisão, mesmo que prolongue o tempo de nosso projeto em um ano?

Lak Lakshmanan nos deu um excelente exemplo disso em uma postagem do seu blog "Choosing Between Tensorflow/Keras, BigQuery ML and AutoML Natural Language for Text Classification" (em inglês).

Lak é um excelente cientista de dados da equipe do Google Cloud e autor de *Data Science on the Google Cloud Platform*. Ele mostrou que escolher entre três métodos de aprendizado de máquina envolvia as exigências de desempenho versus recursos que podemos ver no Quadro 2-1.

Quadro 2-1. Exigências de precisão versus desempenho versus recursos para diversos métodos de aprendizado de máquina — adaptado da pesquisa de Lak Lakshmanan

Tipo de modelo	Como fazer	Tempo para fazer	Precisão	Custo de nuvem
Keras treinado no Cloud ML Engine	Programação em Python	1 semana a 1 mês	Baixa a extremamente alta, dependendo da nossa habilidade com ML	Médio a alto
BigQuery ML	SQL em BigQuery	Cerca de 1 hora	Moderada a alta	Baixo
AutoML	Modelo pré-fabricado	Cerca de 1 dia	Alta	Médio

Dadas as opções, ao avaliar nosso caso de uso, vale a pena tentar especificar qual é o desempenho necessário. Talvez uma precisão maior signifique lucros maiores, mas se puder ser quantificado, poderá nos ajudar a determinar por quanto tempo nossa equipe de data science deve trabalhar nos modelos.

Em muitos casos, vale a pena trabalhar em um modelo e executá-lo rapidamente para usá-lo como base, e passar o resto do dia melhorando seu desempenho. Se nosso modelo for bem-sucedido no lançamento, talvez uma futura revisão do projeto aloque mais recursos para um modelo mais preciso.

Princípio de Menor Movimentação (de Dados)

A complicação da seção de modelagem de dados do projeto é influenciada pela quantidade de dados que precisa ser enviada para vários lugares. Devido à forma como os dados de análise da web são coletados, provavelmente precisaremos usar apenas dados estruturados na fase de modelagem, e é possível que seja apenas um banco de dados em SQL. Implementar modelos estatísticos ou de aprendizado de máquina complicados em SQL é uma arte obscura, e nosso cientista de dados provavelmente preferirá trabalhar com uma linguagem de data science mais dedicada, como Python, R ou Julia.

Contudo, devemos começar a pesar os prós e os contras de movimentar os dados para ajudar a atingir esse objetivo. Um princípio geral é que devemos movimentar o mínimo possível, apenas o que for absolutamente necessário. Seguir essa diretriz nos ajudará a evitar contas caras, preocupações com a privacidade de dados e poderá obrigar nossas fontes de dados a limpá-los, de modo que nossos cientistas de dados não precisem passar mais tempo fazendo isso.

Entradas de Dados Brutos para Saídas Informativas

Em essência, um resumo sucinto para seus modeladores de dados lhes dará uma lista do esquema de dados que receberão e o formato esperado de dados que sairá do outro lado do seu processo de modelagem. Entretanto, pode haver junções, agregados, estatísticas e aprendizado de máquina com redes neurais ou outras, mas o mecanismo do modelo será um conjunto de dados de entrada e saída.

Em projetos reais, os modeladores costumam rapidamente encontrar inconsistências ou erros nos dados ao obterem resultados estranhos. Esse pode ser bom por si só, visto que podemos retroalimentá-los às fontes de dados e limpá-los com um processo iterativo.

Especificar nosso canal de ativação de dados nos permitirá avaliar criticamente o formato dos dados que serão gerados pelo processo. O canal de ativação precisará estar em certo formato ou sistema para realizar a ativação — por exemplo, talvez seja necessário consumir os dados por meio de uma API ou uma importação de CSV.

Ajudando Nossos Cientistas/Modeladores de Dados

Além de um resumo sucinto, tarefas-chave para facilitar seu trabalho ou o trabalho dos nossos cientistas de dados nos permitem focar mais o problema e menos a administração ou o trabalho de limpar os dados. Ter um ambiente de trabalho bom e limpo também nos permite trabalhar livremente nos conjuntos de dados sem esperar a execução dos trabalhos ou que alguém nos autorize.

Um bom resumo para nossos cientistas de dados incluirá os seguintes elementos:

- O formato esperado das entradas de dados junto a um catálogo detalhado destes sobre o que cada ponto de dado representa
- As métricas de saída desejadas e/ou as dimensões nos dados modelados
- Um limite estimado da métrica de sucesso para o projeto (por ex., precisamos que os previsores tenham uma precisão acima de 80% para começar a ver o valor comercial)
- Com que frequência novas previsões ou atualizações de modelos serão necessárias

- Um prazo para quando os primeiros modelos deverão entrar em QA
- Uma explicação de onde o modelo será implantado e os benefícios esperados
- Se as previsões são necessárias em tempo real ou com um processo em batch

Naturalmente, as melhores pessoas a quem perguntar o que facilitará a vida são as que estão trabalhando no problema, mas a ideia é que a lista anterior nos ajude a fazer um checklist das nossas preocupações ou dos recursos necessários para abordar o trabalho com uma eficiência ótima.

Estabelecendo KPIs de Modelos

Ao avaliar a modelagem de aprendizado de máquina em particular, precisamos fazer algumas perguntas fundamentais sobre o que usaremos para medir o sucesso. Um exemplo comum é usar a precisão para os conjuntos de dados desequilibrados, como prever uma taxa de conversão. Como as taxas de conversão costumam ficar entre 1% e 10%, teremos um modelo com precisão de 90% a 99% apenas prevendo que nem todos resultarão em uma conversão! Ter o cuidado para escolher a forma correta de medir o desempenho do nosso modelo é algo que um cientista de dados se acostumará a fazer, por isso também é importante saber o contexto em que os resultados do modelo serão usados. No caso do exemplo anterior, lembre-se de que seria melhor medir qual seria a taxa da previsão de conversões com base no número de conversões observadas.

Uma vez que o modelo entrar em produção, sua qualidade diminuirá com o passar do tempo. É natural conforme os dados evoluem. Por causa disso, também devemos estabelecer limites para os nossos KPIs de modelos e decidir quando realizar um novo treinamento com base em novos dados ou, se não funcionar, talvez rever todo o modelo com uma nova abordagem.

Localização Final da Modelagem

Depois de criar o modelo, precisamos decidir como nossa ativação de dados será acessada para nossas previsões. Existem vários produtos novos que nos ajudarão a "colocar em produção" nossos modelos, o que veremos mais a fundo no Capítulo 5.

O principal é fazer com que os novos dados se conectem com nosso modelo de modo que ele possa gerar previsões ou informações. Embora os dados para treinar os modelos sejam grandes, os dados em si para gerar resultados costumam ser bem pequenos — talvez apenas uma ID de usuário ou a página visitada. As tendências gerais para usar nossos modelos são as seguintes:

Criar o modelo onde nossos dados estão
Os bancos de dados ficaram mais sofisticados, e agora muitos nos permitem criar o modelo dentro deles. Nenhuma movimentação de dados é necessária entre os fluxos de trabalhos de treinamento e produção. BigQuery ML é um exemplo disso.

Fazer o upload do modelo para onde nossos dados estão
A saída do nosso modelo pode ser um arquivo executável ou binário que pode ser enviado para onde o banco de dados se encontra. O banco de dados deve oferecer um suporte específico para isso. O recurso de importação do Tensorflow do BigQuery ML é um exemplo.

Trazer nossos dados para o modelo
O modelo está hospedado em outro lugar, e fazemos o upload dos dados para gerar nossas previsões. Os serviços AutoML do Google são um exemplo.

Desenvolver uma API para acessar nosso modelo
Desenvolver uma API que retornará os resultados do modelo quando acessado com os dados necessários. As APIs de aprendizado de máquina, como a API de conversão de voz, são um exemplo. Uma vantagem é que ela pode interagir com qualquer coisa que consiga se comunicar com HTTP.

Quando estivermos nesse ponto do projeto, passaremos a ter a ingestão de dados na solução de armazenamento e teremos criado um conjunto de dados para responder ao nosso caso de uso e nos comunicar com ele. Na próxima seção, descreveremos como justificar todo o trabalho que tivemos para criar nosso modelo gerando um valor de negócio mensurável.

Ativação de Dados

Por último, mas não menos importante, temos a ativação de dados. Ela é tão importante que deve ser decidida na avaliação inicial do caso de uso, ao passo que os outros passos podem ser decididos depois. Falaremos sobre isso em mais detalhes no Capítulo 6.

Nesta seção, consideraremos várias possibilidades de ativação de dados para o marketing digital, visto que o GA4 sempre será uma fonte de insights pronta para a ativação.

Talvez Não Seja um Painel

Ao trabalhar com projetos de dados, a ativação de dados costuma ser a consideração secundária que não passa de "Vamos fazer um painel!". Como alguém que passou pelo processo de criar painéis apenas para descobrir, seis meses depois, que ninguém estava entrando nele, deixo o alerta para nunca concluir que um painel é a melhor maneira de apresentar nosso trabalho duro.

Meu problema com painéis é que seus criadores costumam supor que seu trabalho terminou e aqueles que o visualizam sempre agirão com base nos dados apresentados. Esperamos que as métricas e as tendências que exibimos no painel façam seus visualizadores terem um momento de epifania, e que eles corram para colocar isso em prática, demonstrando o valor de negócio. Se esse for o resultado desejado, então o painel deverá ser a base do negócio, do treinamento e dos workshops para ajudar a entregar o que promete. Esse trabalho é uma tarefa constante, e o painel deveria evoluir de acordo com as necessidades da empresa.

Embora tenha deixado minha postura de "Painel nunca!" de lado, acredito que ele deveria estar envolvido apenas nos primeiros passos de uma verdadeira ativação de dados. Os projetos que vi exercerem mais impacto foram aqueles em que as informações da modelagem de dados alteraram diretamente o comportamento de um canal de marketing digital.

Consideremos o outro lado da nossa pilha de marketing: talvez tenhamos uma ferramenta de automação de marketing, uma plataforma de dados de clientes (CDP) ou uma CRM que envia e-mails aceitando as integrações da nossa modelagem. Para o GA4, em especial, o Audiences é um canal de ativação de dados, pois eles podem ser exportados para os canais de mídia pagos ou para o Google Optimize no Google Marketing Suite. Se pudermos conectar nossa modelagem de dados a essa atividade mais diretamente, a probabilidade de demonstrarmos um caso de uso fantástico com resultados mensuráveis será maior.

Interação com os Usuários Finais

Como estamos focando o marketing digital, as alavancas que podemos puxar para causar um impacto se encontram nos canais de marketing digital. A seguir, temos os principais canais com algumas sugestões de como os dados poderão afetá-los:

Busca orgânica e SEO
> Pesquisa de palavras-chave, comparação de conteúdo e consultas, geração de conteúdo da página inicial, aumento da taxa de cliques

Busca paga
> Pesquisa de palavras-chave, otimização da pontuação de qualidade, resposta a tendências, segmentação de público

E-mail
> Segmentação de público, personalização, pesquisa de conteúdo

Conteúdo de mídia proprietário, como nosso site
> Otimização da taxa de conversão, experiência de carregamento da página, personalização

Redes sociais
> Tendências de captação, personalização, pesquisa de conteúdo

Exibição de publicidade
> Avaliações de qualidade dos locais, segmentação

Além de atender nossos clientes, também podemos ajudar nossos colegas e stakeholders internos a realizarem seu trabalho com mais eficiência. As vias em comum para isso poderiam incluir:

Painéis
> Oferecer suporte de decisões para os funcionários fornecendo informações baseadas nos fluxos de dados

E-mail
> Enviar e-mails úteis e personalizados aos funcionários com nossos insights de dados

Automação
> Eliminar tarefas repetitivas para que os funcionários possam empregar seu tempo em algo mais produtivo

Recursos humanos (RH)
> Avaliar quando os funcionários precisam de ajuda, por exemplo, quando gastam muito tempo em gargalos de processos

Níveis de estoque
> Otimizar quando encomendar produtos com base em previsões de demanda fornecidas por nossa atividade de marketing

Assim que nossa modelagem de dados é ativada, devemos nos lembrar dos nossos objetivos originais de faturamento do caso de uso e avaliar seu impacto. Entretanto, temos mais uma coisa a considerar, algo que vem se destacando nos últimos anos: a privacidade do usuário.

Privacidade do Usuário

A privacidade do usuário não pode mais ser ignorada em nenhuma solução que trabalha com dados. Estou acostumado a trabalhar com o Regulamento Geral de Proteção de Dados (GDPR) da União Europeia e o histórico legal de privacidade eletrônica, e agora esses padrões estão começando a ser adotados no mundo todo. Hoje, mostrar que observamos essas leis de privacidade do usuário pode ser considerado uma vantagem competitiva. Assim, as soluções que criamos devem demonstrar que somos de confiança e, ao mesmo tempo, geramos resultados úteis para o usuário se ele nos dá permissão.

Em geral, os princípios apresentados pelo GDPR na UE não têm o objetivo de evitar que os aplicativos de dados recebam dados, mas proteger a dignidade dos cidadãos. À medida que o valor dos dados das pessoas aumenta, precisamos monitorar os algoritmos que decidem o destino delas sem o seu conhecimento, em especial se seus dados forem fornecidos sem seu conhecimento e de graça, não para o benefício delas, mas para o lucro da empresa.

Outras regiões ao redor do mundo estão seguindo no mesmo caminho. Leis similares foram criadas na China e no Brasil em 2020. Os EUA não têm uma proteção no nível federal, mas Estados como a Califórnia criaram leis de proteção à privacidade que se sobrepõem ao GDPR, e outros Estados estão procurando fazer o mesmo.

Uma das principais necessidades da privacidade do usuário é saber os tipos de dados associados a um usuário, os quais diferem um pouco por região no tratamento legal. Como minha experiência se restringe à UE, talvez você queira consultar os detalhes da sua região, embora as categorias geralmente se apliquem a todos os locais.

Dados anônimos
> Dados anônimos não podem ser usados para "identificar de novo" um usuário em combinação com outra informação coletada. Isso inclui dados que podem ser vinculados ou combinados para filtrar usuários, como CEPs, os quais, por si só, não são identificáveis, mas ao ser relacionados com dados demográficos, como idade e gênero, podem nos ajudar a identificar uma pessoa. Se um hacker motivado invadisse nosso sistema, ele não deveria conseguir identificar um usuário com base em nenhum dado em nossa posse. Um hacker motivado é um teste para a segurança dos nossos dados, mas uma situação mais comum é que nossa própria empresa acabe vazando os dados por acidente, expondo sem querer nosso banco de dados ao público ou divulgando uma chave secreta de autenticação.

Dados pseudonimizados
> Seriam IDs associadas aos usuários que, quando combinadas com outros dados, revelariam mais dados pessoais sobre eles. Um exemplo comum seria uma ID de usuário que poderia ser vinculada a um banco de dados que indica qual é o nome, o endereço e o número de telefone do usuário. Se um hacker motivado tivesse acesso à ID mais os nossos sistemas internos, ele poderia identificar um usuário.

PII (informação de identificação pessoal)
São dados que identificam diretamente um usuário, como seu nome, e-mail ou número do cartão de crédito. Um hacker motivado precisaria apenas acessar as PIIs para identificar um usuário. Isso também inclui dados coletados de forma implícita, como o endereço IP.

Ao projetar seus aplicativos de dados, pense bem em que dados você realmente precisa obter do usuário. Dados anônimos podem ser suficientes para gerar uma segmentação baseada em contexto, em vez do comportamento individual do usuário ligado a uma ID. Isso altera drasticamente a quantidade de dados que podemos usar se formos respeitar as escolhas do usuário e pode nos fornecer um modelo de melhor desempenho e reduzir os riscos legais.

Uma vez que sabemos quais dados podemos coletar, como podemos verificar se os dados que estamos recebendo se enquadram? Falaremos sobre isso na próxima seção.

Respeitando as Opções de Privacidade do Usuário

É importante saber como usar os dados de uma pessoa e para que fim ela os forneceu. Alguns profissionais dão mais atenção à tecnologia dos sistemas do que ao objetivo dela; por exemplo, se um usuário não deu permissão para que seus dados pessoais fossem rastreados usando cookies, o usuário também não gostaria de ser rastreado por uma tecnologia que substituísse os cookies, como um localStorage do navegador. A essência da lei deve ser respeitada.

Ao obter consentimento, é costumeiro que obtenhamos permissão para vários tipos de uso. Esses tipos costumam ser divididos em funções necessárias, estatísticas e de marketing. Por exemplo, se obtivermos o consentimento do usuário para as estatísticas, não deveremos usar seus dados para o marketing.

Ao obter consentimento para usar as PIIs ou os dados pseudonimizados, precisaremos incluir esse consentimento e quando/como ele foi dado nos nossos conjuntos de dados para manter um registro das decisões dos usuários. Os usuários poderão retirar essa permissão no futuro. Assim, precisaremos ter datas de permissão para atualizar nossos registros de acordo.

Privacy by Design

Se possível, será melhor usar dados anônimos quando possível. Assim, várias complicações legais simplesmente não se aplicarão.

Se as PIIs forem inevitáveis, então dê preferência a usar dados pseudonimizados. Isso é incentivado pelo GDPR e pela Lei de Privacidade do Consumidor da Califórnia. Com dados pseudonimizados, a ID é usada em vez do nome ou do e-mail do usuário, dando ao usuário certo nível de proteção, caso haja alguma violação — se a empresa protegeu a tabela de busca das IDs de usuário relacionadas e suas informações pessoais.

O uso de IDs pseudonimizadas também significa que será muito mais fácil respeitar as escolhas de exclusões ou solicitações de portabilidade dos dados. Nesses casos, podemos atualizar o banco de dados central de PII e a ID pseudonimizada simplesmente parará de funcionar sem que precisemos seguir o rastro dos dados nos diversos sistemas para apagar os dados do usuário.

Se estivermos importando PIIs, as medidas para proteger a privacidade do usuário já deverão existir. Nesse caso, poderá ser vantajoso determinar uma expiração dos dados, digamos, 30 dias, o que significa que se as importações de dados pararem, todos os dados na nuvem serão eliminados dentro do período legal, de acordo com o GDPR. Se as permissões dos dados-fonte forem atualizadas, nossa importação acabará refletindo essa mudança, e não correremos o risco de incluir dados que deveriam ter sido apagados durante a importação.

Protegendo o Acesso aos Dados

Outra coisa fundamental a evitar são os vazamentos de dados pessoais. A importância disso aumenta de acordo com a confidencialidade dos dados, como registros bancários e de saúde. Mas até bancos de dados com senhas decodificadas podem vazar, resultando em consequências prejudiciais e custosas para os usuários, considerando-se o quanto de nossa vida está na internet atualmente.

Abordamos várias considerações de alto nível ao elaborar uma estratégia para nossos projetos de aplicativos de dados no GA4. A próxima seção apresentará algumas ferramentas úteis que uso na maioria dos meus projetos para que você também possa se familiarizar com elas.

Ferramentas Úteis

Esta seção analisa outras ferramentas além do GA4 e da GCP que considero essenciais para que as operações se desenvolvam sem problemas. É possível deixar de usá-las ao executar projetos, mas as ferramentas destacadas aqui facilitam bastante as coisas para nós em longo prazo.

gcloud

O `gcloud` é uma ferramenta da linha de comando que nos permite fazer tudo (e um pouco mais!) o que fazemos no console web do Google Cloud usando a linha de comando e com a programação em bash. Eu o considero uma parte essencial do kit para nos ajudar com a GCP, visto que sempre teremos uma via para automação. Nem precisamos instalá-lo se não quisermos — ele vem com o shell de nuvem disponível no navegador quando entramos no console web da GCP.

Na verdade, a WebUI na GCP é apenas um aplicativo das APIs subjacentes que todos os serviços da GCP operam em segundo plano. A GCP adota uma abordagem de API primeiro, o que significa que todos os recursos estarão disponíveis primeiro na API, então em ferramentas como o `gcloud` ou nos outros SDKs.

Acesse a visão geral das CLIs do `gcloud` para instalá-lo.

Controle de Versão/Git

Mesmo que não façamos parte de uma grande equipe, usar um sistema de controle de versão, como o Git, é imprescindível para um funcionamento tranquilo. Ter um "undo" infinito no nosso código, documentação e procedimentos é um dos benefícios; ter a confiança de duplicar o trabalho entre as máquinas é outro. Criar fluxos de trabalhos que verificam e executam automaticamente nossos aplicativos em resposta ao código pode nos poupar bastante tempo. Esses benefícios se multiplicam quando mais de um desenvolvedor mantém nossa base de código.

De longe, o repositório de Git mais popular hospedado na internet é o GitHub, que é um site público dedicado ao uso do Git. Outros sistemas também são populares, como o GitLab e o Bitbucket, e o Google tem o seu por meio dos Repositórios de Códigos. Escolha o que se integra melhor no seu fluxo de trabalho, mas não deixe de fazer isso.

Ambientes Integrados para Desenvolvedores

Quando comecei, eu costumava escrever meus programas usando o bloco de notas ou arquivos de texto. Por isso, o trabalho parecia cansativo e mais difícil do que precisava ser. Os ambientes de desenvolvimento integrado (IDEs) são programas que, basicamente, não passam de editores de texto gloriosos, mas com muitos recursos específicos que facilitam a execução, o teste e a depuração do código. Eu uso várias IDEs, dependendo de quais recursos preciso que meu código apresente: o RStudio é incrível para fluxos de trabalhos em R, o PyCharm é popular para aplicativos em Python e o VS Code é ótimo para todo o resto porque tem muitos plugins para trabalhar com tarefas, tais como, criar scripts SQL.

Contêineres (Incluindo o Docker)

Outra tecnologia que agora considero essencial para o meu trabalho no dia a dia é o Docker. Ele nos permite criar contêineres que funcionam no nosso computador que poderiam até executar outros sistemas operacionais (Linux funcionando no Windows, por exemplo). O Docker funciona como uma forma padrão de manter o ambiente no qual nosso código é executado, e isso significa que nosso código e fluxos de trabalhos se tornam muito mais neutros no que se refere a onde poderão ser executados.

O Docker nos ajuda a criar pequenos arquivos ZIP que funcionam como minimáquinas virtuais: ele contém um SO inteiro que possui justamente as dependências de que precisamos para executar nosso código.

As empresas de nuvem adotaram o Docker porque ele pode duplicar sistemas facilmente em um computador local com seu próprio sistema, e muitas de suas ofertas lidam com a infraestrutura, de modo que precisamos nos preocupar apenas com o código. Veja "Avançando na Pirâmide sem Servidores" (Capítulo 1).

Já vi os benefícios de inserir códigos no Docker. Ele me ajudou a escolher rapidamente em qual serviço de nuvem o código poderia ser executado, mesmo quando se encontra na mesma nuvem, como na GCP. De início, grande parte do meu serviço funcionava em uma instância do Google Compute Engine. Quando serviços como o Cloud Run e o Cloud Build surgiram, passei a usar a mesma imagem do Docker para executar o mesmo código nesses ambientes sem servidores, sem precisar atualizar meu código.

Parte da diversão de trabalhar com essas novas ferramentas é nos mantermos atualizados com o que a comunidade está usando para facilitar a vida dela. As ferramentas que mencionei são uma pequena amostra das ferramentas disponíveis e lhe darão um bom ponto de partida. Escolhi essas ferramentas específicas porque elas também apresentam novas maneiras de encarar os projetos.

Resumo

Neste capítulo, falamos sobre tudo que precisamos considerar antes de começar a escrever um programa ou configurar os aplicativos. Também apresentei a estrutura que orientará como o restante dos capítulos está organizado: vamos nos aprofundar na ingestão, na modelagem e na ativação, então juntaremos essas funções nos capítulos de casos de uso. Também vimos como a privacidade do usuário é importante para os aplicativos e falamos sobre algumas ferramentas que facilitarão o trabalho no dia a dia. Se estiver vindo de uma formação em marketing digital pura, você talvez ainda tenha de aprender o correspondente a anos de habilidades e desenvolvimento, o que, segundo minha experiência, é algo que vale a pena. Se quiser dominar todos os aspectos do que abordamos neste capítulo, estará pronto para a sua futura carreira de análise digital.

O próximo capítulo abordará a primeira das funções de dados: a ingestão de dados. Em especial, focaremos como configurar o GA4 e seus novos recursos para obter os dados de que precisamos.

## CAPÍTULO 3

Ingestão de Dados

Este capítulo fala sobre o primeiro passo de um projeto de análise de dados — inserir os dados nos nossos sistemas para trabalhar com eles. No caso deste livro, isso sempre incluirá, mas não se limitará a, o GA4.

No entanto, ter a habilidade de consumir dados de diversas fontes é algo poderoso, visto que podemos mesclar sistemas complementares e, em geral, os insights que obtemos a partir dos nossos dados são mais poderosos. Para ajudá-lo a chegar lá, a próxima seção mostra em detalhes como coletar os dados a partir desses diversos sistemas.

Abrindo os Silos de Dados

Quanto mais dados temos, mais complicado um projeto fica. Isso ocorre não apenas devido a questões técnicas, como encontrar chaves de junção em comum, mas também devido à política da empresa conforme envolvemos mais stakeholders que controlam dados diferentes e que estão armazenados separadamente na organização comercial. Isso costuma ser chamado de *armazenamento em silos de dados*, quando uma organização talvez tenha bastantes dados bons, mas eles estão desconectados e em sistemas diferentes, dificultando o uso. Em geral, a política de mesclar dados pode ser resolvida apenas envolvendo os stakeholders assim que possível, idealmente quando criamos o caso comercial para usar esses dados para início de conversa.

Essa pode parecer uma montanha impossível de escalar quando estamos começando. Uma boa maneira de dar o primeiro passo é nos certificarmos de não requisitar mais dados do que realmente precisamos. Em alguns casos, dados agregados bastam para começarmos, em vez do sonho inicial de mesclar todos os pontos individuais de dados brutos.

Menos É Mais

Uma ideia comum ao importar dados de diversos sistemas é tentar importar tudo "só por precaução". Em vez disso, seria melhor ter casos de uso claros que especificassem de que dados cada um deles necessitaria e importar apenas isso. Se outros casos de uso surgirem depois, as importações poderão ser alteradas. Mas tentar adivinhar o que deveria ser enviado faz com que o projeto se torne mais complicado, o que costuma manter o déficit técnico que nossa importação tem a oportunidade de diminuir.

Tente importar apenas dados para os quais você tem uma especificação. No caso de bancos de dados antigos, é comum haver colunas que foram inseridas por colegas que não estão mais na empresa, e ninguém mais sabe para que servem, considerando especialmente que os bancos de dados antigos costumam ter nomes de colunas não descritivos, como XB_110 devido a restrições antigas nos rótulos de dados.

Também considere o tipo ou a estrutura dos dados de suas fontes. Uma importação recente é um bom momento para limpar os formatos de datas ou as ambiguidades dos formatos de moeda e remover os registros nulos ou sem sentido.

 Existe apenas um padrão de data correto: AAAA-MM-DD. Sua missão, caso escolha aceitá-la, é eliminar todos os outros que encontrar! Para referência, veja a ISO 8601.

Ao importar dados, essa é a nossa primeira oportunidade de realmente nos familiarizar com eles. Assim, veja se as características ou o esquema dos dados que você está usando tem valor em si. Simplesmente coordenar isso na empresa para que todos se refiram aos mesmos pontos de dados pelo mesmo nome pode ser um gerador de valor inicial!

Especificando o Esquema de Dados

Embora tenhamos a opção de realizar a autodetecção de esquemas, se não tivermos um método sofisticado para desenvolver o esquema na importação, então sempre será melhor especificar exatamente o que esperamos ver nos nossos dados importados em produção. A autodetecção pode ser útil na fase de desenvolvimento, mas especificar exatamente o nome e o tipo de uma coluna significa que poderemos identificar erros futuros com rapidez. Em geral, a melhor abordagem ao lidar com a qualidade dos dados é testar e corrigir os erros de dados assim que virmos algo inesperado, em vez de permitir que pontos de dados passem despercebidos por nossos sistemas de produção. Isso ajuda a aumentar a confiança dos demais no nosso projeto de dados.

O GA4 possui seu próprio esquema, tal como definido pelo Google, sobre o qual você aprenderá ao configurá-lo para coletar dados do seu site. Vejamos especificamente como configurar o GA4 para utilizá-lo da melhor forma possível.

Configuração do GA4

Como este é um livro sobre o Google Analytics, entraremos em detalhes agora sobre como configurar o GA4 para a ingestão de dados. Usaremos dados do GA4 em todos os casos de uso descritos no livro. Assim, saber o que o GA4 pode fazer e como usar suas capacidades de coleta de dados da melhor forma possível guiará o restante do projeto de dados.

Essas são algumas formas de configurar os eventos que chegam até a nossa conta do GA4. Assim, as seções a seguir darão uma breve visão geral de cada opção de configuração para que você possa saber qual aplicar ao planejar seus fluxos de dados.

Tipos de Eventos do GA4

O principal elemento de dados do GA4 é o evento, e existem muitas configurações de como coletá-lo: eventos automáticos, eventos avançados de medição, eventos recomendados e eventos personalizados. O Google tentou incluir os padrões simples e a capacidade de personalização, de modo que podemos avançar logo e criar rapidamente uma solução personalizada de rastreio de análise digital.

Eventos automáticos

Eventos automáticos são eventos do GA4 que não precisamos configurar. Eles são enviados por padrão e são essenciais para os relatórios básicos do GA4. Eles incluem o que são consideradas as exigências mais comuns do rastreio na internet e possuem um status único de não precisar de configurações para serem habilitados, com exceção de incluir um script de rastreio do GA4 no nosso site. Não precisamos de um código personalizado para coletá-los.

Os eventos automáticos incluem mais do que é rastreado por padrão no Universal Analytics. Eles incluem os itens comuns, como page_view, e eventos úteis que precisamos configurar sozinhos antes. Agora, em vez de incluir um código para rastrear a rolagem de páginas, a execução de vídeos ou as páginas dos resultados de buscas, eles são coletados automaticamente.

Podemos encontrar uma lista atual do que é coletado na documentação do GA4.

Eventos avançados de medição

Embora os eventos automáticos de coleta de dados estejam habilitados por padrão, podemos escolher os campos gostaríamos de ver nos nossos relatórios. Podemos simplesmente acionar um botão na nossa interface web do GA4 para usá-los, o que costuma ser feito na configuração do fluxo da internet na criação da conta.

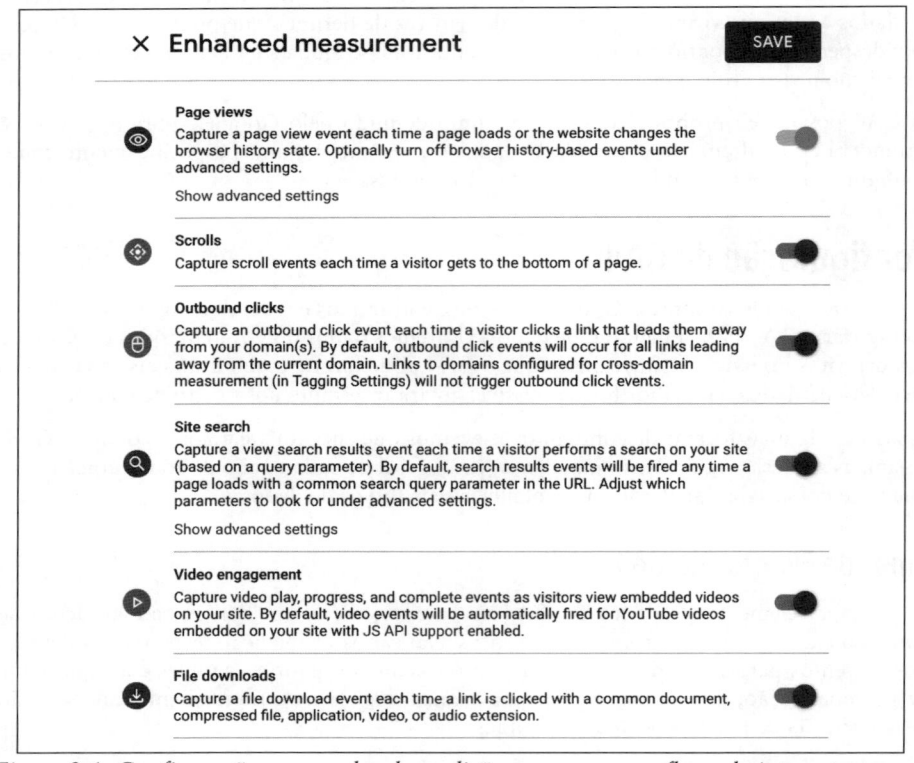

Figura 3-1. Configurações avançadas de medição para um novo fluxo da internet

Ao acionar o botão, os eventos automáticos aparecem nos nossos relatórios sem a necessidade de alterar nada nos códigos.

Também temos opções para configurações mais avançadas, por exemplo, como a visualização de uma página é ativada nos aplicativos com apenas uma página (mudanças nos eventos de histórico do navegador) ou os parâmetros de busca que queremos usar para uma busca no site. Podemos ver isso usando os links da Figura 3-1.

Eventos recomendados

Eventos recomendados são eventos que não são coletados automaticamente, mas possuem uma estrutura e um esquema de nomenclatura sugeridos, cuja observação é altamente recomendada. Eles permitem alguma personalização, mas não são tão livres quanto os eventos personalizados (veja "Eventos personalizados").

O Google mantém uma documentação para os eventos recomendados.

Os eventos recomendados não podem ser coletados automaticamente sem nossa configuração porque usam dados únicos do nosso site, como os nomes dos nossos produtos de e-commerce, mas somos orientados a seguir determinado esquema para que eles apareçam nos relatórios especiais de acordo com a forma padronizada do GA4. Podemos ignorar essas recomendações, mas perderemos funcionalidade na interface e nas APIs do GA4.

Embora sejam chamados apenas de *recomendados*, essas recomendações são altamente sugeridas, senão alguns recursos do GA4 simplesmente não funcionarão. Alguns exemplos são as medições e o e-commerce preditivos, que não funcionarão se não estivermos usando o esquema recomendado para e-commerce, como `purchase`, que vem com seus próprios parâmetros e sintaxe de itens. Entretanto, podemos modificar os eventos enviados mais tarde usando o recurso de modificação de eventos do GA4, o que pode ajudar nas configurações erradas e acidentais ou nos padrões difíceis de impor na organização inteira.

Eventos personalizados

Se tivermos necessidades que vão além dos eventos coletados automaticamente ou dos eventos recomendados, podemos usar os eventos personalizados.

No caso de empresas que estão dando início à sua jornada de medição digital, os padrões do GA4 servirão para começar. Entretanto, conforme o negócio passa a depender cada vez mais de dados para gerar impacto comercial, a necessidade de personalização aumenta. Nesse caso, temos a flexibilidade no GA4 de começar a fornecer nossos próprios eventos, ajustados para os nossos casos de uso digitalmente mais maduros. Precisaremos de exigências personalizadas únicas para o nosso negócio, e elas podem nos diferenciar da concorrência.

Cada evento personalizado que criamos pode incluir até 25 parâmetros de evento. Isso nos dá bastante espaço para que o GA4 seja ajustado ao nosso caso. Depois de criarmos o evento personalizado para de fato visualizar os relatórios, precisaremos criar uma dimensão personalizada que é definida por esse evento dentro da interface do GA4.

Como um exemplo da necessidade de eventos personalizados, no Capítulo 9 falaremos sobre uma editora online que deseja obter mais metainformações sobre seus artigos. Os dados de categorização de página que ela deseja não estão inclusos nos eventos automáticos ou recomendados.

Para adicionar os dados personalizados da empresa, precisamos escrever alguns códigos adicionais de configuração para coletar as dimensões identificadas que ajudarão na sua análise, ou seja, o autor do artigo, a categoria, quando foi publicado e a quantidade de interações dos usuários por meio de comentários ou compartilhamentos nas redes sociais.

O Exemplo 3-1 apresenta os detalhes de como o código desses dados personalizados poderia ser escrito e incluído na sua coleta de dados do GA4. Uma simples contagem do evento personalizado `article_read` nos daria o total de leitores do artigo, diferenciando-o do total de visualizações da página. Os parâmetros personalizados são usados para acrescentar outras informações a esse ponto de dados, com os dados preenchidos pelos sistemas de back-end do site e enviados para o evento personalizado do GA4.

Exemplo 3-1. Um exemplo de `gtag()` coletando dados de um evento `article_read`

```
gtag('event','article_read', {
    'author':'Mark',
    'category':'Digital Marketing'
    'published': '2021-06-29T17:56:23+01:00',
    'comments': 6,
    'shares': 50
});
```

Outros parâmetros padrão serão coletados automaticamente com o evento. Assim, não precisamos nos preocupar em duplicá-los, pois aparecerão no restante dos nossos relatórios. Campos necessários, como `ga_session_id` e `page_title`, são coletados automaticamente. Podemos ver isso examinando o DebugView ou os relatórios Realtime na WebUI do GA4 para os eventos personalizados.

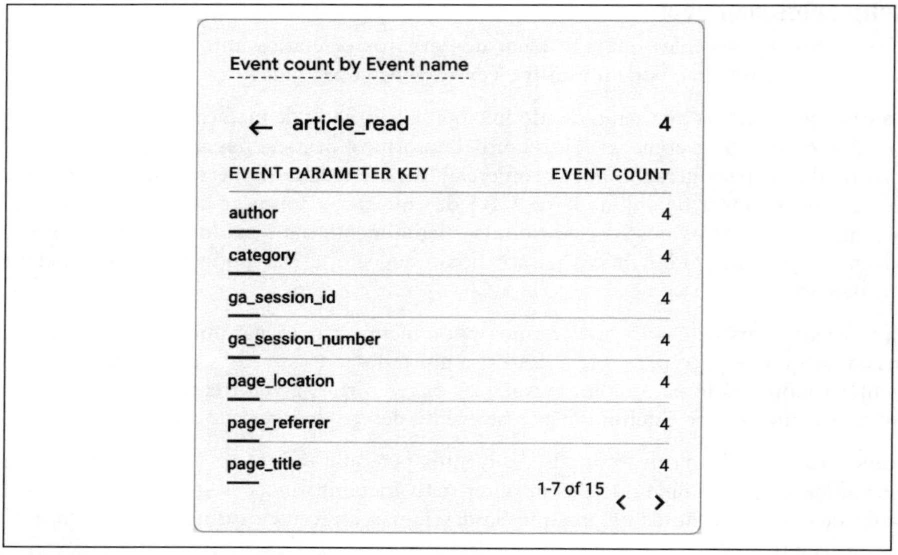

Figura 3-2. Eventos personalizados e seus parâmetros

A Figura 3-2 apresenta um exemplo do evento personalizado `article_read`. No screenshot, podemos ver que os parâmetros padrão estão inclusos.

Podemos coletar muitos outros dados de eventos do GA4 e existem muitas formas de se fazer isso, sobre as quais falaremos mais no Capítulo 10. Um dos métodos mais comuns para coletar dados de eventos do GA4, e o que eu mais uso, é o GTM. Assim, falaremos sobre ele na próxima seção.

Coletando Eventos do GA4 com o GTM

O Exemplo 3-1 usa a `gtag()`, a biblioteca nativa de JavaScript do Google Analytics, para ajudar a ilustrar quais dados coletar, mas a forma mais costumeira de coletar eventos do GA4 é usando o GTM e seu modelo GA4 Event. É muito raro eu trabalhar em um site que não usa um gerenciador de tags desse tipo, visto que ele oferece muitos benefícios e flexibilidade ao trabalhar com o rastreio de tags.

GTM é um serviço encontrado dentro da GMP que complementa o Google Analytics. O GTM ajuda os usuários a controlar as tags que são inseridas no seu site em um local centralizado, em vez de precisarem lidar com cada tag individualmente. Os publicitários digitais costumam configurar o Google Analytics pelo GTM porque isso resulta em menos idas e vindas por parte da equipe de criação de sites para implementar as mudanças no GA e em outras tags. Usar o GTM significa que a coleta de dados será atribuída à dataLayer do GTM, que, por sua vez, enviará os dados ao GA4 e a quaisquer outras tags que desejemos ativar, como Facebook ou Google Ads.

A Figura 3-3 é um exemplo de como essa configuração poderia ser feita. Em vez de escrever um código em JavaScript, podemos preencher um formulário na interface do GTM para configurar as tags, o que simplifica o processo, diminui a necessidade de saber usar o JavaScript para configurar as tags, garante que os padrões de codificação sejam atendidos e faz com que seja mais fácil seguir os padrões dos esquemas de dados.

De preferência, a maior parte dos nossos dados de marketing digital coletados via site deveria ser enviada ao GTM por meio da dataLayer, mas também temos a opção de usar a seleção de ferramentas de busca do GTM para coletar dados da página sem precisar atualizar o código para preencher a dataLayer.

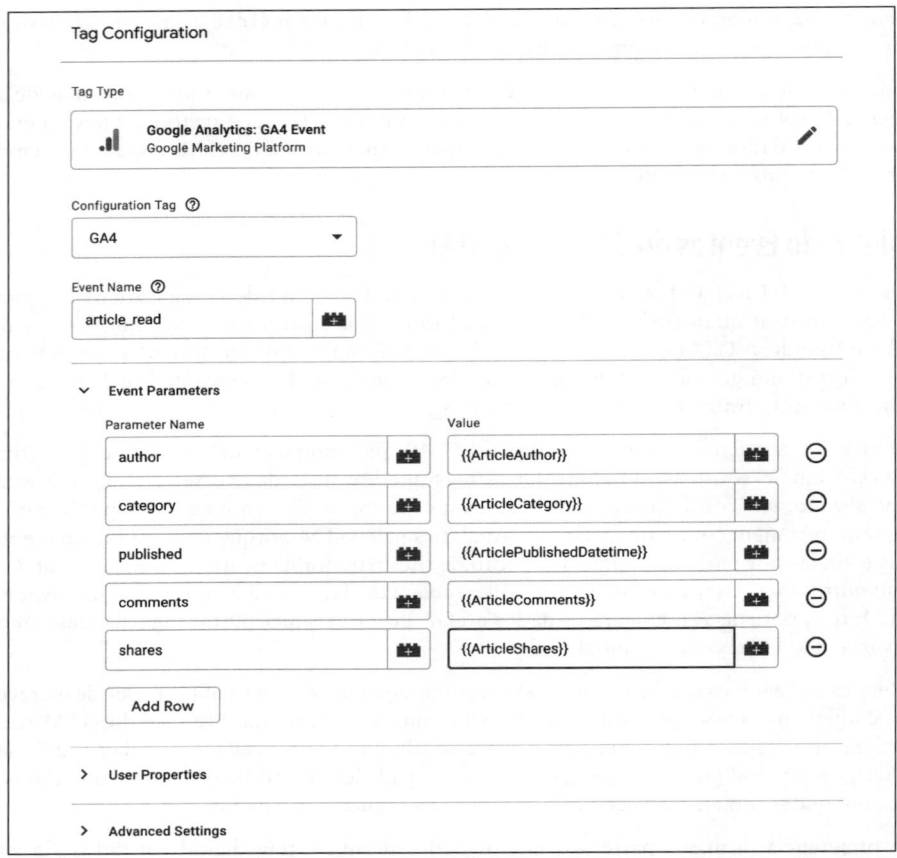

Figura 3-3. Uma sugestão de configuração do GTM para enviar um evento personalizado do GA4: `article_read`

O motivo de a dataLayer ser preferida é que ela é menos propensa a falhas quando mudanças inesperadas ocorrem no site — isso acontecerá com os seletores de coleta web do GTM se o tema ou o layout das páginas mudar. A forma mais robusta de evitar isso em longo prazo é envolver a equipe de desenvolvimento web nos processos de análise de dados para atualizar a dataLayer, em vez de depender apenas do GTM. O GTM não deve ser visto como uma forma de evitar a equipe de desenvolvimento web, mas como algo que pode facilitar as coisas para ela, dando assim suporte aos esforços de rastreio na internet.

A Figura 3-4 apresenta um exemplo de seleção de um modelo de objeto de documentos (DOM) via GTM do meu próprio blog, cujo tema gera a data e a hora de publicação do artigo. No caso desse dado específico, a data de publicação do blog está disponível através do seletor de CSS `.article-date > time:nth-child(2)`.

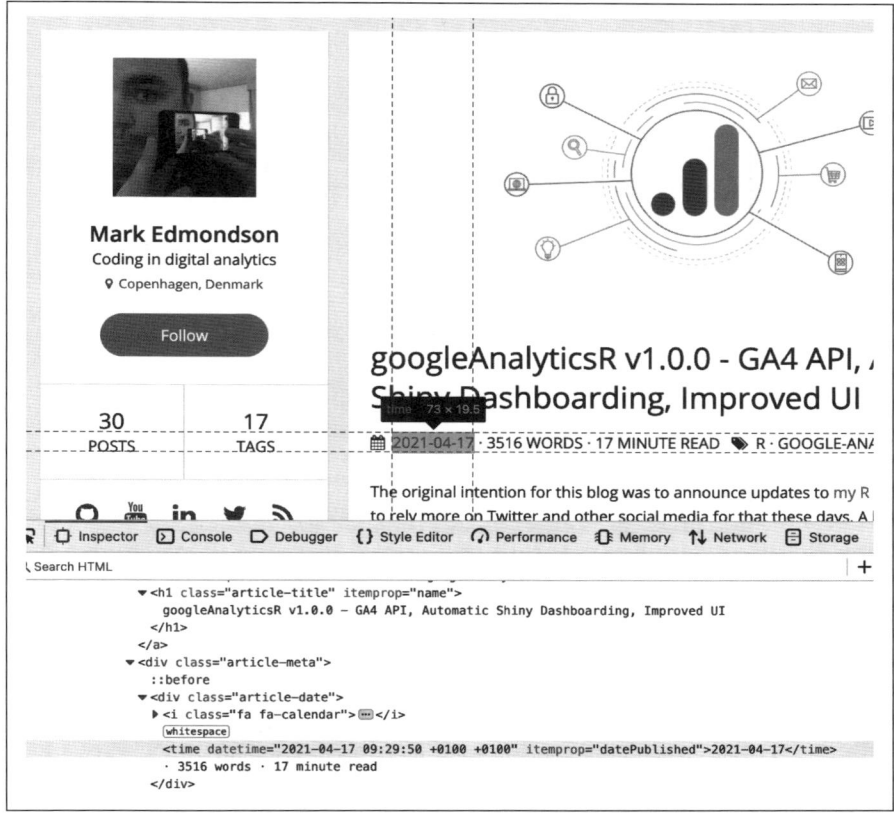

Figura 3-4. A data de publicação da postagem do blog está disponível na página HTML

Ao usar a DOM Element Variable do GTM, os dados podem ser obtidos para usar com o GA4 e outras tags. O código do seletor CSS é inserido na configuração, como podemos ver na Figura 3-5.

Figura 3-5. O código CSS para os dados pode ser usado na DOM Element Variable no GTM para usar com o GA4 e outras tags

Para facilitar a depuração, na sua tag de configuração do GA4 no GTM, defina um campo chamado "debug-mode" = true. Isso apresentará os acessos no DebugView do GA4 encontrados na seção de configuração.

A maioria dos exemplos deste livro conclui que você está usando o GTM, visto que eu o uso e é a opção mais popular na comunidade de análise digital. Agora veremos como configurar o GA4 para, de fato, ver a chegada dos eventos criando campos personalizados.

Configuração de Campos Personalizados

Depois de coletar nossos eventos, para vê-los na interface ou na API do GA4, precisamos configurar um campo personalizado para registrar os dados dos eventos.

Você pode ler mais sobre dimensões e métricas personalizadas na documentação do GA4.

Os dados brutos e completos dos eventos personalizados estão disponíveis sem configurações adicionais nas exportações do BigQuery do GA4. Assim, podemos replicá-los usando o SQL. Contudo, para usar na interface web e na Data API, precisaremos configurar campos personalizados para informar ao GA4 como queremos que os dados sejam interpretados.

No nosso exemplo, mapearemos o evento `article_read` para criar várias dimensões e métricas personalizadas úteis. Faremos isso na tela de configuração "Custom definitions" da interface web do GA4, como podemos ver na Figura 3-6. Aqui, selecionaremos o evento `article_read` e escolheremos qual de seus parâmetros preencherá as dimensões personalizadas.

Figura 3-6. Configurando uma dimensão personalizada a partir do evento `article_read`

Depois de fazer isso, o GA4 precisará de 24 horas para registrar o evento, então estará disponível na WebUI e na Data API do GA4.

Se estivermos coletando o evento personalizado e mapeando-o corretamente para a dimensão personalizada, a essa altura poderíamos vê-lo nos relatórios e nas respostas da API. Em alguns casos, talvez não tenhamos pleno controle da nossa coleção de dados ou talvez precisemos reservar recursos de desenvolvimento toda vez que quisermos fazer uma mudança. Para auxiliar nisso, o GA4 tem opções de configuração para ajudar a fazer mudanças sem a necessidade de atualizar os scripts de rastreio toda vez.

Algumas dimensões que são úteis de ter à disposição são a `client_id` e a `session_id` do usuário. Simo Ahava tem um guia de como configurar o GTM para coletar esses valores usando seu modelo de tag GTAG GET API, que podemos ver em ação na Figura 3-7.

Figura 3-7. Da postagem do blog de Simo: "Write Client ID and Other GTAG Fields Into dataLayer" (em inglês)

Modificando ou Criando Eventos do GA4

O GA4 nos permite configurar eventos depois de coletá-los para ajudar a personalizar e enriquecer nossos relatórios de acordo com a necessidade. O recurso para modificar eventos pega os fluxos dos dados de eventos existentes e faz com que eles fiquem mais úteis sem precisar reconfigurar os scripts da coleção de dados do site. Uma vez configurados, todos os eventos futuros serão processados usando as regras que estabelecemos.

Consideremos o evento `article_read` do Exemplo 3-1. Ele inclui um parâmetro personalizado `category` que pega as tags de artigo do meu site, mas os dados estão um tanto confusos, e várias tags ou categorias foram registradas, dificultando a análise (veja a Figura 3-8).

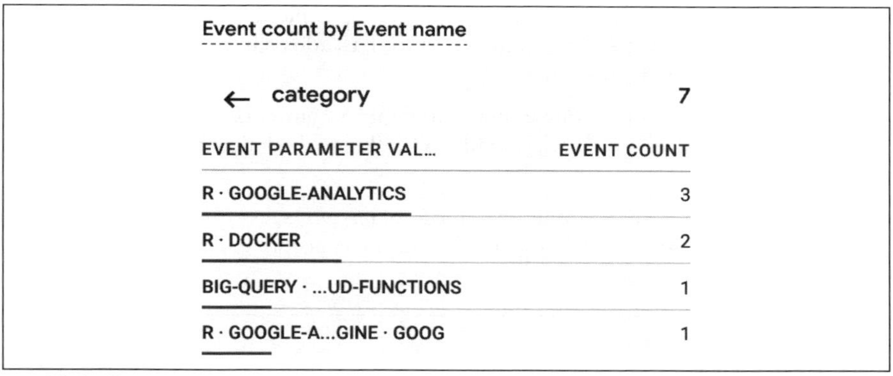

Event count by Event name

← category	7
EVENT PARAMETER VAL...	EVENT COUNT
R · GOOGLE-ANALYTICS	3
R · DOCKER	2
BIG-QUERY · ...UD-FUNCTIONS	1
R · GOOGLE-A...GINE · GOOG	1

Figura 3-8. O evento `article_read` contém um parâmetro `category` cujos dados são confusos devido ao registro de várias tags

Para demonstrar como criar eventos personalizados, criaremos alguns com base no evento `article_read`, que serão ativados uma vez para cada categoria; por exemplo, se um evento `article_read` possuir as categorias "R" e "Google Analytics", também ativaremos os eventos `r_viewer` e `googleanalytics_viewer`, que poderão ser usados para facilitar análises futuras.

Um exemplo de como configurar o novo evento usando "Create events" na UI de configuração do GA4 é exibido na Figura 3-9.

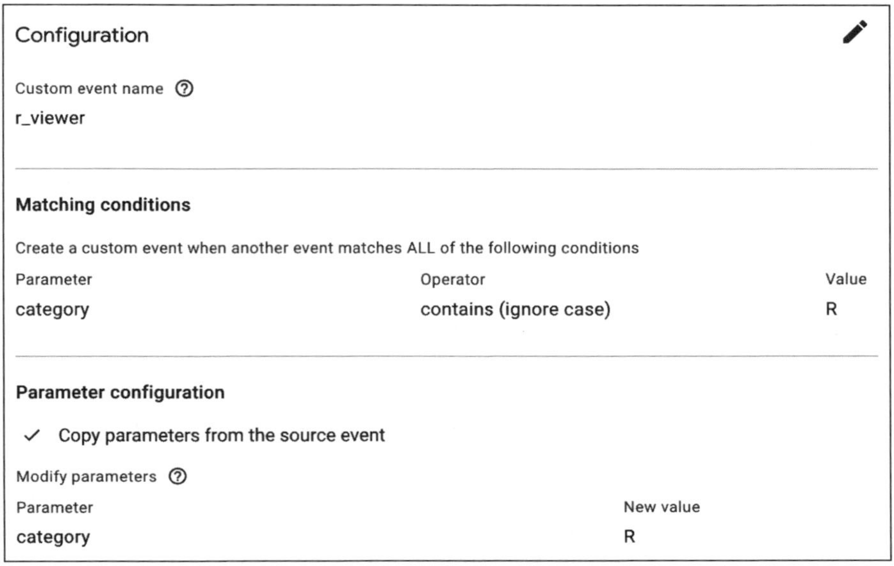

Configuration

Custom event name ⑦
r_viewer

Matching conditions

Create a custom event when another event matches ALL of the following conditions

Parameter	Operator	Value
category	contains (ignore case)	R

Parameter configuration

✓ Copy parameters from the source event

Modify parameters ⑦

Parameter	New value
category	R

Figura 3-9. Criando um evento personalizado com base nos dados coletados a partir de outros eventos: nesse caso, `r_viewer` se baseia no parâmetro `category`, do evento `article_read`, selecionando apenas as categorias que contêm a tag "R"

Podemos criar diversos eventos. Nesse exemplo, eu os copiei e troquei seus critérios um pouco para criar rapidamente vários outros eventos baseados nas minhas melhores categorias, tal como exibido na Figura 3-10.

Esse recurso é uma melhoria notável em comparação com o Universal Analytics, onde obter resultados similares envolveria modificar os fluxos de dados à medida que viessem via GTM, filtros etc.

Os eventos abrangem os dados que queremos enviar por acesso, mas talvez queiramos manter alguns dados para o usuário. É aí que entram as propriedades do usuário.

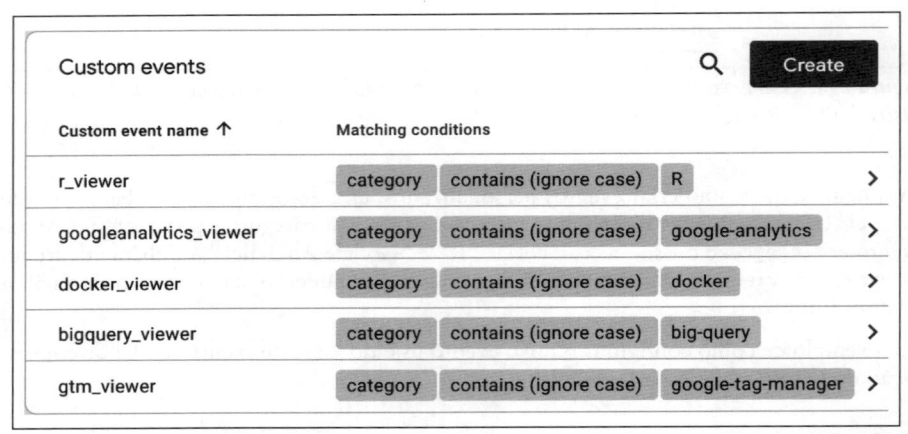

Figura 3-10. Vários eventos criados com base no parâmetro de categoria personalizado de `article_read` *– juntando-se a "R temos "googleanalytics", "docker", "bigquery" e "gtm"*

Propriedades do Usuário

As propriedades do usuário são uma oportunidade de incluir a segmentação associada aos usuários. Diferentemente dos dados de evento, elas precisam ser enviadas apenas uma vez para ser associadas a determinado usuário (ou, em termos mais exatos, a ID de usuário associada ao cookie dele). A intenção para esses dados muda mais lentamente do que por acesso ou visualização de página, por exemplo. Esses dados estão mais relacionados à coleção de acesso, como as preferências do usuário.

Se coletamos uma propriedade do usuário, mas queremos nos certificar de que ela nunca seja usada em anúncios personalizados, podemos selecionar a opção "Mark as NPA" (anúncios não personalizados) ao configurar a propriedade do usuário, tal como exibido na Figura 3-11.

Um exemplo seria manter um registro das escolhas de consentimento de privacidade do usuário: isso nos permitirá saber quais usuários escolheram receber mais foco. No caso da UE, por exemplo, o consentimento estatístico será diferente do consentimento para marketing ou personalização.

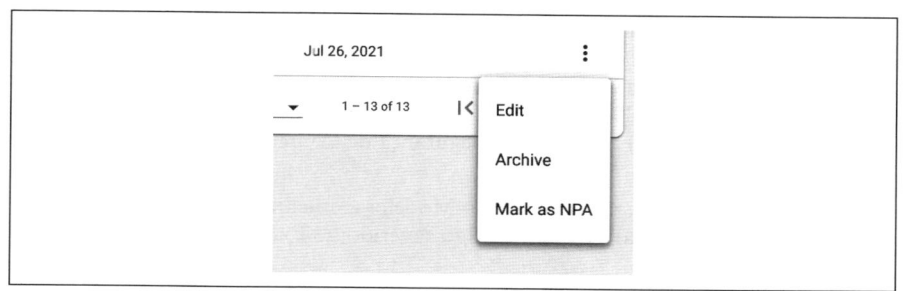

Figura 3-11. Marcando uma propriedade do usuário como NPA para evitar usá-la no direcionamento do público

A condição de consentimento será enviada uma vez que nossa ferramenta de gestão de consentimento atualizar as últimas escolhas desse cliente. Por exemplo, após receber um consentimento de marketing, a `gtag()` poderia enviar o seguinte:

```
gtag('set', 'user_properties', {
  user_consent: 'marketing'
});
```

Dependendo da solução de consentimento, podemos habilitar isso de diversas maneiras. Veremos um exemplo que usa o Modo de Consentimento do Google, que se integra com várias Ferramentas de Gerenciamento de Cookies.

O Modo de Consentimento do Google possui várias permissões de armazenamento, como podemos ver no Quadro 3-1. No caso desse exemplo, mapeamos as escolhas segundo as categorias do GDPR. Partiremos do pressuposto que se recebemos permissão para `ad_storage`, também temos permissão para todas as outras. Você talvez deseje modificar isso segundo suas próprias políticas.

Quadro 3-1. Tipos de consentimento do Modo de Consentimento do Google

Tipo de consentimento	Descrição	Função do GDPR
`ad_storage`	Permite o armazenamento (como de cookies) relacionado à publicidade	Marketing
`analytics_storage`	Permite o armazenamento (como de cookies) relacionado à análise, por exemplo, duração da visita	Estatística
`functionality_storage`	Permite o armazenamento que dá suporte à funcionalidade do site ou do aplicativo, por exemplo, configurações de idioma	Necessário
`personalization_storage`	Permite o armazenamento relacionado à personalização, por exemplo, recomendações de vídeo	Marketing
`security_storage`	Permite o armazenamento relacionado à segurança, tal como a funcionalidade de autenticação, prevenção de fraudes e outras funções de proteção ao usuário	Necessário

No GTM, podemos fazer isso para criar um Modelo de Variável, que exibirá a escolha de consentimento do usuário.

 Recomendo que, se possível, você faça toda a personalização de JavaScript no GTM com seus Modelos, e não por meio de variáveis personalizadas de HTML ou JavaScript. Os modelos são melhores para o cache e o carregamento do que o HTML personalizado, e possuem benefícios de segurança, como poder obedecer a Política de Segurança de Conteúdo (CSP) da sua empresa.

Para habilitar isso no GTM, vá para a seção Modelos e crie um novo Modelo de Variável; na aba de código dos modelos, copie o código sugerido no Exemplo 3-2.

Exemplo 3-2. Criando uma variável de GTM para o consentimento do usuário

```
const isConsentGranted = require('isConsentGranted');
const log = require('logToConsole');

// o padrão
let consent_message = "error-notfound";

//altera a mensagem de acordo com o maior nível de consentimento encontrado
if (isConsentGranted("functional_storage")){
  consent_message = "necessary";
}

if (isConsentGranted("security_storage")){
  consent_message = "necessary";
}

if (isConsentGranted("analytics_storage")){
  consent_message = "statistics";
}

if (isConsentGranted("ad_storage")){
  consent_message = "marketing";
}

if (isConsentGranted("personalization_storage")){
  consent_message = "marketing";
}

log("Consent found:", consent_message);

return consent_message;
```

Também precisaremos definir as permissões para o modelo e permitir que ele acesse o estado de consentimento (veja a Figura 3-12).

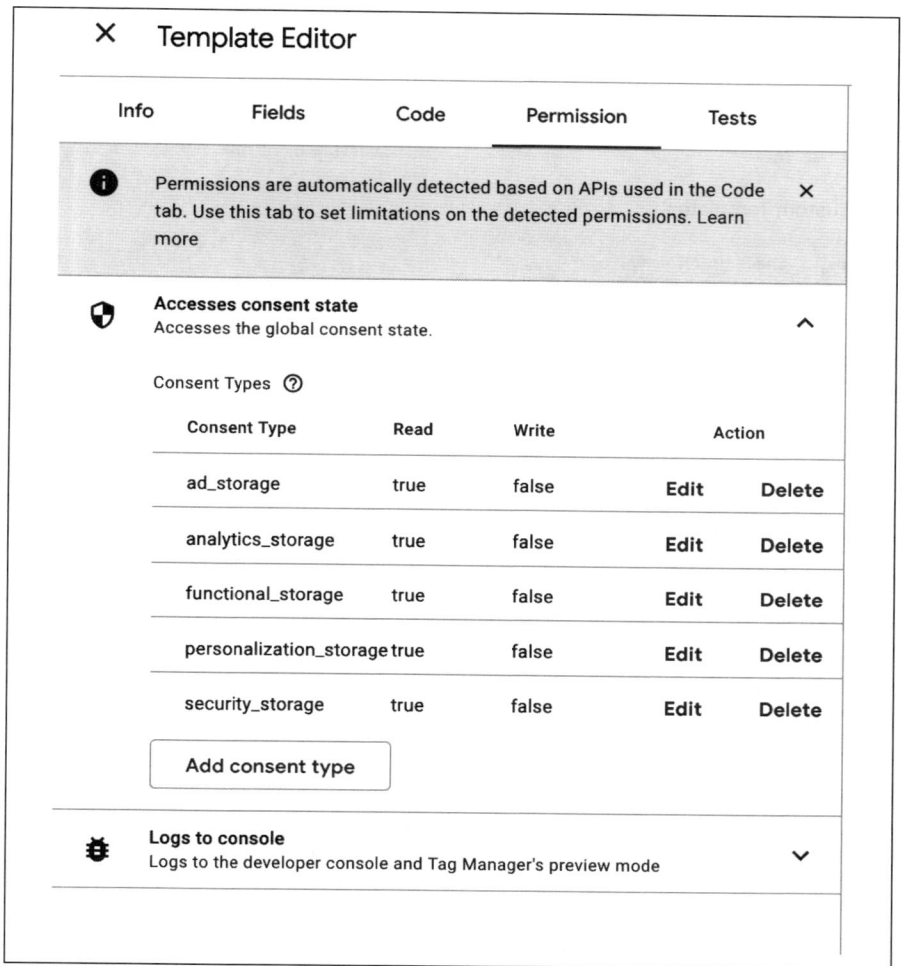

Figura 3-12. *Permissões para o código do modelo no Exemplo 3-2.*

O consentimento não precisa necessariamente ser obtido com as ferramentas de consentimento de cookies do site. Por exemplo, podemos oferecer opções de consentimento por meio do nosso sistema de CRM ou enviar um hit do protocolo de medição, como descrito em "Measurement Protocol v2".

Com o modelo de variável pronto, podemos criar uma instância de variável, como podemos ver da Figura 3-13. Agora estará disponível para todas as nossas tags, mas, para o nosso exemplo, criaremos uma tag do GA4.

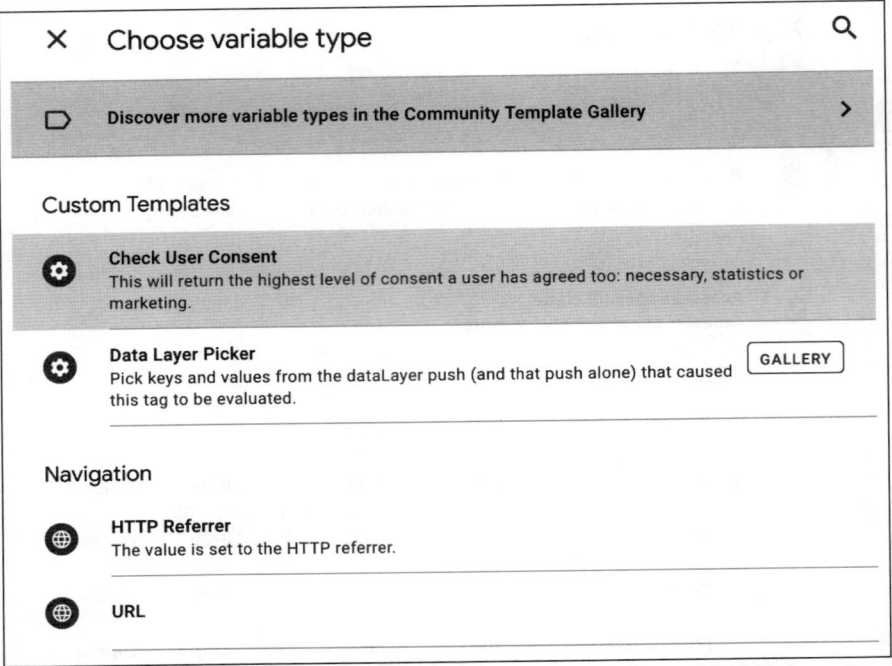

Figura 3-13. Criando uma variável {{UserConsent}} a partir do modelo criado no Exemplo 3-2

O consentimento do GA4 será enviado com seu próprio evento do GA4, o qual deverá ser ativado ao receber as opções ou as atualizações do consentimento do usuário. Como esse consentimento pode mudar ao longo do tempo, ele será enviado como um evento e como uma propriedade do usuário: a propriedade do usuário user_consent refletirá sua condição atual e o evento event_consent rastreará quando isso foi feito (veja a Figura 3-14).

Por fim, os dados precisam ser mapeados para as dimensões personalizadas na interface do GA4. Criaremos duas para refletir a última escolha e o histórico do consentimento do usuário: User Consent (Figura 3-15) e Event Consent (Figura 3-16). Nesse caso, também determinaremos o âmbito de cada dimensão personalizada, que é por quanto tempo essa informação deve ser "observada". No caso de User Consent, queremos nos lembrar dessa preferência enquanto o usuário estiver por perto, de modo que definimos Scope para "User". Contudo, também queremos saber quando exatamente esse consentimento foi dado, de modo que usamos "Event Consent" apenas com esse único evento.

 Ao criar campos personalizados, a lista suspensa de parâmetros do evento será preenchida com os eventos enviados nas últimas 24 horas à propriedade do GA4. Entretanto, ainda podemos acrescentar os eventos manualmente, sem a necessidade de esperar que eles apareçam nas entradas sugeridas.

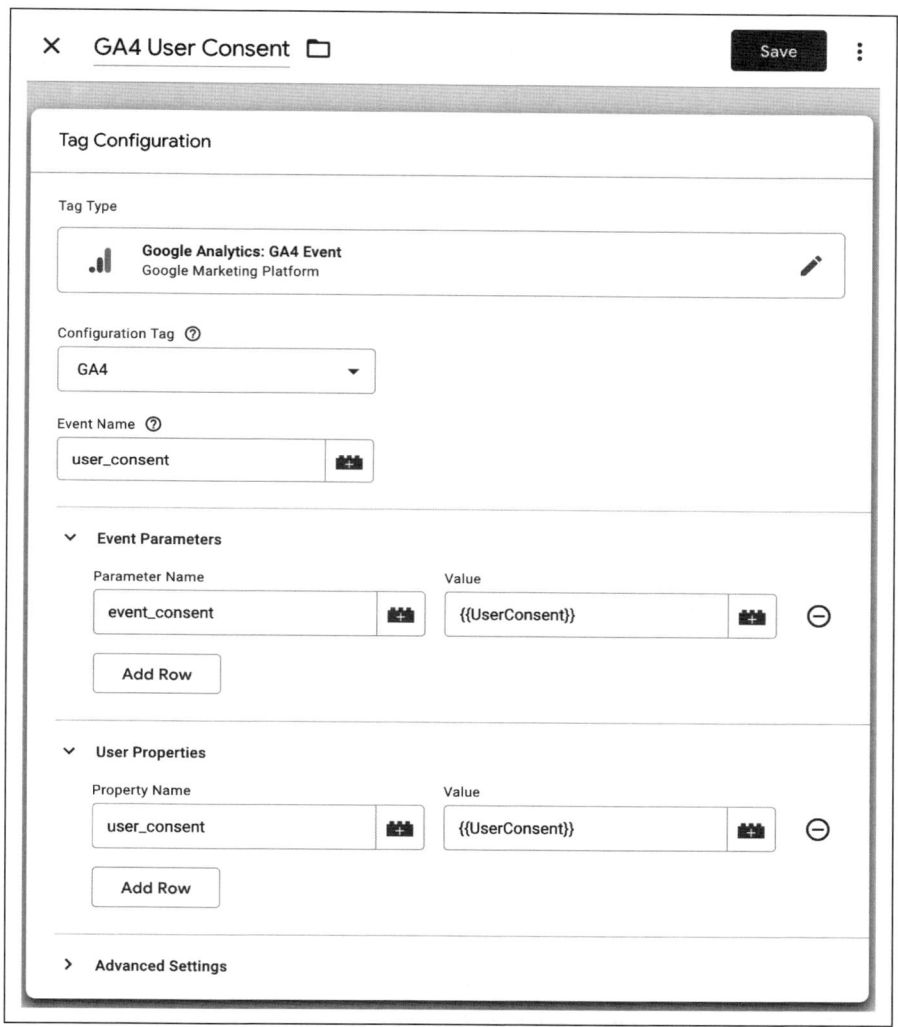

Figura 3-14. Usando a variável de consentimento da Figura 3-13 em uma tag de Evento do GA4; o gatilho será quando a Ferramenta de Consentimento for atualizada

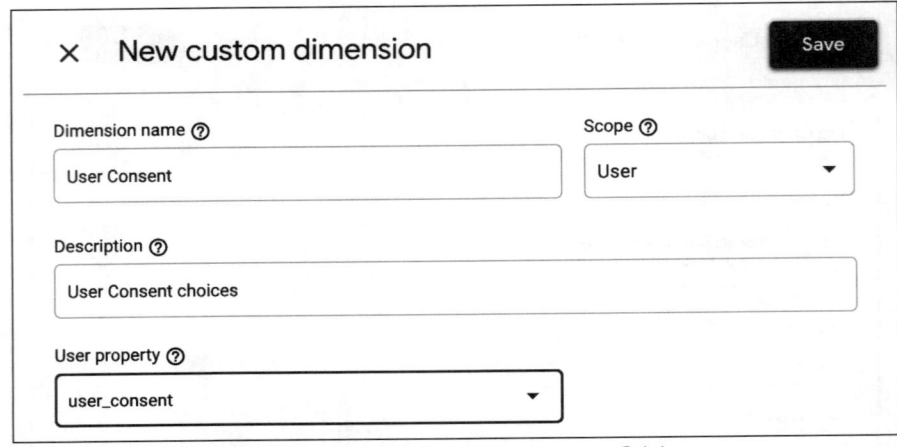

Figura 3-15. Configurando um parâmetro User Consent no GA4

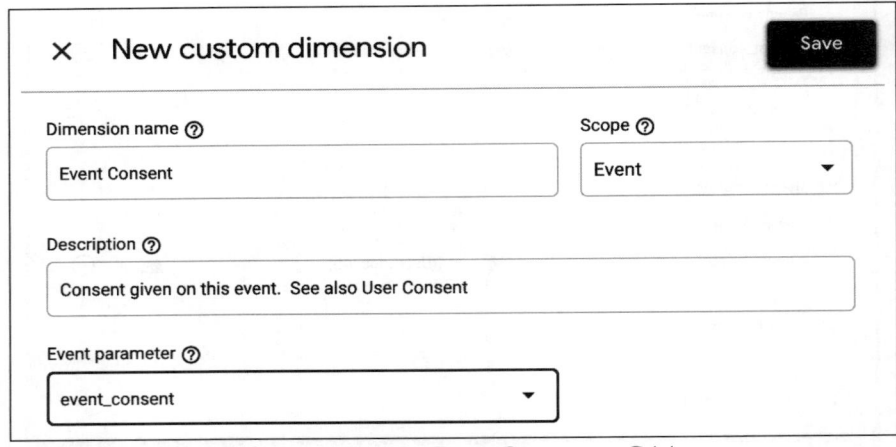

Figura 3-16. Configurando um parâmetro Event Consent no GA4

Agora podemos ficar a par do status de consentimento de um usuário conforme ele navega no site. Podemos usar esses dados para otimizar ao pedir o consentimento de um usuário — a página inicial não costuma ser o melhor lugar para pedir permissões avançadas. Primeiro, ganhe a confiança do usuário e só depois pense em pedir isso novamente, informando o que ele receberá se fizer isso.

Google Signals

Se desejarmos vincular nosso Audiences do GA4 com outros produtos do Google Marketing Suite, então precisaremos habilitar o Google Signals nas configurações do GA4. Isso resultará em questões de privacidade que talvez não sejam adequadas para nossa empresa.

Por isso, sempre devemos fazer uma revisão das questões de privacidade antes de habilitá-lo. Podemos ler mais sobre isso na documentação do Google Signals.

O Google Signals vinculará os dados dos usuários que habilitaram sua Personalização de Anúncios e estão logados em suas contas do Google. Com esses pontos de dados adicionais, podemos habilitar ainda mais recursos, com a maioria relacionada ao uso de dados fora da sessão do site em que usuário está navegando, como relatórios entre dispositivos, novo marketing entre dispositivos e relatórios de conversão. Dados adicionais também estarão disponíveis nessas plataformas, como a demografia dos usuários e seus interesses, tal como avaliado pelo Search Ads 360.

Habilitar o Google Signals também resultará em algumas consequências nos relatórios. Algo digno de nota é que ele afeta os limites da coleta de dados antes do início da amostragem, o que poderá afetar a qualidade dos dados, e ele também ajusta como um usuário individual é identificado. A documentação da Identidade de Relatórios indica várias formas configuráveis em que um usuário poderia ser identificado, conhecidas como espaços de identidade:

Google Signals
> Se ativado, o Google usará seus próprios pontos de dados, como as pessoas que consegue identificar, que se logaram com suas próprias contas do Google e o habilitaram.

ID de Usuário
> Podemos fornecer nossa própria ID, criada por meio de nossos sistemas de back-end, e incluí-la nos acessos do GA4.

ID do Dispositivo
> Podemos usar a ID de um cliente ou a ID de um dispositivo móvel, tal como registrado em um cookie. Essa é a técnica mais similar ao do Universal Analytics.

Modelagem
> Se os usuários rejeitarem os métodos listados aqui, algumas lacunas dos nossos dados podem ser preenchidas com a modelagem dessas sessões.

Então esses espaços de identidade são combinados com três opções na configuração do GA4:

Mesclagem
> Procura uma ID de usuário e, se nenhuma for apresentada, usa o Google Signals, a ID do dispositivo ou a modelagem como recurso final.

Observado
> Procura a ID de usuário, o Google Signals ou a ID do dispositivo.

Baseado em dispositivos
> Procura apenas a ID do dispositivo e ignora todas as outras.

Até então, enviamos dados ao GA4 com base nas atividades de navegação de um usuário no site. Mas e os eventos fora do site, como transações ou assinaturas? Para possibilitar esse caso de uso, os acessos de servidor a servidor no GA4 são permitidos por meio do Measurement Protocol (MP).

Measurement Protocol v2

Measurement Protocol (MP) para GA4 é uma ferramenta essencial para trabalhar com a ingestão de dados no GA4. Ele permite que os dados sejam entregues de qualquer local que possa ser conectado à internet via HTTP.

O MP foi desenvolvido para atuar na comunicação entre os servidores, uma pequena restrição de âmbito em relação à sua iteração anterior, v1, para o Universal Analytics, que era um protocolo aberto que podia ser usado para enviar dados de qualquer lugar. Isso infelizmente acabou resultando em muito abuso por parte de spammers, de modo que o novo MP v2 incluiu uma autenticação, fazendo com que apenas dados de fontes confiáveis pudessem ser enviados.

Para ajudar a ilustrar essa função, a Figura 3-17 da documentação do MP apresenta a interação entre a IU Web GA, as diversas APIs das quais extrair dados e o BigQuery, e a ingestão de dados.

O MP para GA4 possui um âmbito ligeiramente diferente daquele que estava disponível para o Universal Analytics. Assim, veremos como e quando usá-lo na próxima seção.

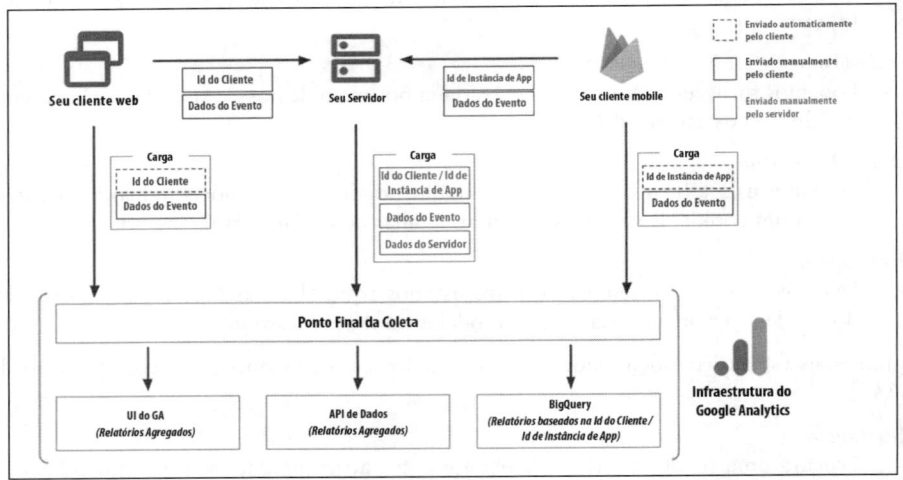

Figura 3-17. O MP se encontra dentro da infraestrutura de coleta de dados e a carga no centro corresponde aos acessos do MP, que sempre precisam ter uma ID de cliente associada

Funções do MP

O MP foi desenvolvido para eventos ligados a um usuário individual que ocorrem nos ambientes online. Se quisermos importar dados em batch (como segmentos de usuários), então a Importação de Dados talvez seja uma opção melhor.

No entanto, se um usuário com uma ID de cookie ou de usuário conhecida estiver realizando ações cuja vinculação à atividade no site ou no aplicativo seria considerada útil, então podemos configurar os acessos para que eles também apareçam nos relatórios do GA4. Em todo caso, uma ID de cookie ou de usuário deverá ser associada ao evento com o usuário apropriado.

Alguns exemplos incluem o seguinte:

Pedidos de assinatura

Nossa loja virtual poderia ter opções para configurar assinaturas automáticas que repetem os pedidos com regularidade. Tradicionalmente, esses pedidos não estariam no GA4, visto que ele apenas rastrearia a configuração ou as mudanças das assinaturas. Ao usar o MP, poderíamos fazer o servidor enviar os pedidos gerados das nossas assinaturas para obter dados mais precisos sobre a receita do tempo de vida do usuário para otimizar nosso site e as campanhas de marketing.

Transações de pontos de venda em lojas

Use um número de filiação ou algo parecido para registrar compras a partir do registro de vendas HTTP habilitado para pontos de venda. Isso poderia apresentar uma medida do impacto das vendas offline em comparação com as online e vice-versa.

Transações fora do site

As ligações para um call center poderiam incluir vendas que seriam atribuídas às vendas online do visitante. Incluir essas vendas poderia afetar a personalização das campanhas e do site, talvez para apresentar o conteúdo mais pertinente com base nos produtos que o usuário comprou.

Atualizações de CRM

Quando um usuário muda seu status, cada atualização pode ser enviada ao GA4 para sincronizar quaisquer públicos dos quais o usuário faz parte (permissões, ofertas especiais etc.).

Atividade digital

Talvez desejemos refletir algumas atividades nos públicos do GA4 que são exportadas para outros canais de ativação, como Google Ads ou Optimize. Talvez esse usuário receba um e-mail ou interaja com uma postagem nas redes sociais e gostaríamos de refletir isso nos nossos segmentos.

Dentro dessas funções, temos a habilidade de realmente "fechar o ciclo" dos nossos dados de análise digital contabilizando não apenas a atividade em sites, mas também o impacto dessa atividade nos canais offline, relacionando isso ao marketing usado para incentivar o tráfego no nosso site para início de conversa. Fazer isso é um tipo de "Santo Graal" do marketing digital, pois nos daria uma visão mais completa do quanto nossos esforços de marketing estão sendo bem-sucedidos do que examinar apenas o comportamento no site.

A próxima seção falará sobre como usar o MP em um ambiente de servidor para importar os dados que estão fora do site para o GA4.

As importações entre os servidores são um método para importar dados para o GA4, mas talvez também queiramos inverter isso, exportando os dados do GA4 para sistemas externos para processá-los. É aí que entram as APIs do GA4, que serão abordadas na próxima seção.

Exportando Dados do GA4 via APIs

Já vimos como enviar dados para o GA4, mas este capítulo sobre coleta de dados não estaria completo se não detalhasse também como importar dados para outros sistemas externos com o GA4 sendo a fonte e não o destino desses dados. Nesse ponto, em geral, estaríamos passando para a próxima fase do nosso processo de coleta de dados, na qual o

GA4 possui todos os dados de eventos que queremos, mas não podemos processá-los da forma como precisamos para o nosso caso de uso. Assim, veremos como exportar os dados do GA4 para sistemas externos. As duas formas comuns de fazer isso são usar as APIs do GA4 e o BigQuery.

Os dados do GA4 podem não ser os únicos necessários para o nosso aplicativo, e um fluxo de trabalho comum combina seus dados com os dados de sistemas de terceiros, em geral, por meio das implementações de APIs. A forma como é feito costuma ser exclusiva de cada fonte de dados.

Para importar dados por meio de APIs de terceiros, ficamos muito à mercê de quão boa é essa implementação. Embora haja alguns padrões, como OAuth2, em muitos casos, o formato de cada API será diferente e personalizado. É por isso que pode ser preferível usar um serviço como Supermetrics, Fivetran ou StitchData para nos ajudar a importar essas APIs para o data warehouse (repositório de dados).

Muitas APIs também são simples o suficiente para conseguirmos realizar essa implementação sozinhos, economizando custos. Contudo, ao avaliar quais recursos serão necessários, também devemos incluir os custos de conservação e manutenção ao longo de muitos anos.

No caso deste livro, veremos como fazer as exportações por meio da API do GA4 na próxima seção, e as exportações do BigQuery serão apresentadas em "BigQuery", mais à frente.

O GA4 tem duas APIs que provêm de equivalentes do Universal Analytics: Data API e Admin API. A Admin API é usada para configurar contas do GA4 e a Data API extrai os dados que coletamos.

 Algo que confunde as pessoas é que a última versão da API do velho Universal Analytics é chamada de Reporting API v4, mas ela não deve ser usada no GA4. O nome correto para as exportações do GA4 é Data API.

Ao coletarmos dados suficientes, teremos várias opções para extraí-las por meio da Data API, mas costumo usar o R e o pacote `googleAnalyticsR` porque, afinal de contas, eu o escrevi.

SDKs da Data API do GA4 para Outras Linguagens

O Google dá suporte a várias outras linguagens que têm SDKs que talvez sejam de sua preferência. Veja a referência de bibliotecas clientes, que lista o seguinte:

- Java
- Python
- Node.js
- .NET
- PHP
- Ruby
- Go

Se não for suficiente, a API JSON subjacente está disponível para criarmos nossas próprias chamadas HTTP (foi o que fiz com a biblioteca do R).

Os casos de uso para empregar a Data API são um pouco diferentes da velha Reporting API do Universal Analytics, visto que as exportações do BigQuery existem para todas as propriedades do GA4, não apenas para o GA360. Um motivo comum para usarmos a API para início de conversa era para ajudar a diminuir a amostragem, mas isso não é necessário, visto que agora podemos extrair todos os acessos do BigQuery sem ela. Não obstante, a Data API é muito mais fácil de usar e tem o preço certo — é de graça! As respostas também são muito mais rápidas. Assim, para os aplicativos em tempo real, a API é preferível às exportações do BigQuery.

As agregações, as métricas calculadas e os formatos de dados também são muito mais fáceis de trabalhar. Assim, se quiser começar a trabalhar logo com aplicativos de dados sem precisar lidar com um processo complicado de nuvem envolvendo o SQL agendado pelo BigQuery, dê preferência à Data API. Contudo, se estiver procurando dados individuais no nível do acesso e puder lidar com a natureza em batch das exportações do BigQuery, então serão sua melhor fonte.

Em todo caso, ao usar as APIs, primeiro precisamos fazer a autenticação para provar que temos permissão para ler esses dados, que, infelizmente, é o passo mais difícil. Mostrarei como fazer isso na próxima seção.

Autenticação com a Data API

Independentemente de qual SDK da Data API escolhemos, precisaremos realizar a autenticação com um e-mail que tenha acesso à propriedade do GA4 da qual queremos obter os dados. Podemos fazer isso com o processo do OAuth2, como fazem todas as APIs do Google.

Existe uma biblioteca OAuth2 mais genérica para todas as APIs do Google disponibilizada para R via `gargle` e meu `goo gleAuthR`.

Podemos autenticar com nosso e-mail e salvar os detalhes dessa autenticação localmente para não precisarmos repetir os passos de autenticação toda vez.

Uma opção a mencionar é por meio dos e-mails de serviço. São e-mails criados no Google Cloud Console mais adequados para os aplicativos entre servidores. É isso que devemos usar se estamos agendando um script ou executando-o automaticamente para não expor nossos dados pessoais, e será mais resistente se, digamos, deixarmos a empresa, mas outras pessoas ainda usarem o script.

Os e-mails de serviço OAuth2 são contas criadas para um único objetivo e que podemos acrescentar à nossa conta do GA4 como usuários. Isso também nos dá mais segurança, pois se a autenticação nunca for exposta, poderemos fazer a rotação da chave no console da nuvem, e essa chave poderá ser configurada para permitir acesso apenas ao GA4, mas não a outros serviços mais caros, como o Compute Engine.

Você poderá descobrir como configurar a biblioteca do R na página de configuração do googleAnalyticsR.

Um exemplo de como a autenticação ocorre no googleAnalyticsR é exibido no Exemplo 3-3. O momento de criar nossas credenciais de e-mail é quando usamos ga_auth() pela primeira vez. Então poderemos fazer a autenticação no navegador via e-mail. Da próxima vez que quiser fazer a autenticação, ga_auth() nos dará a opção de usar essas credenciais novamente.

Exemplo 3-3. Autenticação com a Data API do GA4 usando googleAnalyticsR

```
library(googleAnalyticsR)

ga_auth()
#>O pacote googleAnalyticsR está requisitando acesso à sua conta Google.
#> Selecione uma conta pré-autorizada ou digite '0' para obter um novo token. Pressione
#>Esc/Ctrl + C para abortar.

#> 1: mark@example.com
```

Em um trabalho de produção sério, também precisaríamos criar nossa chave de cliente para o Projeto do Google Cloud, visto que o uso do Projeto googleAnalyticsR padrão do Google é compartilhado com outros usuários e, assim, sujeito à mesma cota (cerca de 200 mil chamadas de API por dia). O site possui detalhes de como configurar isso, que devemos fazer depois de nos habituar com os passos iniciais para baixar dados.

Depois da autenticação, podemos começar a mexer com a parte boa — visualizar nossos dados, o que começaremos a fazer por meio da Data API.

Fazendo Consultas na Data API

Para todos os SDKs, precisaremos acessar as mesmas dimensões e métricas, bem como quaisquer campos personalizados configurados.

Também teremos acesso à Realtime API. Ela possui um subconjunto mais limitado das dimensões e das métricas, embora seja muito melhor do que o equivalente do Universal Analytics.

Em todo caso, precisaremos especificar a propertyId do GA4 que queremos consultar no intervalo de datas, nas dimensões e na métrica que queremos exportar.

As propertyIds da nossa conta podem ser encontradas na WebUI ou podemos consultá-las usando a Admin API, como exibido no Exemplo 3-4.

Exemplo 3-4. Consultando as propriedades do GA4 via `ga_account_list()`; `propertyId` é aquela usada nas chamadas da Data API

```
ga_account_list("ga4")
# A tibble: 2 x 4
#  account_name    accountId property_name         propertyId
#  <chr>           <chr>     <chr>                 <chr>
#1 MarkEdmondson   47490439  GA4 Mark Blog         206670707
#2 MarkEdmondson   47490439  Another GA4 Property  250021409
```

Agora temos tudo de que precisamos para fazer nossa primeira chamada de API. Neste exemplo, veremos as visualizações de páginas por URL. Analisando as dimensões e as métricas permitidas da API (também acessíveis via `ga_meta("data")`), podemos enviar as mesmas e a `propertyId` para a função `ga_data()`, como no Exemplo 3-5.

Exemplo 3-5. Fazendo nossa primeira chamada de Data API, fornecendo a `propertyId`, as datas, as métricas e as dimensões

```
ga_data(123456789,
        metrics = "screenPageViews",
        dimensions = "pagePath",
        date_range = c("2021-07-01", "2021-07-10"))
#i 2021-07-10 11:08:12 > Downloaded [ 52 ] of total [ 52 ] rows
# A tibble: 52 x 2
#  pagePath                   screenPageViews
#  <chr>                      <dbl>
# 1 /                          134
# 2 /r-on-kubernetes/          98
# 3 /gtm-serverside-cloudrun/  81
# 4 /edmondlytica/             79
# 5 /data-privacy-gtm/         73
# 6 /gtm-serverside-webhooks/  72
# 7 /shiny-cloudrun/           61
# ...


# uma boa chamada de API lista seus eventos
ga_data(
    123456789,
    metrics = c("eventCount"),
    dimensions = c("date","eventName"),
    date_range = c("2021-07-01", "2021-07-10")
)


## A tibble: 100 x 3
#  date        eventName       eventCount
#  <date>      <chr>           <dbl>
# 1 2021-07-08 page_view       239
# 2 2021-07-08 session_start   207
# 3 2021-07-09 page_view       203
# ...
```

Existem muitas outras funcionalidades, como criar métricas calculadas, filtros e agregações, o que não abordaremos devido a restrições de espaço, mas o processo é similar ao exibido aqui. Acesse o site do `googleAnalyticsR` para ver mais aplicativos, a documentação do Google Data API ou o site do SDK relevante para obter mais detalhes.

Um grande recurso do GA4 é a disponibilidade das exportações do BigQuery, que abrangerá muitos casos de uso da API que o Universal Analytics favorecia. Falaremos sobre essas exportações do BigQuery na próxima seção.

BigQuery

O BigQuery é visto, em grande parte, como as joias da coroa da GCP, visto que ele foi o primeiro "banco de dados sem servidor" que apresentou uma velocidade analítica surpreendentemente rápida em comparação com os bancos de dados MySQL mais tradicionais. Ele é usado bastante em fluxos de trabalhos da análise de dados na GCP, de modo que é recomendado nos familiarizarmos com ele. Um dos grandes benefícios do GA4 sobre o Universal Analytics é a integração com o BigQuery, o que nos permite acessar os dados brutos por trás dos relatórios da web — algo que, anteriormente, só estava disponível para usuários corporativos premium via GA360. Esta seção abordará como usar essas exportações do GA4 para o BigQuery.

Vinculando o GA4 com o BigQuery

O artigo de ajuda do Google Analytics "BigQuery Export" inclui um vídeo (em inglês) de como e por que vincular nossa propriedade GA4 ao BigQuery.

Se estiver planejando manter suas exportações, inclua uma Conta de Cobrança ao projeto da GCP primeiro para se certificar de que não está usando a sandbox do BigQuery, que estabelece datas de validade para seus dados. Além disso, ele é bem fácil de usar, que é uma das melhores coisas sobre a integração do GA4 com o BigQuery. Uma diferença notável em comparação com as exportações do GA360 do Universal Analytics é que não há nenhuma exportação de histórico disponível. Então ative as exportações assim que possível se estiver pensando em usar apenas os dados contidos nele.

Veja a Figura 3-18 para ter um exemplo elaborado para este livro: selecionei a UE como o local porque costumo trabalhar para clientes sob a jurisdição da UE e do GDPR, com continuidade para abrir mais casos de uso em tempo real no futuro. Mas note que isso significa mais cobranças de BigQuery. Também estou escolhendo colocá-lo no mesmo projeto de GCP, visto que, posteriormente, as importações da CRM precisarão tornar as consultas um pouco mais sucintas, mas isso não é um requisito, pois o BigQuery consegue fazer consultas em vários projetos e conjuntos de dados.

BigQuery Linking

Completed link details

Project ID
mark-edmondson-gde

Project name
Mark Edmondson GDE

Project number
1080525199262

Default location for dataset creation ⑦
European Union (eu)

Created by
me@markedmondson.me

Created date
Jan 19, 2021

Data configurations

Data streams

2 out of 2 data streams	Edit

☐ Include advertising identifiers for mobile app streams

Frequency

☑ **Daily**
A full export of data that takes place once a day

☑ **Streaming**
Continuous export, within seconds of event arrival. Learn more

Figura 3-18. Um exemplo de vinculação ao BigQuery a partir da tela de configurações do GA4, na qual as exportações Daily e Streaming foram selecionadas

Ao exportar dados do GA4 para o BigQuery, temos as opções *Streaming* ou *Daily*. Streaming criará as tabelas `events_intraday_*` e Daily criará a tabela `events_*`. Os dados de Streaming são mais em tempo real, porém menos confiáveis do que Daily, porque não incluirão nenhum acesso posterior ou atrasos de processamento registrados pela tabela Daily.

Uma vez vinculados, precisaremos aguardar um momento para que o conjunto de dados apareça no BigQuery, o qual terá o nome `analytics_{yourpropertyid}`.

O esquema de dados do BigQuery está disponível no artigo sobre o esquema do BigQuery Export do GA4 (conteúdo em inglês). Ele inclui as dimensões e as métricas que podemos consultar via SQL, de modo que podemos usá-lo para planejar nossas consultas.

SQL do BigQuery nas Nossas Exportações do GA4

Os dados são tão granulares e brutos quanto possível, rastreando eventos até o último microssegundo. Em teoria, poderíamos replicar qualquer relatório na interface de usuário do GA4 com base neles.

As exportações do GA4 usam uma estrutura aninhada de dados que não é trivial à extração usando o SQL do BigQuery. Se for sua primeira vez usando SQL, isso pode ser desencorajador, visto que envolver o SQL na extração de dados complica as coisas. Mas não entre em pânico! Tente usar o SQL em um conjunto de dados mais fácil, um que utilize uma estrutura de dados mais tradicional e *simples*.

Para ajudar a consultar os dados, Johan van de Werken tem um belo site dedicado a mostrar alguns exemplos de SQL para a exportação de BigQuery do GA4, com exemplos que vão além do âmbito deste livro, incluindo exemplos de muitos dos relatórios que podemos ver na interface do GA4.

O Exemplo 3-6 foi adaptado do site dele e mostra como extrair todos os nossos eventos `page_view`.

Exemplo 3-6. Uso de SQL para extrair os eventos `page_view` de um BigQuery Export do GA4 (adaptado de Johan van de Werken)

```
SELECT
    -- event_date (a data na qual o evento foi registrado)
    parse_date('%Y%m%d',event_date) as event_date,
    -- event_timestamp (em microssegundos, utc)
    timestamp_micros(event_timestamp) as event_timestamp,
    -- event_name (o nome do evento)
    event_name,
    -- event_key (a chave do parâmetro de evento)
    (SELECT key FROM UNNEST(event_params) WHERE key = 'page_location') as event_key,
    -- event_string_value (o valor de string do parâmetro de evento)
    (SELECT value.string_value FROM UNNEST(event_params)
      WHERE key = 'page_location') as event_string_value
FROM
    -- suas exportações do GA4 - altere para o seu local
    `learning-ga4.analytics_250021309.events_intraday_*`
WHERE
    -- limita a consulta para usar tabelas que terminam com essas datas
    _table_suffix between '20210101' and
    format_date('%Y%m%d',date_sub(current_date(), interval 0 day))
    -- limita a consulta para exibir apenas esse evento
    and event_name = 'page_view'
```

Se executado corretamente, devemos ver um resultado similar ao da Figura 3-19.

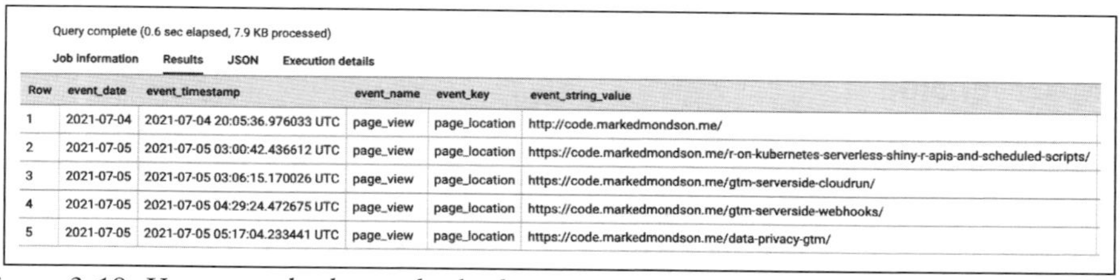

Query complete (0.6 sec elapsed, 7.9 KB processed)

Job information | Results | JSON | Execution details

Row	event_date	event_timestamp	event_name	event_key	event_string_value
1	2021-07-04	2021-07-04 20:05:36.976033 UTC	page_view	page_location	http://code.markedmondson.me/
2	2021-07-05	2021-07-05 03:00:42.436612 UTC	page_view	page_location	https://code.markedmondson.me/r-on-kubernetes-serverless-shiny-r-apis-and-scheduled-scripts/
3	2021-07-05	2021-07-05 03:06:15.170026 UTC	page_view	page_location	https://code.markedmondson.me/gtm-serverside-cloudrun/
4	2021-07-05	2021-07-05 04:29:24.472675 UTC	page_view	page_location	https://code.markedmondson.me/gtm-serverside-webhooks/
5	2021-07-05	2021-07-05 05:17:04.233441 UTC	page_view	page_location	https://code.markedmondson.me/data-privacy-gtm/

Figura 3-19. Um exemplo do resultado de executar o SQL do BigQuery nas nossas exportações do GA4 a partir do Exemplo 3-6.

BigQuery para Outras Fontes de Dados

Um dos grandes pontos fortes do BigQuery é que ele pode ser usado para diversas fontes de dados e facilita abrir os silos de dados. Sua API nos ajuda com o processo, que permite integrações na maioria das outras fontes de dados.

Data Transfer Service

Incluso no BigQuery, trata-se do seu serviço dedicado que permite às empresas compilar integrações diretas. Naturalmente, outros serviços do Google, como o YouTube e o Google Ads, usam esse serviço como uma forma de exportar seus dados para que eles apareçam ao lado dos nossos dados do GA4.

Existem também muitos serviços de terceiros (155 no momento da escrita deste livro) que incluem outros provedores de nuvem, como o AWS e o Azure, e serviços de marketing digital, como o Facebook, o LinkedIn e o Instagram. A maioria das transferências não Google tem custos adicionais, mas no caso de alguns serviços, como o Google Ads, podemos importá-los de graça. A importação do Google Ads em especial é uma das formas mais fáceis de acessar os dados dele.

Outros serviços de transferência

Existem muitos outros serviços que nos possibilitam fazer transferências para o BigQuery a partir de milhares de outros serviços de terceiros. A maioria possui conexões codificadas que usam a API do BigQuery. Eles certamente oferecem uma forma de começar com nosso data lake e deve ser tranquilo acompanhar as mudanças de API com os provedores.

Falamos sobre como consultar nossos dados. Contudo, em geral, uma boa fonte de valor seria mesclar nossos dados com outros dados publicamente disponíveis, grande parte estando disponível no BigQuery.

Conjuntos de Dados Públicos do BigQuery

Depois de criarmos uma conta no BigQuery, temos a opção de consultar qualquer conjunto de dados a que temos acesso e publicar nossos dados, caso desejemos. Isso gera conjuntos de dados genéricos por meio do serviço Public Data, que oferece dados pagos e gratuitos, os quais podem ser úteis para o nosso negócio.

Exemplos incluem dados sobre clima e crime, anúncios de imóveis, dados demográficos e códigos de DDI, os quais podem variar muito no comportamento do usuário (em alguns casos, muito mais do que uma campanha de marketing!).

GTM Server Side

O GTM já foi bem abordado neste livro, visto que já foi recomendado para configurar nossas tags do GA4. Ele também pode ser usado como um facilitador de ativação, pois podemos retornar os dados para o navegador de um usuário que podem ser usados para alterar conteúdo. Essa capacidade pode ser aprimorada com o GTM Server Side (SS), que possibilita uma integração mais profunda com a GCP. Por exemplo, e se quiséssemos personalizar nossas exportações do BigQuery ou enviá-las em tempo mais real? O GTM SS poderia nos ajudar permitindo controlar diretamente a gravação no BigQuery, o que demonstraremos na próxima seção.

Gravação Server Side no BigQuery

Se usarmos o GTM SS, ganharemos mais controle sobre as solicitações de HTTP que nossas tags fazem e recebem. Isso por si só nos permite exercer uma governança de dados e um controle de privacidade avançados.

O GTM SS também nos permite fazer mais, visto que o código que ele executa não está disponível para o público, o que significa que podemos executar leituras/gravações de API autenticadas.

Um primeiro caso de uso seria permitir gravações diretas nos conjuntos de dados do BigQuery, algo que não poderia ser feito no padrão GTM, visto que exporíamos nossas chaves de autenticação.

Um modelo de tag do GTM SS é exibido no Exemplo 3-7. Ele apresenta o código para um modelo que usa a versão simplificada de JavaScript que podemos usar no GTM SS. Essa sandbox limitada está em execução para garantir que códigos maliciosos ou corrompidos não sejam introduzidos por acidente no nosso servidor.

Exemplo 3-7. Código para um modelo no GTM SS para gravar dados de evento no BigQuery

```
const BigQuery = require('BigQuery');
const getAllEventData = require('getAllEventData');
const log = require("logToConsole");
const JSON = require("JSON");
const getTimestampMillis = require("getTimestampMillis");

const connection = {
  'projectId': data.projectId,
  'datasetId': data.datasetId,
  'tableId': data.tableId,
};

let writeData = getAllEventData();
```

```
writeData.timestamp = getTimestampMillis();

const rows = [writeData];
log(rows);

const options = {
  'ignoreUnknownValues': true,
  'skipInvalidRows': false,
};

BigQuery.insert(
  connection,
  rows,
  options,
  data.gtmOnSuccess,
  (err) => {
    log("BigQuery insert error: ", JSON.stringify(err));
    data.gtmOnFailure();
  }
);
```

O modelo configura alguns campos que precisaremos preencher depois de criar sua instância. Os campos do modelo devem inserir `projectId`, `datasetId` e `tableId` da tabela do BigQuery que já configuramos, e essa tabela deve corresponder ao esquema dos eventos que estamos enviando. Isso diferirá com base nos eventos exatos enviados, e qualquer coisa não especificada no esquema será deixada de lado em silêncio, portanto provavelmente desejaremos examinar os logs de pré-visualização do GTM SS para obter os dados exatos que queremos que apareçam no BigQuery. Para ajudá-lo a começar, o esquema de BigQuery no Exemplo 3-8 contém dados para a maioria dos eventos do tipo `page_view` do GA4.

Exemplo 3-8. Exemplo de esquema que podemos usar ao configurar tabelas do BigQuery para receber dados do GTM SS

```
timestamp:TIMESTAMP,event_name:STRING,engagement_time_msec:INTEGER,
engagement_time_msec:INTEGER,debug_mode:STRING,screen_resolution:STRING,
language:STRING,client_id:STRING,page_location:STRING,page_referrer:STRING,
page_title:STRING,ga_session_id:STRING,ga_session_number:STRING,
ip_override:STRING,user_agent:STRING
```

Como um todo, o BigQuery provavelmente será uma parte importante do seu fluxo de dados do GA4 devido à sua exportação nativa e outras capacidades. Assim, familiarizar-se com seu uso seria um próximo grande passo se você estiver interessado em levar a análise digital além da interface web do GA4. Ele também abre as portas para muitas outras integrações no Google Cloud e em outras partes, e eu o atribuiria no início da minha jornada na nuvem. Se realmente quiser dominá-lo, sugiro o livro *Google BigQuery: The Definitive Guide*, de Valliappa Lakshmanan e Jordan Tigani [sem publicação no Brasil] como um bom complemento deste livro.

Entretanto, o BigQuery não será apropriado em algumas circunstâncias, como no caso de dados mais desestruturados, que não se encaixam facilmente na estrutura de colunas. Nesses casos, recorremos ao segundo produto mais comum de ingestão na GCP: o Cloud Storage.

Google Cloud Storage

Google Cloud Storage (GCS) é a base do armazenamento de dados na GCP e vem sendo usado internamente por muitos outros aplicativos, como o BigQuery. O GCS faz uma coisa muito bem: armazenar bytes. No GCS em si, não podemos manipular esses dados como se eles estivessem no nosso banco de dados.

Podemos fazer o upload de até 5 TB de dados por objeto e ter praticamente um espaço ilimitado nos recipientes (buckets), que são a estrutura básica do GCS. Então, podemos acessar os objetos por meio do seu identificador uniforme de recursos (URI), como `gs://my-bucket/myobject`. Os nomes dos recipientes são únicos globalmente, o que significa que não precisamos especificar em que projeto eles estão. Também podemos escolher tornar nossos objetos públicos com URLs de HTTP, o que significa que o GCS poderia ser usado para hospedar sites, como um servidor da web.

O GCS também tem um controle preciso de quem pode ler ou gravar objetos nos recipientes. Isso nos permite fazer uploads ou downloads de uma maneira segura, protegida pelos sistemas de autorização do Google. Uma forma comum de importar dados na GCP é usar uma chave de serviço executada no sistema de origem, que permitirá o upload.

O GCS costuma ser usado como a pista de aterrissagem para os dados importados porque não precisamos nos preocupar com o esquema ou outras questões de carregamento que poderiam impedir a importação para outros sistemas. Contanto que o objeto tenha bytes, o upload pode ser realizado. Por esse motivo, mesmo que nossos dados estejam estruturados e possam ser carregados diretamente em um banco de dados, seria útil ter um backup bruto caso haja uma falha no carregamento relacionada ao esquema de importação.

O GCS também é o único local para o qual podemos fazer o upload de dados desestruturados, como vídeos, arquivos de som ou imagens. Muitos outros serviços da GCP supõem que fizemos o upload para o GCS, visto que as entradas para seus serviços, como as APIs de aprendizado de máquina, pegam as URIs do GCS como entradas para trabalhar em cima de um arquivo, transformando-o em dados estruturados que podemos usar depois.

Você pode ler mais sobre como usar o GCS em "GCS" no Capítulo 4.

Armazenamento Orientado a Eventos

O GCS possui eventos que ativam Pub/Sub a cada mudança ou atualização, como um novo arquivo, uma exclusão ou uma edição. A ativação desse evento inclui o local do arquivo e o nome do evento, o que significa que os sistemas de recepção, como Cloud Functions, podem usar essa mensagem para disparar ações.

Um exemplo seria carregar um arquivo CSV no BigQuery. Um terceiro poderia fazer o upload dos arquivos de importação que acessam o GCS toda manhã, ativando seu trabalho de importação. Isso é preferível a um agendamento cron, visto que ele é resistente a fazer entregas depois do período agendado. Isso permite diferenças nas horas de exportação e é mais robusto do que apenas executar nosso script de importação em determinado horário toda manhã (não ocorre nenhum desastre na mudança para o horário de verão, por exemplo).

Gatilhos Pub/Sub do Cloud Storage para Cloud Functions

Sempre que um arquivo é carregado para o Cloud Storage, ele cria um evento `FINALIZE/ CREATE` em Pub/Sub. Isso pode ser usado para ativar uma Cloud Function que comparará os dados com o esquema de dados esperado para a tabela do BigQuery na qual finalmente serão inseridos.

A Cloud Function será em Python, que usa as APIs do Google para receber o local de armazenamento do novo arquivo (seu URI), então usa esse nome de arquivo para começar o carregamento no BigQuery.

Para este exemplo, iremos configurar uma Cloud Function que pegará um arquivo em Cloud Bucket chamado `marks-bucket-of-stuff` e carregará uma tabela do BigQuery em `my-project:mydataset.my_crm_imports`.

Estrutura de arquivos do Cloud Storage

Ao especificar os arquivos que entram no Cloud Storage, existem alguns requisitos que facilitarão a nossa vida. Costumo especificá-los assim:

- Use apenas a codificação UTF-8.
- Use o formato CSV acordado (por exemplo, campos separados por vírgulas ou pontos e vírgulas — em geral, um pouco leniente aqui, visto que alguns sistemas não suportam os padrões).
- Especifique se os dados serão marcados por aspas ou barras invertidas, ou por campos sem aspas.
- Especifique os nomes de arquivos com caixa baixa, sem espaços e com underline. Como veremos depois, os nomes de arquivos determinarão os nomes das tabelas do BigQuery.
- Insira a data (`YYYYMMDD`) ou a data e hora (`YYYYMMDDHHSS`) no final do arquivo conforme a necessidade.
- Em caso de volumes de dados abaixo de, digamos, 10 GB, faça o upload total dos mesmos e não de forma incremental.

 Dê atenção especial aos formatos de datas e às codificações dos arquivos nos sistemas CRM antigos. Se puder, especifique UTF-8, mas talvez precise realizar algum processamento criativo na sua função do Cloud para lidar com outras codificações.

Isso gerará nomes de arquivos como `my_crm_import_20210703.csv`. A data no final controlará em que partição de data do BigQuery ele será gravado.

Se os dados contiverem o que pode ser considerado como dados confidenciais (o que os registros de CRM costumam ser), então, para conservar a privacidade dos dados, esses arquivos receberão uma data de validade usando as regras do ciclo de vida do Cloud Storage no recipiente (veja a Figura 3-20).

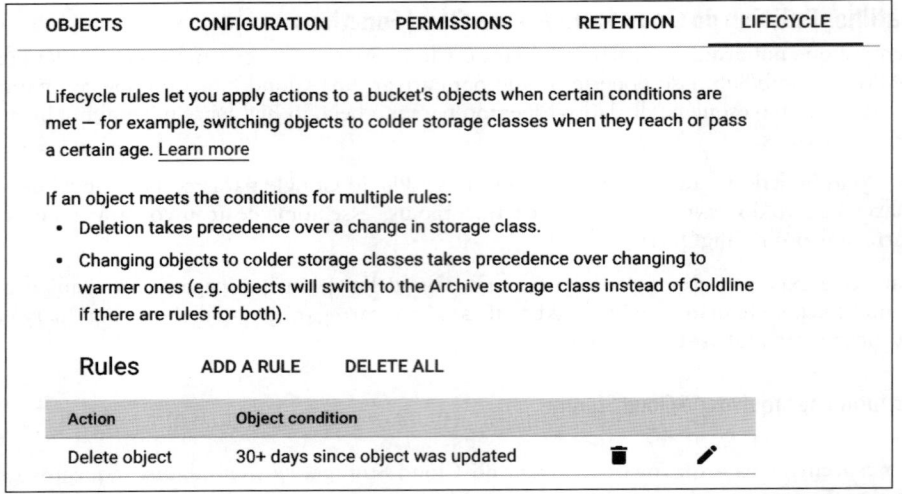

Figura 3-20. As regras do ciclo de vida do GCS nos permitem garantir que os dados perdidos não permaneçam por mais tempo do que deveriam

Como o GDPR exige respostas dentro de 40 dias, um período de validade de 30 dias serve como um buffer para o backup de desastres, mas seria baixo o suficiente para respeitar o desejo de não deixar dados privados soltos por aí por muito tempo.

Exemplo de Cloud Function para importar do GCS para o BigQuery

Depois que nossos dados surgirem no Cloud Storage por meio do agendamento de exportação da CRM, podemos transformar esses arquivos em tabelas do BigQuery. Podemos fazer isso com os gatilhos do Cloud Storage.

Podemos criar Cloud Functions por meio do Cloud Console. Será melhor escolher um nome e uma região que fique mais próxima do local do nosso recipiente e mudar o tipo de gatilho para "Cloud Storage" (veja a Figura 3-21).

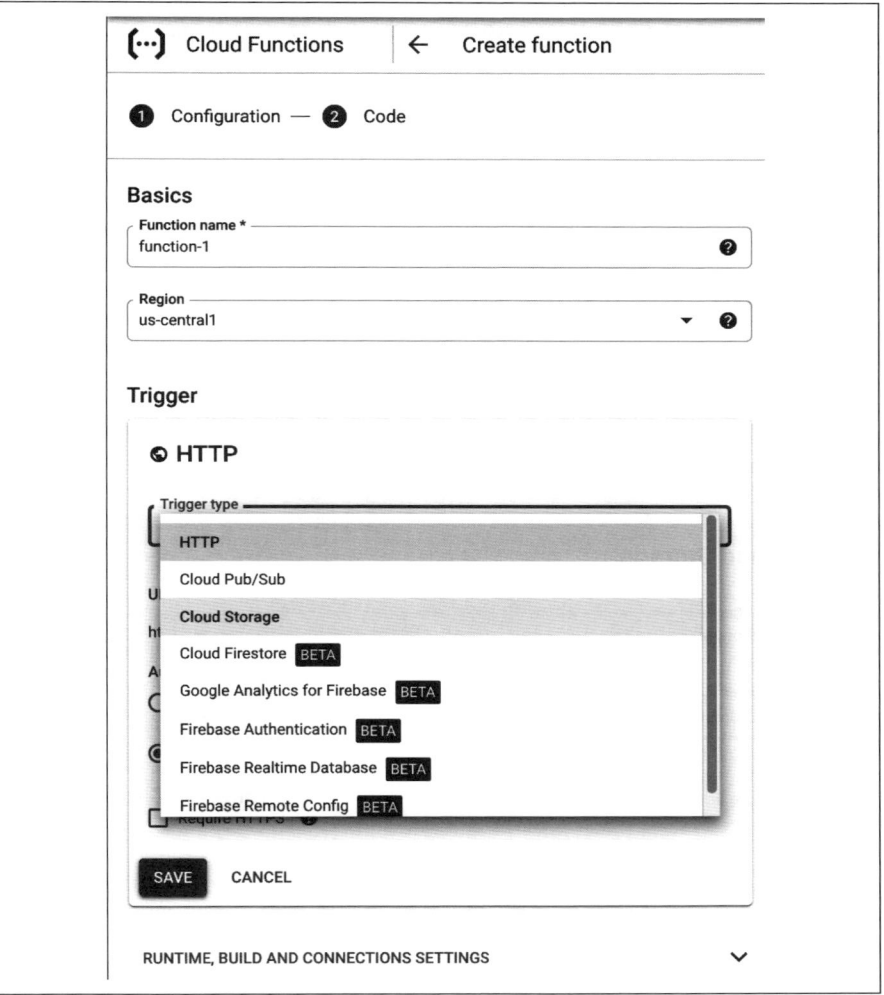

Figura 3-21. Criando uma Cloud Function que será ativada a cada upload de novo arquivo no GCS

Então, podemos selecionar o recipiente do Cloud Storage ao qual temos acesso e o tipo de gatilho. Nesse caso de uso, queremos saber quando o upload do arquivo foi concluído: `Finalize/Create` (Figura 3-22).

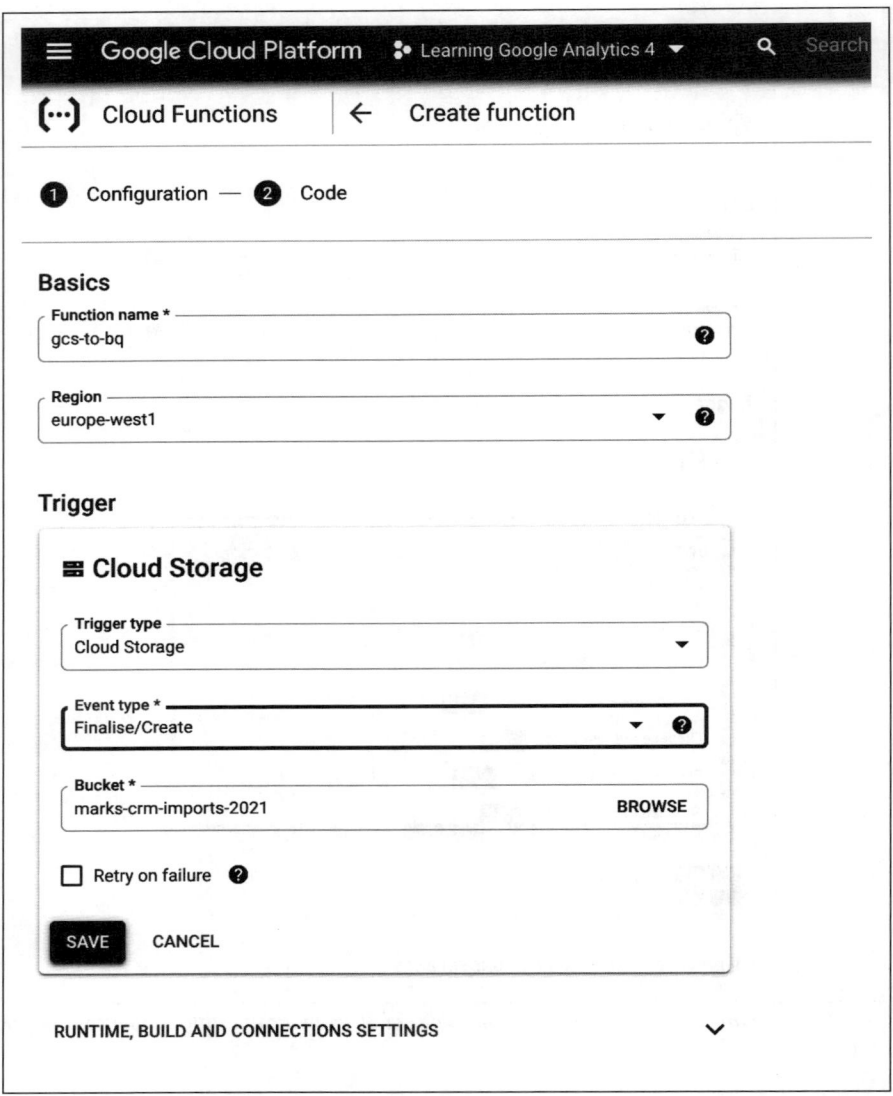

Figura 3-22. Selecionando o tipo de evento (Finalize/Create) e o recipiente que enviará o evento Pub/Sub

Então, podemos acrescentar o código que será ativado quando o evento for detectado.

Ao selecionar o Runtime como Python, veremos que parte do código já preenchido para nos apontar na direção correta, como exibido na Figura 3-23.

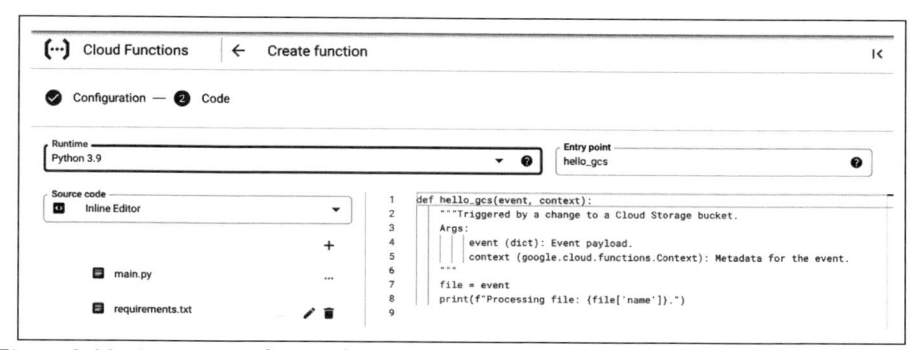

Figura 3-23. Acrescentando o código para Cloud Functions com Python

O código padrão no screenshot ativará o evento hello_gcs(event, context) e exibirá o nome de arquivo para os logs através de event['name']. O event['name'] é toda a informação de que precisamos para que o evento Pub/Sub dê início à nossa função de importação do BigQuery. No caso do código no Exemplo 3-9, ele será modificado para pegar o nome do arquivo carregado no GCS e analisá-lo no BigQuery. A configuração do BigQuery seguirá a documentação SDK do Python.

Exemplo 3-9. Código em Python da Cloud Function para carregar um CSV de um recipiente do GCS no BigQuery

```python
import os
import yaml
import logging
import re
import datetime
from google.cloud import bigquery
from google.cloud.bigquery import LoadJobConfig
from google.cloud.bigquery import SchemaField
import google.cloud.logging

# configura o logging https://cloud.google.com/logging/docs/setup/python
client = google.cloud.logging.Client()
client.get_default_handler()
client.setup_logging()

# carrega config.yaml em config
config_file = "config.yaml"

if os.path.isfile(config_file):
```

```python
    with open("config.yaml", "r") as stream:
        try:
            config = yaml.safe_load(stream)
        except yaml.YAMLError as exc:
            logging.error(exc)
else:
    logging.error("config.yaml needs to be added")

# cria uma lista de objetos SchemaField a partir do arquivo de esquema config.yaml
def create_schema(schema_config):

    SCHEMA = []
    for scheme in schema_config:

        if 'description' in scheme:
            description = scheme['description']
        else:
            description = ''

        if 'mode' in scheme:
            mode = scheme['mode']
        else:
            mode = 'NULLABLE'

        try:
            assert isinstance(scheme['name'], str)
            assert isinstance(scheme['type'], str)
            assert isinstance(mode, str)
            assert isinstance(description, str)
        except AssertionError as e:
            logging.info(
                'Error in schema: name {} - type {}
                - mode - {} description {}'.format(scheme['name'], scheme['type'],
                                                    mode, description))
            break

        entry = SchemaField(name=scheme['name'],
                            field_type=scheme['type'],
                            mode=mode,
                            description=description)
        SCHEMA.append(entry)

    logging.debug('SCHEMA created {}'.format(SCHEMA))

    return SCHEMA


def make_tbl_name(table_id, schema=False):

    t_split = table_id.split('_20')
```

```python
    name = t_split[0]

    if schema: return name

    suffix = ''.join(re.findall('\d\d', table_id)[0:4])

    return name + '$' + suffix


def query_schema(table_id, job_config):

    schema_name = make_tbl_name(table_id, schema=True)

    logging.info('Looking for schema_name: {} for import: {}'.format(schema_name,
        table_id))
    # se não tivermos nenhuma autodetecção de tentativa de configuração
    # recomendado apenas para tabelas de desenvolvimento
    if schema_name not in config['schema']:
        logging.info('No config found. Using auto detection of schema')
        job_config.autodetect = True
        return job_config

    logging.info('Found schema for ' + schema_name)

    schema_config = config['schema'][schema_name]['fields']

    job_config.schema = create_schema(schema_config)

    # comportamento de carregamento padrão de csv pode ser definido aqui
    job_config.quote_character = '""'
    job_config.skip_leading_rows = 1
    job_config.field_delimiter = ','
    job_config.allow_quoted_newlines = True

    return job_config

def load_gcs_bq(uri, table_id, project, dataset_id):

    client = bigquery.Client(project=project)
    dataset_ref = client.dataset(dataset_id)

    # Altere a configuração abaixo segundo suas necessidades de importação
    job_config = LoadJobConfig()
    job_config.source_format = bigquery.SourceFormat.CSV
    job_config.write_disposition = bigquery.WriteDisposition.WRITE_TRUNCATE
    job_config.encoding = bigquery.Encoding.UTF_8
    job_config.time_partitioning = bigquery.TimePartitioning()

    job_config = query_schema(table_id, job_config)

    table_name = make_tbl_name(table_id)
    table_ref = dataset_ref.table(table_name)
```

```
    job = client.load_table_from_uri(
        uri,
        table_ref,
        location='EU',
        job_config=job_config)  # requisição de API



def gcs_to_bq(data, context):
    """Background Cloud Function to be triggered by Cloud Storage.
       This functions constructs the file URI and uploads it to BigQuery.

    Args:
        data (dict): The Cloud Functions event payload.
        context (google.cloud.functions.Context): Metadata of triggering event.
    Returns:
        None; the output is written to Stackdriver Logging
    """

    object_name = data['name']
    project = config['project']
    dataset_id = config['datasetid']

    if object_name:
        # cria uma tablea de bigquery relacionada com o nome de arquivo
        table_id = os.path.splitext(os.path.basename(object_name))[0].replace('.','_')
        uri = 'gs://{}/{}'.format(data['bucket'], object_name)

        load_gcs_bq(uri, table_id, project, dataset_id)

    else:
        logging.info('Nothing to load')

    return
```

O arquivo *requirements.txt* deverá ser especificado, como no Exemplo 3-10, o qual confirmei que estava funcionando na execução do Python 3.9.

Exemplo 3-10. O arquivo requirements.txt para o qual os módulos do Python carregam a partir do pip

```
google-cloud-bigquery==2.20.0
google-cloud-logging==2.5.0
pyyaml==5.4.1
```

 Assim como todos os outros trechos de código deste livro, procurei me certificar de que isso funcionava com as versões mais atuais, mas você talvez tenha que fazer alguns ajustes no código e/ou nos requisitos de dependência caso esteja lendo este livro muito tempo depois de sua data de publicação.

O código se baseia em um arquivo *config.yaml*, o qual procuraremos na mesma pasta do código de Python. Se estiver presente, usará o arquivo para especificar o esquema para a tabela de BigQuery que será criada. Se nenhum esquema for encontrado para o nome de arquivo, ele voltará para a autodetecção. Isso nos permitirá importar várias tabelas de BigQuery. Um arquivo de configuração é o Exemplo 3-11, que usa um formato YAML.

Exemplo 3-11. Um arquivo de configuração para ser usado com a Cloud Function especificada no Exemplo 3-9

```yaml
project: learning-ga4
datasetid: crm_imports
schema:
  crm_bookings:
    fields:
        - name: BOOK_ID
          type: STRING
        - name: BOOKING_ACTIVE
          type: STRING
        - name: BOOKING_DEPOSIT
          type: STRING
        - name: DATE
          type: STRING
        - name: DEPARTURE_DATE
          type: STRING
  crm_permissions:
    fields:
        - name: USER_ID
          type: STRING
        - name: PERMISSION
          type: STRING
        - name: STATUS
          type: STRING
        - name: SOURCE
          type: STRING
        - name: PERMISSION_DATE
          type: STRING
  crm_sales:
    fields:
        - name: SALES_ID
          type: STRING
        - name: SALES_EMAIL
          type: STRING
        - name: SALES_FIRST_NAME
          type: STRING
        - name: SALES_LAST_NAME
          type: STRING
```

A configuração no Exemplo 3-11 apresenta um exemplo com três tabelas para importar. A vantagem das importações baseadas em eventos é que podemos ativar várias funções de uma só vez.

Se fizermos o upload de um arquivo CSV que não foi especificado na seção de esquema, então se tentará fazer um carregamento de BigQuery com a autodetecção do esquema.

Isso será útil no desenvolvimento, mas é altamente recomendado que usemos um esquema específico na produção.

Como teste, um CSV pode ser carregado sem (Exemplo 3-12) e com (Exemplo 3-13) o esquema que especificamos.

Exemplo 3-12. Upload de um exemplo de arquivo CSV que não foi especificado no esquema

```
USER_ID,EMAIL,TOTAL_LIFETIME_REVENUE
AB12345,david@email.com,56789
AB34252,sanne@freeemail.com,34234
RF45343,rose@medson.com,23123
```

Exemplo 3-13. Um exemplo de arquivo CSV que corresponde ao esquema de configuração

```
USER_ID,PERMISSION,STATUS,SOURCE,PERMISSION_DATE
AB12345,Marketing1,True,Email,2021-01-21
AB34252,Marketing3,True,Website,2020-12-02
RF45343,-,False,-,-
```

Crie os arquivos CSV de teste e faça o upload deles no recipiente do Cloud Storage. Nos logs da Cloud Function (Figura 3-24), veremos três logs na função indicando se ele foi ativado e deu início ao trabalho do BigQuery.

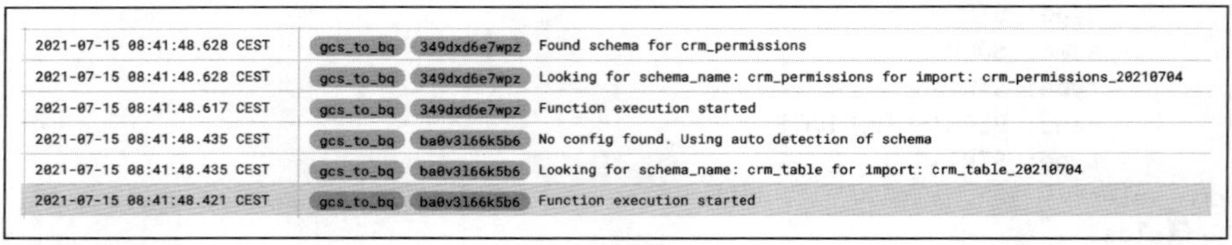

2021-07-15 08:41:48.628 CEST	gcs_to_bq	349dxd6e7wpz	Found schema for crm_permissions
2021-07-15 08:41:48.628 CEST	gcs_to_bq	349dxd6e7wpz	Looking for schema_name: crm_permissions for import: crm_permissions_20210704
2021-07-15 08:41:48.617 CEST	gcs_to_bq	349dxd6e7wpz	Function execution started
2021-07-15 08:41:48.435 CEST	gcs_to_bq	ba0v3166k5b6	No config found. Using auto detection of schema
2021-07-15 08:41:48.435 CEST	gcs_to_bq	ba0v3166k5b6	Looking for schema_name: crm_table for import: crm_table_20210704
2021-07-15 08:41:48.421 CEST	gcs_to_bq	ba0v3166k5b6	Function execution started

Figura 3-24. Inspecionando os logs da Cloud Function, podemos ver que um arquivo foi importado em um esquema especificado e outro usou a autodetecção

Contudo, isso é apenas metade da história — também devemos verificar os logs do Big-Query para ver se o carregamento do BigQuery foi bem-sucedido. Na Figura 3-25, podemos ver que o esquema foi incluído e o carregamento foi bem-sucedido

```
▼ job: {
    ▼ jobConfiguration: {
      ▼ load: {
          createDisposition: "CREATE_IF_NEEDED"
        ▼ destinationTable: {
            datasetId: "crm_imports"
            projectId: "learning-ga4"
            tableId: "crm_permissions$20210704"
          }
          schemaJson: "{
                        "fields": [{
                          "name": "USER_ID",
                          "type": "STRING",
                          "mode": "NULLABLE"
                        }, {
                          "name": "PERMISSION",
                          "type": "STRING",
                          "mode": "NULLABLE"
                        }, {
                          "name": "STATUS",
                          "type": "STRING",
                          "mode": "NULLABLE"
                        }, {
                          "name": "SOURCE",
                          "type": "STRING",
                          "mode": "NULLABLE"
                        }, {
                          "name": "PERMISSION_DATE",
                          "type": "STRING",
                          "mode": "NULLABLE"
                        }]
                      }"
      ▼ sourceUris: [
          0: "gs://marks-crm-imports-2021/crm_permissions_20210704.csv"
        ]
```

Figura 3-25. Inspecionando os logs do BigQuery para ver se o esquema foi especificado como o esperado

Depois de verificar todos os logs, devemos ver as tabelas no próprio BigQuery com o esquema especificado (ou não, se a autodetecção for usada). Veja a Figura 3-26.

Para usar o script que desenvolvemos no processo, agora você precisa criar suas exportações de CSV e o arquivo *config.yaml* para se adequar aos seus dados. Você também pode implantar várias funções de nuvem com diferentes configurações adequadas para cada exportação ou destino de CRM. O objetivo principal foi atingido: agora temos importações no BigQuery orientadas a eventos para CSVs de até 5 TB ou 4 GB se carregarmos o arquivo GZIP diretamente. Veja a documentação para obter mais detalhes.

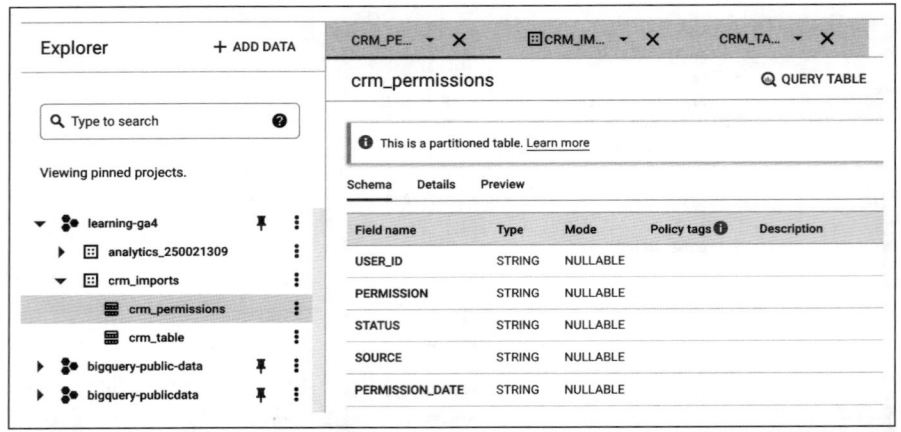

Figura 3-26. As tabelas do BigQuery são importadas a partir do CSV no GCS com o esquema especificado

Privacidade de Dados

Do ponto de vista da privacidade de dados, no GCS podemos determinar tempos de validade para os dados, o que nos permite apagar quaisquer dados pessoais com segurança. Podemos fazer isso com importações regulares para definir uma data de validade em observância aos períodos legais de resposta das solicitações de dados. Isso significa que o procedimento de exclusão dos dados existentes do sistema de origem poderá ser mantido sem a necessidade de replicá-lo na nuvem; um usuário que pede que seus dados sejam apagados do sistema existente terá seu pedido filtrado pelos dados da nuvem dentro de, digamos, 30 dias.

A questão da privacidade surge com muito mais frequência quando lidamos com os dados pessoais, os quais costumam se encontrar dentro de bancos de dados internos, como a CRM, sobre a qual falaremos na próxima seção.

Importações do Banco de Dados de CRM via GCS

Como não posso me especializar em todos os bancos de dados que existem, costumo deixar claro para os meus clientes que passarei a me responsabilizar pela exportação de seus dados só depois que eles chegarem no Cloud Storage, mas que eles têm a responsabilidade de exportá-los para lá. Em geral, nenhum problema até então, visto que o que eles costumam pedir à equipe de desenvolvimento são coisas simples, como exportar as colunas A, B e C para um arquivo CSV ou JSON, e agendar uploads para o GCS usando `gcloud` ou um dos SDKs do Cloud Storage. Se você trabalha na área, talvez já saiba mais sobre como as exportações reais são criadas e entregues a partir de algo como um banco de dados MySQL local.

Especificar o upload para o Cloud Storage, e não diretamente para o BigQuery, torna o upload mais fácil, visto que a equipe de exportação não precisa se adequar a nenhum esquema específico. Esse será o seu trabalho ao fazer um carregamento a partir do Cloud Storage. Isso também gerará um backup útil dos dados brutos.

O script de exportação a partir do banco de dados CRM local é melhor usando um arquivo de autenticação da chave de serviço que foi restrito apenas às funções de recipiente do Cloud Storage. Depois que os dados chegam ao Cloud Storage, podemos usar uma Cloud Function, tal como descrito em "Armazenamento Orientado a Eventos" para carregar dados no BigQuery.

Se você implementou todos os códigos e funções deste capítulo até então, talvez esteja copiando e colando muito código nas Cloud Functions e em outras fontes, o que é mais comum ao trabalhar com o GTM ou algo similar. Entretanto, esse método costuma resultar em erros e pode ser um desperdício de tempo procurar mudanças no histórico. Um método muito mais adequado para um desenvolvedor implantar o código é seguir as melhores práticas da engenharia de software, como a de CI/CD, que será vista na próxima seção sobre o seguinte serviço do Google Cloud: Cloud Build.

Configurando a CI/CD do Cloud Build com GitHub

Incluirei os gatilhos Git do Cloud Build aqui, visto que eles serão úteis para algumas tarefas de ingestão de dados, mas, sinceramente, serão úteis em todo o processo de dados. Para ter uma ideia melhor, veja "Cloud Build", na seção sobre armazenamento de dados, no Capítulo 4, para obter mais detalhes.

É uma boa ideia configurar o Cloud Build o mais cedo possível no processo porque isso acelera o desenvolvimento e facilita as coisas em longo prazo.

Configurando o GitHub

Usarei o GitHub como exemplo, mas qualquer sistema Git poderá ser usado espelhando com o próprio sistema Git do Google, o Source Repositories. As instruções sobre como usar o Git/GitHub vão além do âmbito deste livro, mas o GitHub oferece alguns recursos que poderão ajudá-lo.

Depois de obter o GitHub, crie um repositório vazio que armazenará todos os arquivos do projeto. Então precisará ativar o aplicativo GitHub para Cloud Build. Você poderá escolher que ele acesse tudo (para não precisar configurá-lo novamente no futuro) ou selecionar os repositórios. Certifique-se de que sua escolha inclua o repositório que acabou de criar.

Configurando a Conexão do GitHub com o Cloud Build

Precisamos dar permissão ao Cloud Build para disparar os eventos a partir do GitHub. No Google Cloud Console, acesse a seção Cloud Build e vincule-o ao repositório. Ele nos dará a opção de acrescentar qualquer um que tenha o aplicativo GitHub ativado. Veja a Figura 3-27.

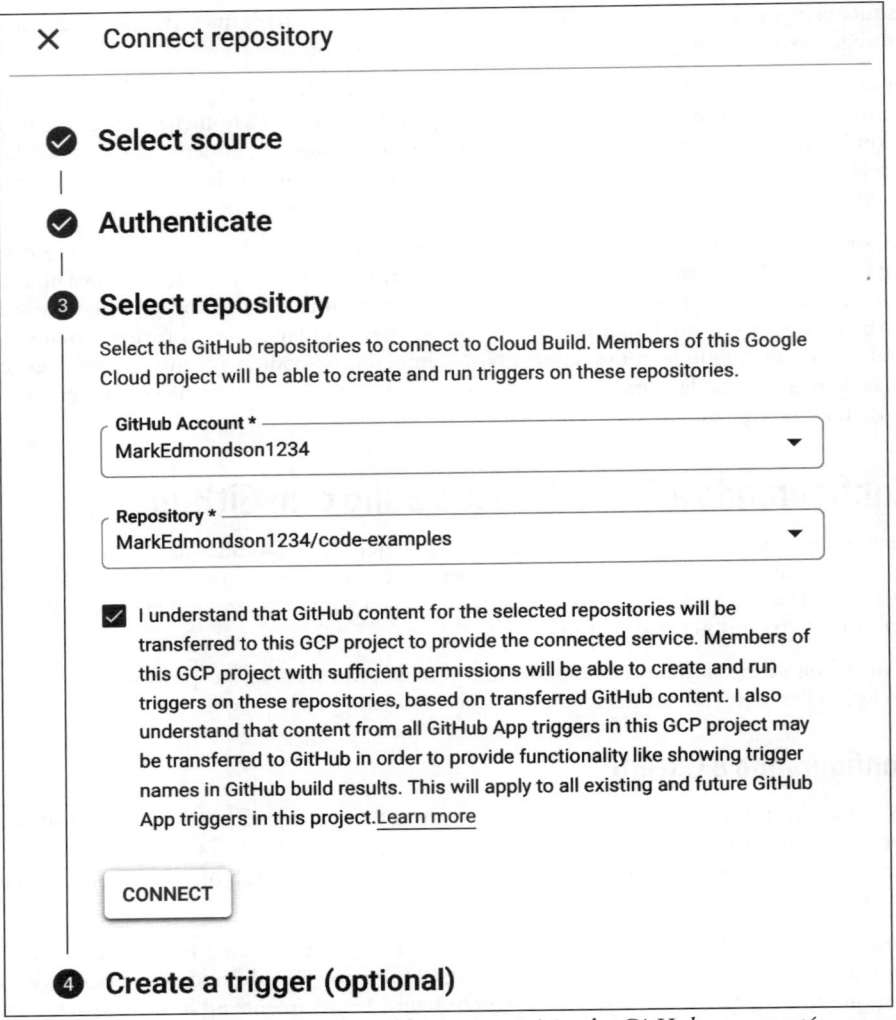

Figura 3-27. Vinculando o Cloud Build ao repositório do GitHub que contém nossos arquivos

Agora também podemos escolher criar um gatilho, o qual administrará as regras de ativação dos passos do Cloud Build criados em *cloudbuild.yaml*, detalhado em "Acrescentando Arquivos no Repositório".

Depois de criar um gatilho, queremos que ele seja ativado apenas quando os arquivos relacionados com a Cloud Function forem alterados. Um exemplo é exibido na Figura 3-28.

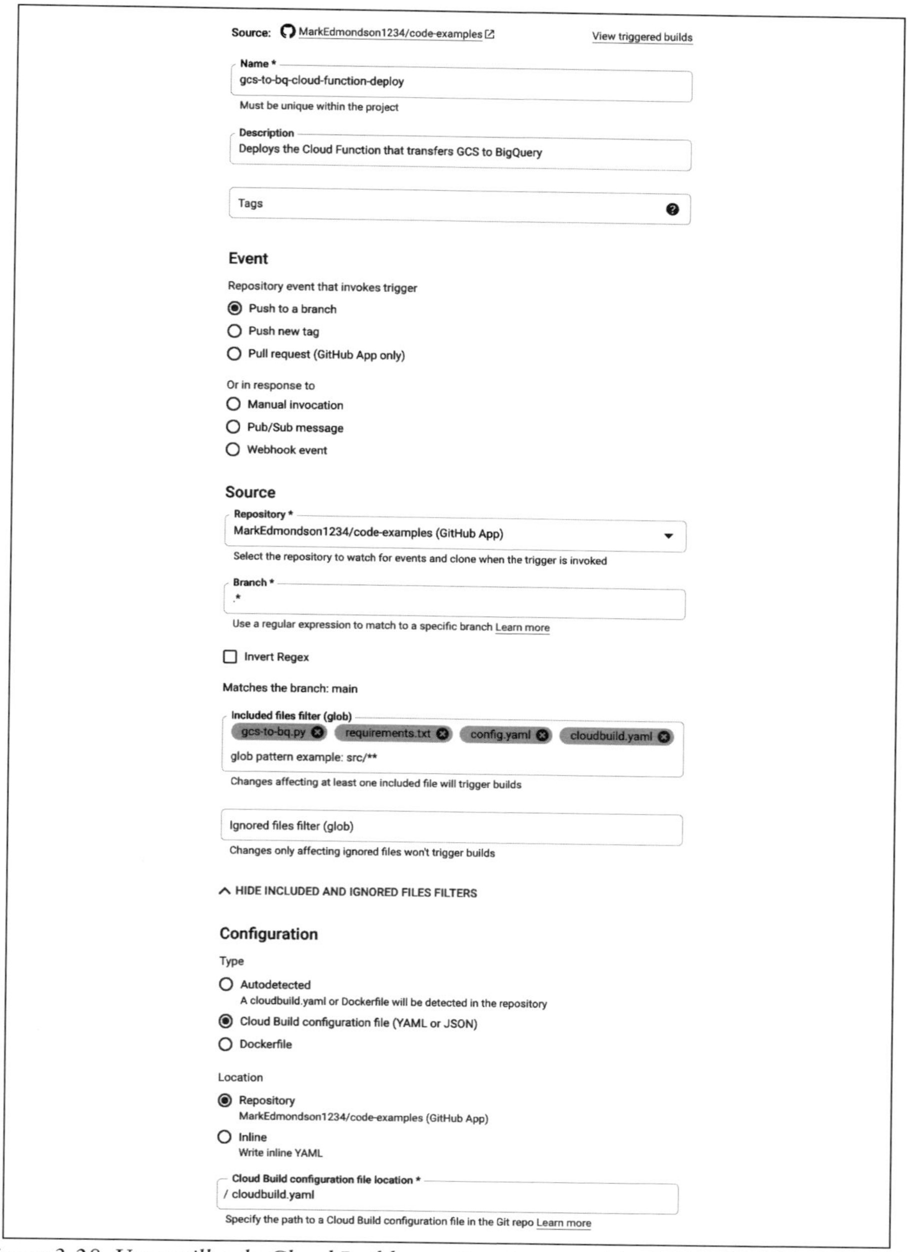

Figura 3-28. *Um gatilho do Cloud Build que ativará o conteúdo de cloudbuild.yaml a cada envio para o repositório do GitHub*

Nesse caso, também precisaremos incluir o agente de criação do Cloud Build como um usuário autorizado para implantar as funções Cloud, que podem ser definidas no painel de configuração exibido na Figura 3-29.

GCP service	Role ❓	Status
Cloud Functions	Cloud Functions Developer	ENABLED ▾
Cloud Run	Cloud Run Admin	DISABLED ▾
App Engine	App Engine Admin	DISABLED ▾
Kubernetes Engine	Kubernetes Engine Developer	DISABLED ▾
Compute Engine	Compute Instance Admin (v1)	DISABLED ▾
Firebase	Firebase Admin	DISABLED ▾
Cloud KMS	Cloud KMS CryptoKey Decrypter	DISABLED ▾
Secret Manager	Secret Manager Secret Accessor	DISABLED ▾
Service Accounts	Service Account User	ENABLED ▾

Figura 3-29. Configurando a permissão do Cloud Build para implantar Cloud Functions

Acrescentando Arquivos ao Repositório

Para habilitar o Cloud Build, precisamos de um arquivo adicional, o *cloudbuild.yaml*, que administra o que ele compilará. Nesse exemplo, quaisquer alterações feitas no código deverá ativar a nova implantação da Cloud Function. Consultando a documentação da Cloud Function, vemos que `gcloud`, uma ferramenta da linha de comando para trabalhar com a GCP, é recomendada para ativar as implantações quando não estamos usando o console da web. Em especial, precisamos dos comandos de implantação de funções da `gcloud`.

Para a nossa Cloud Function e os gatilhos, isso significa executar os comandos da gcloud exibidos no Exemplo 3-14. O trabalho do nosso *cloudbuild.yaml* é replicar esse comando para ativar sempre que o código da Cloud Function é alterado.

Exemplo 3-14. O comando da `gcloud` para executar a Cloud Function especificada no Exemplo 3-9

```
gcloud functions deploy gcs_to_bq \
    --runtime=python39 \
    --region=europe-west1 \
    --trigger-resource=marks-crm-imports-2021 \
    --trigger-event=google.storage.object.finalize
```

Traduzindo o código de implantação para o formato YAML do Cloud Build, chegamos ao YAML exibido no Exemplo 3-15.

Exemplo 3-15. O YAML do Cloud Build para executar uma Cloud Function do Exemplo 3-9

```
steps:
- name: gcr.io/cloud-builders/gcloud
  args: ['functions',
         'deploy',
         'gcs_to_bq',
         '--runtime=python39',
         '--region=europe-west1',
         '--trigger-resource=marks-crm-imports-2021',
         '--trigger-event=google.storage.object.finalize']
```

O Exemplo 3-15 usa uma imagem docker em `name: gcr.io/cloud-builders/gcloud` que tem a `gcloud` instalada (como já deve imaginar, é uma imagem Docker útil). Por padrão, o comando será executado na pasta-raiz do repositório do GitHub atribuído, de modo que ele implantará todos os arquivos presentes, incluindo quaisquer configurações ou arquivos de dependência de *requirements.txt*.

Todos os arquivos em "Armazenamento Orientado a Eventos" mais o arquivo *cloudbuild. yaml* deverão ser incluídos agora no repositório Git, como na Figura 3-30.

 Verifique se o arquivo que contém a Cloud Function tem o nome *main.py*.

Name		Date Modified	Size	Kind
cloudbuild.yaml		Today at 13.39	329 bytes	YAML
config.yaml		Today at 12.33	844 bytes	YAML
crm_permissions_20210708.csv		Today at 12.34	152 bytes	CSV Document
crm_permissions.csv		Today at 12.35	152 bytes	CSV Document
crm_users_20210708.csv		Today at 12.33	130 bytes	CSV Document
main.py		Today at 12.32	4 KB	Python
README.md		Today at 12.39	250 bytes	R Markdown File
requirements.txt		Today at 12.33	72 bytes	Plain Text

Figura 3-30. Arquivos em uma pasta habilitada para Git

Enviar os arquivos e inseri-los nos GitHub deverá ativar a compilação se o gatilho foi configurado corretamente em "Configurando a Conexão do GitHub com o Cloud Build". Então poderemos ver o progresso da compilação, o que é útil para verificar se a sintaxe está correta. Uma compilação bem-sucedida aparecerá com uma bela marquinha de verificação (Figura 3-31). Devemos confirmar se a Cloud Function será implantada com nossas alterações.

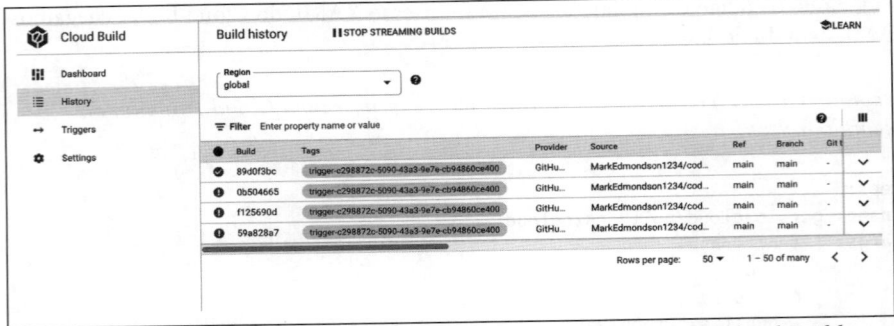

Figura 3-31. A implantação bem-sucedida de uma Cloud Function via Cloud Build; atente às falhas de criação anteriores — todos nós cometemos erros!

Deste dia em diante, você nunca mais precisará usar a WebUI para fazer alterações na Cloud Function. Faça as alterações localmente nos arquivos de desenvolvimento e envie-os ao GitHub. Dentro de minutos, elas deverão ser refletidas no código executado. Isso agilizará bastante as coisas e lhe permitirá fazer iterações muito mais rápidas.

Resumo

Este capítulo abordou as ingestões de dados que precisaremos fazer para todos os casos de uso deste livro e, provavelmente, para cerca de 95% dos aplicativos do mundo real. Depois de configurarmos nossos fluxos de dados do GA4, a combinação de BigQuery, Cloud Storage, GTM e sistemas internos nos disponibiliza uma abundância de conjuntos de dados valiosos.

Se você estiver querendo desenvolver habilidades adicionais para ajudá-lo a configurar o GA4, estabeleça como seu próximo grande objetivo se familiarizar com os serviços da Cloud Platform, pois isso lhe dará as ferramentas para realmente expandir seus horizontes do GA4. Esse foi um passo fundamental na minha carreira para criar alguns projetos emocionantes.

Poderíamos falar sobre muito mais coisas, mas espero que o tour deste capítulo tenha lhe apresentado as formas comuns de inserir dados nos sistemas. No Capítulo 4, mostrarei como trabalhar com os dados inseridos neles, que é um passo necessário antes de passarmos para as etapas de modelagem e ativação dos dados. Já abordamos um pouco desses elementos com o Cloud Storage e o BigQuery, mas o próximo capítulo lidará com mais princípios e apresentará outros sistemas que poderão complementá-los, em especial no caso dos fluxos em tempo real ou agendados.

## CAPÍTULO 4

Armazenamento de Dados

O lugar onde armazenamos os dados do nosso aplicativo é uma parte fundamental da nossa infraestrutura de análise de dados. Ele pode variar de uma preocupação trivial, quando simplesmente usamos os sistemas de armazenamento nativos do GA4, a fluxos de dados complexos, quando fazemos a ingestão de múltiplas fontes de dados, incluindo o GA4, nosso banco de dados CRM outros dados de custo dos canais de marketing digital e mais. Aqui, o BigQuery, como o banco de dados analítico mais escolhido do GCP, realmente domina, visto que ele foi criado para lidar justamente com as questões que surgem ao considerarmos trabalhar com dados de um ponto de vista analítico, sendo esse justamente o motivo de o GA4 oferecê-lo como uma opção de exportação. Em geral, a ideia é trazer todos os dados para um local onde poderemos fazer consultas analíticas com facilidade e disponibilizá-los a quaisquer pessoas ou aplicativos que necessitem de uma forma democrática, levando as questões de segurança em consideração.

Este capítulo abordará as muitas decisões e estratégias que aprendi a considerar ao lidar com sistemas de armazenamento de dados. Quero que você aprenda com meus erros, evitando-os e estabelecendo uma base sólida para quaisquer casos de uso.

Este capítulo é a cola entre as partes da coleta e a modelagem de dados dos nossos projetos de análise de dados. Os dados do GA4 já deverão estar fluindo sob os princípios estabelecidos no Capítulo 3, e trabalharemos com eles, com as ferramentas e as técnicas descritas neste capítulo com a intenção de usar os métodos descritos nos Capítulo 5 e 6, tudo orientado pelos casos de uso que o Capítulo 2 nos ajudou a definir.

Começaremos com alguns princípios gerais que devemos considerar ao analisar nossa solução de armazenamento de dados, então veremos algumas opções mais populares na GCP e aquelas que uso todos os dias.

Princípios dos Dados

Esta seção apresentará algumas orientações gerais para guiá-lo independentemente das opções de armazenamento de dados que você esteja usando. Falaremos sobre como organizar e manter os altos padrões dos dados, como configurar nossos conjuntos de dados para se adequarem a diferentes funções que o negócio talvez exija e pontos em que devemos pensar ao vincular os conjuntos de dados.

Tidy Data

Tidy data (dados organizados) é um conceito que me foi apresentado na comunidade de R e é uma ideia tão boa que todos os profissionais de dados podem se beneficiar ao seguir seus princípios. Tidy data é uma descrição opcional de como armazenar nossos dados para que eles sejam mais úteis na parte posterior dos fluxos de dados. Eles parecem nos dar um conjunto de parâmetros de como deveríamos armazenar nossos dados, para ter uma base comum para todos os projetos de dados.

O conceito de tidy data foi desenvolvido por Hadley Wickham, cientista de dados no RStudio e inventor do conceito "tidyverse". Veja *R for Data Science: Import, Tidy, Transform, Visualize, and Model Data* de Garrett Grolemund e Hadley Wickham [sem publicação no Brasil] para ter uma boa base de como aplicar seus princípios ou visite o site do tidyverse (*https://www.tidyverse.org* — conteúdo em inglês).

Embora o tidy data tenha se tornado popular na comunidade data science do R, mesmo que você não use o R, recomendo que o estabeleça como seu alvo primário no processamento de dados. Isso foi resumido em uma citação do livro de Wickham e Grolemund:

> Famílias felizes são todas iguais; todas as famílias infelizes são infelizes à sua maneira.
>
> — Leo Tolstoy
>
> Conjuntos de dados organizados são todos parecidos, mas todos os conjuntos de dados bagunçados são bagunçados à sua própria maneira.
>
> — Hadley Wickham

A ideia básica aqui é que existe uma forma de transformar nossos dados brutos em um padrão universal que será útil para a análise de dados mais à frente, e se aplicarmos isso aos nossos dados, não precisaremos reinventar a roda toda vez que quisermos processá-los.

Existem três regras que, se seguidas, farão com que nosso conjunto de dados seja organizado:

1. Cada variável deve ter sua própria coluna.
2. Cada observação deve ter sua própria linha.
3. Cada valor deve ter sua própria célula.

Podemos ver essas regras ilustradas na Figura 4-1.

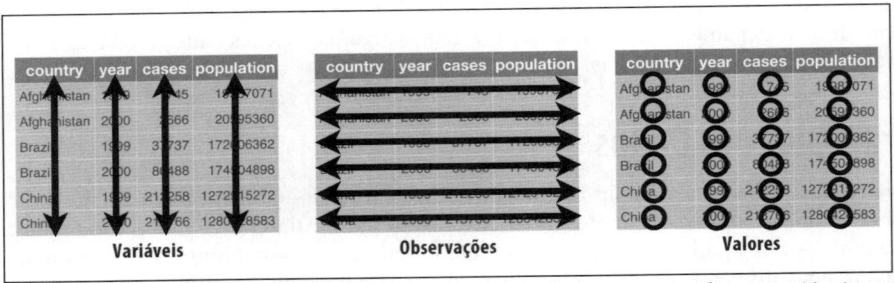

Figura 4-1. Seguir as três regras torna um conjunto de dados organizado: as variáveis estão em colunas, as observações estão em linhas e os valores estão em células (de R for Data Science *de Wickham e Grolemund)*

Visto que a limpeza dos dados costuma ser a parte que mais toma tempo de um projeto, isso libera grande parte da nossa capacidade mental de trabalhar em problemas específicos do nosso caso sem precisar nos preocupar com o formato dos dados toda vez que começamos a trabalhar. Recomendo que, depois de importar seus dados brutos, tente criar versões de tidy data desses dados, que serão expostos nos casos de uso à frente. O padrão tidy data nos ajuda eliminando o trabalho de pensar em como deveríamos organizar nossos dados toda vez, padronizando os aplicativos de dados posteriormente, visto que eles poderão esperar que os dados sempre virão de uma forma específica.

Essa é a teoria. Agora, vejamos como funciona na prática na próxima seção.

Exemplo de organização de dados no GA4

Segue um exemplo para um fluxo de trabalho em que começamos com dados de GA4 não organizados e limpamos para prepará-los para uma análise posterior. Usaremos o R para organizá-los, mas os mesmos princípios se aplicam a qualquer linguagem ou ferramenta, como o Excel.

Começaremos com alguns dados de GA4. O Exemplo 4-1 apresenta um script de R que exportará alguns dados de customEvent do meu blog. Esses dados incluem a categoria em que inseri cada postagem do blog, como "Google Analytics" ou "BigQuery". Esses dados personalizados estão disponível em um customEvent chamado `category`.

Exemplo 4-1. Script de R para extrair a dimensão personalizada `category` da Data API do GA4

```
library(googleAnalyticsR)

# autentique com um usuário com acesso
ga_auth()

# se esqueceu sua propertyID
ga4s <- ga_account_list("ga4")

# a propertyId do meu blog - troque pela sua
gaid <- 206670707

# importe seus campos personalizados
meta <- ga_meta("data", propertyId = gaid)

# intervalo de datas de quando o campo foi implementado até hoje
date_range <- c("2021-07-01", as.character(Sys.Date()))

# filtra quaisquer dados que não têm uma categoria
invalid_category <-
  ga_data_filter(!"customEvent:category" == c("(not set)","null"))

# chamada de API para ver a tendência do campo personalizado: article_read
article_reads <- ga_data(gaid,
    metrics = "eventCount",
    date_range = date_range,
    dimensions = c("date", "customEvent:category"),
    orderBys = ga_data_order(+date),
    dim_filters = invalid_category,
    limit = -1)
```

O conteúdo inicial de `article_reads` é exibido no Quadro 4-1.

Veja que a qualidade da coleta dos dados tem um efeito que se propaga no restante do processamento destes: por exemplo, a categoria dos artigos poderia ter sido dividida em seus próprios eventos para limpar ainda mais os dados. Os dados não estão "organizados". Precisamos limpá-los para prepará-los para a modelagem — isso é extremamente comum. Também destaca como a coleta de dados limpos pode reduzir o trabalho mais à frente.

Quadro 4-1. Dados extraídos por meio da Data API via `googleAnalyticsR`

date	customEvent:category	eventCount
2021-07-01	GOOGLE-TAG-MANAGER · CLOUD-FUNCTIONS	13
2021-07-01	GOOGLE-TAG-MANAGER · GOOGLE-ANALYTICS	12
2021-07-01	R · GOOGLE-APP-ENGINE · DOCKER · GOOGLE-ANALYTICS · GOOGLE-COMPUTE-ENGINE · RSTUDIOSERVER	9
2021-07-01	R · CLOUD-RUN · GOOGLE-TAG-MANAGER · BIG-QUERY	8
2021-07-01	R · DOCKER · CLOUD-RUN	8
2021-07-01	GOOGLE-TAG-MANAGER · DOCKER · CLOUD-RUN	7
2021-07-01	R · GOOGLE-ANALYTICS · SEARCH-CONSOLE	7
2021-07-01	R · DOCKER · RSTUDIO-SERVER · GOOGLE-COMPUTE-ENGINE	6
2021-07-01	DOCKER · R	5
2021-07-01	R · FIREBASE · GOOGLE-AUTH · CLOUD-FUNCTIONS · PYTHON	5
2021-07-01	R · GOOGLE-AUTH · BIG-QUERY · GOOGLE-ANALYTICS · GOOGLE-CLOUD-STORAGE · GOOGLECOMPUTE-ENGINE · GOOG	4
2021-07-01	GOOGLE-CLOUD-STORAGE · PYTHON · GOOGLE-ANALYTICS · CLOUD-FUNCTIONS	3
2021-07-01	R · GOOGLE-ANALYTICS	3
2021-07-01	BIG-QUERY · PYTHON · GOOGLE-ANALYTICS · CLOUD-FUNCTIONS	2
2021-07-01	DOCKER · R · GOOGLE-COMPUTE-ENGINE · CLOUD-RUN	2
2021-07-01	R · GOOGLE-AUTH	2
2021-07-01	docker · R	2
2021-07-02	R · CLOUD-RUN · GOOGLE-TAG-MANAGER · BIG-QUERY	9
2021-07-02	DOCKER · R	8
2021-07-02	GOOGLE-TAG-MANAGER · DOCKER · CLOUD-RUN	8
2021-07-02	GOOGLE-TAG-MANAGER · GOOGLE-ANALYTICS	8
2021-07-02	R · DOCKER · CLOUD-RUN	6
2021-07-02	R · GOOGLE-APP-ENGINE · DOCKER · GOOGLE-ANALYTICS · GOOGLE-COMPUTE-ENGINE · RSTUDIOSERVER	6

Como detalhado em "Tidy Data", esses dados ainda não estão no formato tidy para análise, de modo que podemos usar algumas bibliotecas `tidyverse` do R para nos ajudar a limpá-los, mais especificamente `tidyr` e `dplyr`.

O primeiro passo é renomear as colunas e separar as strings de categorias para termos uma por coluna. Também deixamos tudo em minúsculo. Veja o Exemplo 4-2 para saber como fazer isso usando tidyverse, fornecido o data.frame `article_reads` do Quadro 4-1.

Exemplo 4-2. Organizando os dados brutos de article_reads usando `tidy` e `dplyr` para que fique mais parecido com o Quadro 4-2

```
library(tidyr)
library(dplyr)

clean_cats <- article_reads |>
    # renomeia as colunas de datas
    rename(category = "customEvent:category",
        reads = "eventCount") |>
    # coloca todos os valores das categorias em minúsculo
    mutate(category = tolower(category)) |>
    # divide a única coluna de categoria em seis
    separate(category,
        into = paste0("category_",1:6),
        sep = "[^[:alnum:]-]-]+",
        fill = "right", extra = "drop")
```

Agora os dados se parecem com o Quadro 4-2. Contudo, ainda não estamos exatamente no formato tidy.

Quadro 4-2. O resultado da organização dos dados do Quadro 4-1

date	category_1	category_2	category_3	category_4	category_5	category_6	reads
2021-07-01	google-tagmanager	cloud-functions	NA	NA	NA	NA	13
2021-07-01	google-tagmanager	google-analytics	NA	NA	NA	NA	12
2021-07-01	r	google-appengine	docker	google-analytics	google-compute-engine	rstudio-server	9
2021-07-01	r	cloud-run	google-tagmanager	big-query	NA	NA	8
2021-07-01	r	docker	cloud-run	NA	NA	NA	8
2021-07-01	google-tagmanager	docker	cloud-run	NA	NA	NA	7

Gostaríamos de agregar os dados para que cada linha fosse uma única observação: o número de leituras por categoria ao dia. Fazemos isso colocando os dados no formato "longo" em vez do "amplo" que temos agora. Depois que os dados estiverem no formato mais longo, a agregação será feita nas colunas de data e categoria (assim como GROUP BY do SQL) para obter a soma de leituras por categoria. Veja o Exemplo 4-3.

Exemplo 4-3. Transformando os dados amplos em longos e a agregação por data/ categoria

```
library(dplyr)
library(tidyr)

agg_cats <- clean_cats |>
    # transforma dados amplos em longos
    pivot_longer(
        cols = starts_with("category_"),
        values_to = "categories",
        values_drop_na = TRUE
    ) |>
    # agrupa nas dimensões em que queremos agregar
    group_by(date, categories) |>
    # cria uma métrica category_reads: a soma das leituras
    summarize(category_reads = sum(reads), .groups = "drop_last") |>
    # organiza por data e leituras, em ordem decrescente
    arrange(date, desc(category_reads))
```

 Os exemplos em R deste livro usam o R v4.1, que inclui o operador pipe |>. Nas versões do R anteriores à 4.1, veremos o operador pipe importado de seu próprio pacote, o magrittr, e ele aparecerá assim: %>%. Eles podem ser substituídos com segurança nesses exemplos.

Uma vez que os dados forem organizados, veremos um quadro similar ao Quadro 4-3. Esse é um conjunto de dados no padrão tidy com o qual qualquer cientista ou analista de dados gostaria de trabalhar e que seria o ponto inicial da fase de exploração do modelo.

Quadro 4-3. Dados organizados a partir dos dados brutos de article_reads

date	categories	category_reads
2021-07-01	r	66
2021-07-01	google-tag-manager	42
2021-07-01	docker	41
2021-07-01	google-analytics	41
2021-07-01	cloud-run	25
2021-07-01	cloud-functions	23

Os exemplos fornecidos em livros sempre parecem idealizados, e acho que eles raramente refletem o trabalho que precisaremos fazer regularmente, o que provavelmente inclui diversas iterações de experimentação, correção de bugs e expressões regulares. Embora esse seja um exemplo reduzido, ainda me foram necessárias algumas tentativas para conseguir exatamente o que eu queria nos exemplos anteriores. No entanto, ficará mais fácil de lidar se mantivermos o princípio "tidy data" em mente — ele nos dá um objetivo que provavelmente nos ajudará a não ter de refazê-lo depois.

Meu primeiro passo depois de coletar dados brutos é ver como colocá-los no formato tidy data, como no exemplo. Mas mesmo se os dados estiverem organizados, precisaremos considerar a função deles, o que analisaremos na próxima seção.

Conjuntos de Dados para Diversas Funções

É raro que os dados brutos cheguem em uma condição que deveria ser usada para produção ou exposta a usuários finais internos. À medida que o número de usuários aumenta, há mais motivos para preparar conjuntos de dados organizados para esses fins, mas devemos manter uma "fonte confiável" para sempre conseguirmos voltar atrás e ver como os conjuntos de dados posteriores foram criados.

Nesse ponto, talvez precisemos começar a pensar em governança de dados, que é o processo de determinar quem e o que está acessando diferentes tipos de dados.

Algumas funções diferentes são sugeridas aqui:

Dados brutos
É uma boa ideia manter nossos fluxos de dados brutos juntos e inalterados para que sempre possamos ter a opção de recompilar se alguma coisa der errada mais para frente. No caso do GA4, isso será a exportação de dados do BigQuery. Em geral, não é aconselhado modificar esses dados com adições ou subtrações, a menos em caso de obrigações legais, como pedidos de exclusão de dados pessoais. Também não é recomendado expor esse conjunto de dados aos usuários finais, a menos que eles precisem, visto que costuma ser bem difícil trabalhar com conjuntos de dados brutos. Por exemplo, a exportação do GA4 fica em uma estrutura aninhada que possui uma curva de aprendizagem acentuada para qualquer um que não tenha experiência com o SQL do BigQuery. Isso é uma pena porque, no caso de algumas pessoas, seria seu primeiro contato com a engenharia de dados, fazendo com que elas achem que é mais difícil do que realmente é, o que não aconteceria se, digamos, estivessem trabalhando apenas com conjuntos de dados simples mais comuns. Em vez disso, em geral, nossos primeiros fluxos de trabalhos pegarão os dados brutos e os organizarão, filtrarão e agregarão em algo mais fácil de administrar.

Tidy data
São os dados que passaram pela primeira etapa para torná-los apropriados para consumo. Aqui, podemos pegar pontos de dados ruins, padronizar as convenções de nomenclatura, juntar conjuntos de dados caso seja útil, produzir tabelas de agregação e fazer com que os dados sejam mais fáceis de usar. Se estamos procurando por um bom conjunto de dados para servir de "fonte confiável", então os conjuntos de dados organizados são preferíveis à fonte de dados brutos original. Cuidar desse conjunto de dados é uma tarefa constante, muito provavelmente realizada pelos engenheiros de dados que o criaram. Os usuários posteriores dos dados deverão ter apenas acesso de leitura e poderão ajudar sugerindo a inclusão de tabelas úteis.

Casos empresariais
Inclusos em muitas agregações que podemos criar a partir de tidy data estão casos de uso empresariais comuns que serão a fonte de muitos aplicativos futuros. Um exemplo seria a fusão dos nossos dados de custos dos nossos canais de mídia e os dados de fluxo da web do GA4, combinados com os dados de conversão na nossa CRM. Esse é um conjunto de dados que costuma ser desejado e possui o "ciclo fechado" dos dados da eficácia de marketing (custo, ação e conversão). Outros casos empresariais

podem ser mais focados em vendas ou desenvolvimento de produtos. Se tivermos dados suficientes, poderemos disponibilizar conjuntos de dados aos departamentos apropriados conforme a necessidade, tornando-se a fonte de dados para as consultas diárias *ad hoc* feitas por um usuário final. O usuário final provavelmente acessará seus dados com um conhecimento limitado de SQL ou através de uma ferramenta de visualização de dados, como Looker, Data Studio ou Tableau. Disponibilizar esses conjuntos de dados relevantes para toda a empresa é um bom sinal de que realmente somos uma "organização orientada a dados" (uma condição que acho que 90% de todos os CEOs desejam atingir, mas que talvez apenas 10% consigam).

Playground de testes

Também precisaremos de um rascunho para experimentar as novas integrações, as junções e os desenvolvimentos. Possuir um conjunto de dados dedicado com um período de validade de 90 dias, por exemplo, significa que podemos ter certeza de que as pessoas poderão trabalhar nos nossos conjuntos de dados sem a necessidade de correr atrás de dados de testes perdidos ou sistemas de produção defeituosos.

Aplicativos de dados

Cada aplicativo de dados que produzimos muito provavelmente será um derivado de todas as funções de conjuntos de dados já mencionadas. Ter um conjunto de dados dedicado para os casos de uso essenciais do negócio significa que sempre poderemos saber exatamente quais dados estão sendo usados e evitar que outros casos de uso interfiram nos nossos mais para frente.

Essas funções estão em uma ordem aproximada de fluxos de dados. É comum que visualizações ou tarefas agendadas sejam configuradas para processar e copiar dados para seus dependentes respectivos, e precisamos identificá-las em diversos projetos de GCP para a administração.

 Um grande benefício de usar conjuntos de dados, como as exportações de BigQuery do GA4, será vincular esses dados com outros dados, como discutido em "Vinculando Conjuntos de Dados", no Capítulo 5.

Exploramos algumas coisas que nos ajudarão a fazer com que os usuários tenham o prazer de trabalhar com nossos conjuntos de dados. Se entender a importância do sonho de ter conjuntos de dados organizados e com funções bem definidas que vinculam dados entre os departamentos da empresa de uma forma que bastará que os usuários apertarem um botão (ou façam uma consulta SQL), então você já estará na frente de diversos negócios. Como exemplo, pense no Google, que muitos considerariam o epítome de uma empresa orientada a dados. No livro de Lak, *Data Science on the Google Cloud Platform* [sem publicação no Brasil] ele conta como 80% dos funcionários do Google usam os dados semanalmente:

> No Google, por exemplo, quase 80% dos funcionários usam o Dremel (que é o equivalente interno do BigQuery do Google Cloud) mensalmente. Alguns usam dados de forma mais sofisticada do que outros, mas todos acessam os dados regularmente para basearem suas decisões. Se fizermos uma pergunta a alguém, provavelmente receberemos um link de visualização de uma consulta do BigQuery em vez de uma resposta em si: "Faça essa consulta toda vez que quiser saber a resposta atualizada" é a ideia. O BigQuery, nesse último cenário, deixou de ser um substituto dos bancos de dados sem operações e passou a ser a solução de análise de dados de autoatendimento.

Essa citação reflete a direção na qual muitas empresas estão seguindo e desejam disponibilizar aos seus funcionários, e isso teria um grande impacto empresarial se fosse plenamente realizado.

Na próxima seção, consideraremos a ferramenta mencionada na citação que tornou isso possível para o Google: o BigQuery.

BigQuery

É meio que óbvio que nossas necessidades de análise de dados serão atendidas simplesmente por usarmos o BigQuery. Ele definitivamente teve um grande impacto na minha carreira e fez com que a engenharia de dados deixasse de ser um exercício frustrante de passar um bom tempo com infraestrutura e carregando tarefas, e se tornasse algo que nos permite nos concentrar mais em gerar valor a partir dos dados.

Já falamos sobre o BigQuery em "BigQuery" (Capítulo 3), na seção sobre ingestão de dados, referente às exportações de BigQuery do GA4 ("Vinculando o GA4 com o BigQuery"), e a importação de arquivos do Cloud Storage para usar nas exportações de CRM ("Armazenamento Orientado a Eventos" — Capítulo 3). Esta seção abordará como organizar e trabalhar com os dados depois que eles entram no BigQuery.

Quando Usar o BigQuery

Talvez seja mais fácil explicar quando não usar o BigQuery, visto que é uma panaceia para tarefas de análise digital na GCP. O BigQuery possui as seguintes características, as quais também desejamos para um banco de dados analítico:

- Armazenamento barato ou gratuito, para que possamos inserir todos os dados nele nos preocupar com os custos.
- Escalamento infinito, para não precisarmos nos preocupar em criar novas instâncias de servidores e ligá-los depois ao inserir até petabytes de dados.
- Estruturas de custo flexíveis: a escolha comum é uma que aumenta conforme a utilizamos mais (via consultas) em vez de um custo irrecuperável a cada mês ao pagar pelos servidores, ou podemos escolher reservar espaços para um custo irrecuperável para economizar nas consultas.
- Integrações com o restante da suíte da GCP para aprimorar nossos dados via aprendizado de máquina ou de outra forma.
- Cálculos nos bancos de dados abrangendo funções SQL comuns, como COUNT, MEANS e SUMs, até tarefas de aprendizado de máquina, como clusters e previsões, o que significa que não precisaremos exportar, modelar e reinserir os dados.
- Funções de janelas massivamente ampliáveis que poderiam fazer um banco de dados tradicional travar.
- Retornos rápidos dos resultados (minutos em vez de horas nos bancos de dados tradicionais), mesmo ao fazer a varredura de bilhões de linhas.
- Uma estrutura de dados flexível que nos permite trabalhar com pontos de dados de muitos para um e um para muitos, sem a necessidade de muitas tabelas individuais (o recurso de aninhamento de dados).

- Acesso facilitado via interface da web com um login seguro de OAuth2.
- Recursos refinados de acesso do usuário a partir do projeto, do conjunto de dados e da tabela até a habilidade de conceder acesso de usuário apenas a linhas e colunas individuais.
- Uma API externa poderosa que inclui todas as características que nos permite criar aplicativos e escolher um software de terceiros que usou a mesma API para criar um middleware útil.
- Integração com outras nuvens, como o AWS e o Azure, para importar/exportar pilhas de dados existentes — por exemplo, com o BigQuery Omni, podemos consultar os dados diretamente em outros provedores de nuvem.
- Aplicativos de transmissão de dados para atualizações quase em tempo real.
- A habilidade de autodetectar esquemas de dados e ter flexibilidade ao acrescentar novos campos.

O BigQuery possui essas características porque foi elaborado para ser o melhor banco de dados analítico, ao passo que os bancos de dados SQL mais tradicionais se concentram no acesso rápido transacional de linhas que sacrifica a velocidade ao consultar as colunas.

O BigQuery foi um dos primeiros sistemas de banco de dados em nuvem dedicados à análise, mas a partir de 2022, surgiram muitas outras plataformas de bancos de dados oferecendo um desempenho similar, como o Snowflake, que está tornando o setor mais competitivo. Isso está motivando a inovação no BigQuery e muito mais, e pode ser uma boa coisa para os usuários de qualquer plataforma. Independentemente disso, os mesmos princípios devem se aplicar. Antes de entrarmos nos detalhes sobre as consultas SQL, vejamos como os conjuntos de dados estão organizados no BigQuery.

Organização do Conjunto de Dados

Escolhi alguns princípios do trabalho com os conjuntos de dados do BigQuery que podem ser úteis de mencionar aqui.

A primeira consideração é inserir os conjuntos de dados em uma região relevante para os nossos usuários. Uma das poucas restrições do SQL do BigQuery é que não podemos combinar tabelas de dados entre as regiões, o que significa que nossos dados localizados na UE e nos EUA não poderão ser mesclados com facilidade. Por exemplo, se estivermos trabalhando na UE, isso provavelmente significará que precisaremos especificar a região da UE ao criar os conjuntos de dados.

 Por padrão, o BigQuery supõe que queremos que os dados estejam nos EUA. É recomendado que sempre especifiquemos a região ao criar o conjunto de dados para que saibamos onde eles estão e não precisemos fazer uma transferência de região dos dados depois. Isso é especialmente relevante nas questões de observação da privacidade.

Talvez seja útil estabelecer uma boa estrutura de nomenclatura para os conjuntos de dados, possibilitando que nossos usuários encontrem rapidamente os dados que estão procurando. Exemplos incluem sempre especificarmos a origem e a função do conjunto de dados em vez de usar apenas IDs numéricas: `ga4_tidy` no lugar da MeasurementId `G-1234567` do GA4.

Além disso, não tenha medo de colocar os dados em outros projetos da GCP se isso fizer sentido para a organização — o SQL do BigQuery funciona em projetos cruzados, de modo que um usuário com acesso a ambos os projetos poderá fazer consultas nos dois (se as duas tabelas estiverem na mesma região). Uma aplicação comum é termos projetos de desenvolvimento, preparação e produção. Segue-se uma sugestão de categorização para os conjuntos de dados de BigQuery, os quais são os principais temas deste livro:

Conjuntos de dados brutos
> Conjuntos de dados que são o destino primário de APIs ou serviços externos.

Conjuntos de dados organizados
> Conjuntos de dados que foram organizados e que talvez tenham sido agregados ou unidos para obter uma condição básica útil que outras tabelas derivadas usarão como "fonte confiável".

Conjuntos de dados de modelagem
> Conjuntos de dados que abrangem os resultados de modelagem que, em geral, possuirão os conjuntos de dados organizados como origem e poderão servir de tabelas intermediárias para as tabelas de ativação posteriormente.

Conjuntos de dados de ativação
> Conjuntos de dados que possuem Visualizações e tabelas limpas criadas para quaisquer trabalhos de ativação, como painéis, pontos de extremidade da API ou exportações de provedores externos.

Conjuntos de dados de testes/desenvolvimento
> Eu costumo criar conjuntos de dados com um período de validade de 90 dias para os trabalhos de desenvolvimento, dando aos usuários um rascunho para criar tabelas sem bagunçar os conjuntos de dados prontos para produção.

Com uma boa estrutura de nomenclatura do conjunto de dados, teremos a oportunidade de acrescentar metadados úteis às nossas tabelas de BigQuery que possibilitarão ao resto da organização descobrir o que estão procurando de forma rápida e fácil, diminuindo os custos de treinamento e permitindo uma autogestão melhor por parte dos analistas de dados.

Até então, falamos sobre a organização dos conjuntos de dados, mas agora veremos as especificações técnicas das tabelas nesses conjuntos de dados.

Dicas de Tabelas

Esta seção abrange algumas lições que aprendi ao trabalhar com tabelas no BigQuery. Ela abrange estratégias para facilitar o trabalho de carregamento, consulta e extração de dados. Seguir essas dicas ao trabalhar com os dados nos preparará para o futuro:

Partição e agrupamento quando possíveis
> Se estivermos lidando com atualizações regulares, será preferível usar tabelas particionadas, que separam os dados em tabelas diárias (por hora, mês, ano etc.). Então poderemos consultar todos os dados com facilidade, mas ainda limitar as tabelas a certos intervalos quando necessário. O cluster é outro recurso relacionado com o BigQuery que nos permite organizar nossos dados para consultá-los mais rápido — podemos configurar isso ao importar os dados. Você poderá ler mais sobre ambos e como eles afetam nossos dados em "Introdução a Tabelas Particionadas" no Google.

Truncar, não anexar

Ao importar dados, sempre procuro evitar o modelo `APPEND` de acrescentar dados ao conjunto de dados, favorecendo uma estratégia `WRITE_TRUNCATE` mais sem estado (por exemplo, sobrescrever). Isso permite novas execuções sem a necessidade de apagar nenhum dado primeiro — por exemplo, um fluxo de trabalho igualmente potente sem estado. Isso funciona melhor com tabelas fragmentadas ou particionadas. Pode não ser possível se estivermos importando grandes quantidades de dados e refazer o carregamento seria caro demais.

Simples por padrão, mas aninhadas para o desempenho

Ao fornecer tabelas a usuários SQL menos experientes, uma tabela simples é mais fácil de trabalhar do que a estrutura aninhada que o BigQuery permite. Uma tabela simples pode ser muito maior do que uma tabela aninhada bruta, mas devemos realizar agregações e filtragens para ajudar a diminuir o volume de dados. Contudo, as tabelas aninhadas são uma boa forma de garantir que não teremos muitas junções nos dados. Um bom princípio é que se sempre formos juntar nosso conjunto de dados com outros, então talvez seja melhor organizar esses dados em uma estrutura aninhada. Essas tabelas aninhadas são mais comuns em conjuntos de dados brutos.

Implementar essas dicas significa que, quando precisarmos executar de novo uma importação, não precisaremos nos preocupar com a duplicação de dados. O dia incorreto será apagado e os novos dados serão colocados no lugar, mas apenas naquela partição, para que não precisemos reimportar todo o conjunto de dados para nos certificarmos da nossa fonte confiável.

Custos de SELECT *

Eu chegaria ao ponto de estabelecer o princípio de nunca usar `SELECT*` nas tabelas de produção, visto que ele poderia acumular rápido muitos custos. Isso é ainda mais evidente se o usarmos para criar uma visualização que é consultada com frequência. Como as cobranças do BigQuery estão mais relacionadas à quantidade de colunas do que quantas linhas são incluídas em uma consulta, `SELECT*` selecionará todas as colunas e ficará mais caro. Ademais, tome cuidado ao desaninhar colunas, visto que isso poderia aumentar o volume de dados cobrado.

Existem muitos exemplos de SQL no livro que lidam com casos de uso específicos. Assim, esta seção se preocupou mais com a especificação das tabelas do que com o SQL de operação. Os princípios gerais deverão nos ajudar a manter uma operação limpa e eficiente dos dados do BigQuery que, uma vez adotados, se tornarão uma ferramenta popular na nossa organização.

Ao passo que o BigQuery consegue lidar com a transmissão de dados, os dados baseados em eventos às vezes precisam de uma ferramenta mais dedicada, e é aí que o Pub/Sub entra em jogo.

Pub/Sub

O Pub/Sub é essencial na quantidade de importações de dados que acontecem. O Pub/Sub é um sistema de troca de mensagens mundial, o que significa que é uma forma de colocar canais entre as fontes de dados de uma forma orientada a eventos.

As mensagens do Pub/Sub têm a garantia de entrega pelo menos uma vez, de modo que é uma maneira de garantir a consistência dos processos. Isso difere das, digamos, chamadas API do HTTP, com as quais não deveríamos contar funcionando 100% das vezes. O Pub/Sub faz isso como os sistemas de recebimento que devem indicar que receberam a mensagem do Pub/Sub. Se não fizer isso, o Pub/Sub colocará a mensagem na fila para ser enviada novamente. Isso acontecerá em escala — bilhões de acessos podem ser enviados pelo Pub/Sub; de fato, trata-se de uma tecnologia similar ao Googlebot crawler que percorre toda a internet para o Google Search.

O Pub/Sub não é um armazenamento de dados em si, mas age como canais entre as soluções de armazenamento na GCP, de modo que é relevante aqui. O Pub/Sub age como um pipeline genérico para enviar dados por meio de seus tópicos, então podemos consumir esses dados na outra ponta por meio de suas assinaturas. Podemos mapear muitas assinaturas para um tópico. Isso também pode ser escalado: podemos enviar bilhões de eventos por meio dele sem nos preocupar em configurar servidores, e com seu serviço de garantia de entrega pelo menos uma vez, podemos ter certeza de que ela chegará ao seu destino. Ele pode dar essa garantia porque cada assinatura precisa indicar que recebeu os dados enviados (ou "ack", como se diz ao trabalhar com filas de mensagens) ou colocá-los na fila para enviá-los de novo.

Esse modelo de tópico/assinatura significa que podemos ter um evento chegando que é enviado a vários aplicativos de armazenamento ou gatilhos baseados em eventos. Quase todas as ações na GCP possuem uma opção para enviar um evento Pub/Sub, visto que eles também podem ser ativados via filtros de login. Essa foi minha primeira forma de usá-los: as exportações de BigQuery do GA360 são notórias por nem sempre virem na mesma hora todos os dias, o que pode atrapalhar as importações futuras se essas estiverem agendadas. Usar logs para rastrear quando as tabelas de BigQuery realmente são preenchidas poderia então ativar um evento Pub/Sub, que, por sua vez, poderia dar início aos serviços.

Configurando um Tópico Pub/Sub para Exportações de BigQuery do GA4

Um evento Pub/Sub útil ocorre quando nossas exportações de BigQuery do GA4 estão prontas, as quais poderemos usar posteriormente para outros aplicativos (como na seção "Cloud Build").

Podemos fazer isso usando os logs gerais do Google Cloud Console, chamado Cloud Logging. É lá que ficam todos os logs de todos os serviços que estamos executando, incluindo do BigQuery. Se pudermos filtrar as entradas de logs dos serviços para a atividade que queremos monitorar, poderemos configurar uma métrica baseada em logs que ativará um tópico Pub/Sub.

Primeiro, precisamos criar um tópico Pub/Sub a partir das entradas do Cloud Logging que registram nossa atividade do BigQuery relacionada a quando as exportações do GA4 estão prontas.

O Exemplo 4-4 apresenta um exemplo de filtro para isso, com os resultados na Figura 4-2.

Exemplo 4-4. Um filtro que podemos usar no Cloud Logging para ver quando nossas exportações de BigQuery do GA4 estão prontas

```
resource.type="bigquery_resource"
protoPayload.authenticationInfo.principalEmail=
    "firebase-measurement@system.gserviceaccount.com"
protoPayload.methodName="jobservice.jobcompleted"
```

Aplicando esse filtro, veremos apenas as entradas de quando a chave de serviço do Firebase firebasemeasurement@system.gserviceaccount.com terminou de atualizar a tabela do BigQuery.

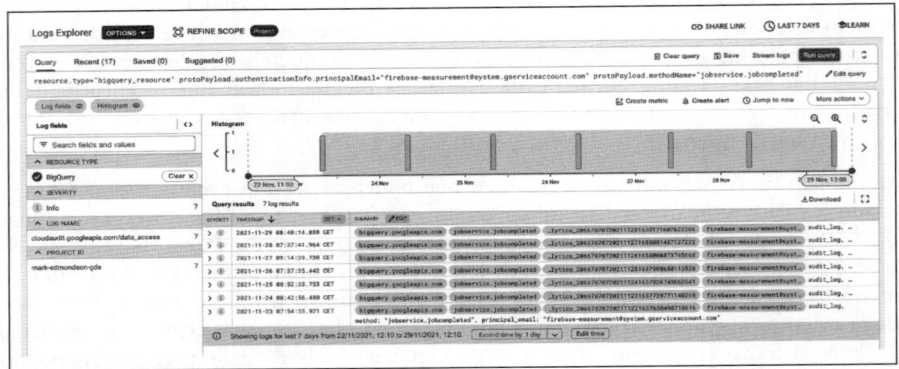

Figura 4-2. Um filtro do Cloud Logging para ver quando as exportações de BigQuery do GA4 estão prontas, o que podemos usar para criar um tópico Pub/Sub

Quando estiver satisfeito com o filtro de logs, selecione "Logs Router" para roteá-los para o Pub/Sub. Um exemplo da tela de configuração é exibido na Figura 4-3.

Depois que o log for criado, passaremos a receber uma mensagem do Pub/Sub toda vez que a exportação do BigQuery estiver pronta para consumo. Eu sugiro usar o Cloud Build para processar os dados, tal como detalhado na seção "Cloud Build", ou seguindo o exemplo da próxima seção, que criará uma tabela particionada do BigQuery.

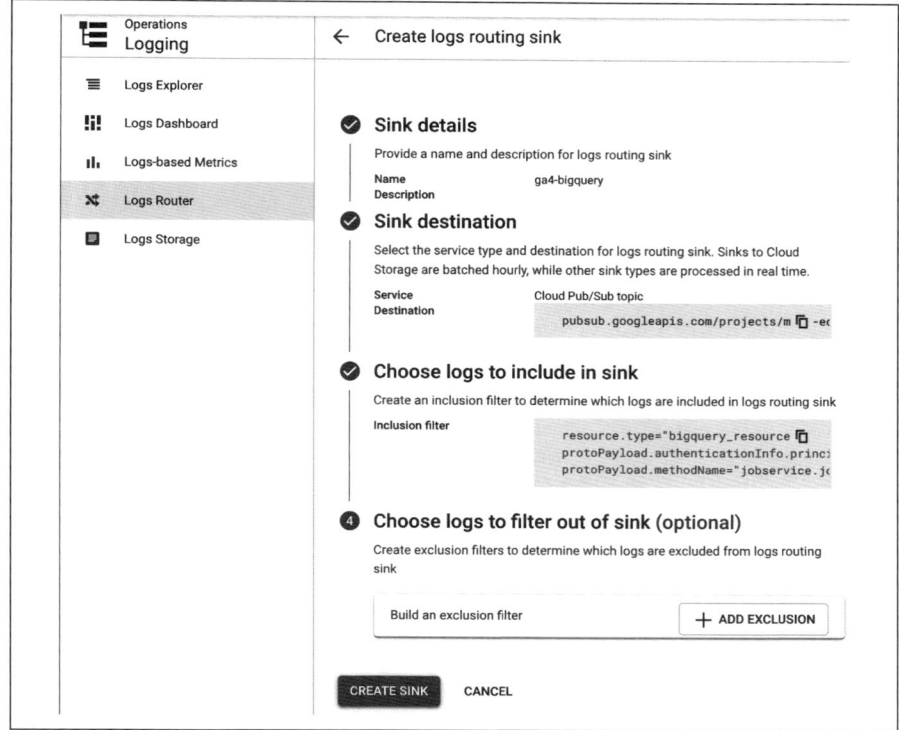

Figura 4-3. Configurando o log de BigQuery do GA4 para enviar entradas ao tópico Pub/ Sub chamado `ga4-bigquery`

Criando Tabelas Particionadas de BigQuery a Partir das Exportações do GA4

Por padrão, as exportações do GA4 ficam em tabelas "fragmentadas", o que significa que cada tabela é criada separadamente, e usamos curingas no SQL para obter todas elas — por exemplo, algumas tabelas de três dias recebem os seguintes nomes: `events_20210101`, `events_20210102` e `events_20210103`, as quais podemos consultar com o trecho de SQL `SELECT * FROM dataset.events_*`, sendo que o * é o curinga.

Isso funciona, mas se quisermos otimizar as consultas futuras, agregar as tabelas em uma tabela particionada fará alguns serviços fluírem com mais facilidade e possibilitará alguma otimização de velocidade das consultas. Usaremos o tópico Pub/Sub configurado na Figura 4-3 para ativar o serviço que copiará a tabela em outra tabela particionada.

Para tanto, vá para o tópico Pub/Sub e crie uma Cloud Function para ser ativada por ele clicando no botão superior. O código para copiar a tabela para outra particionada se encontra no Exemplo 4-5.

Exemplo 4-5. O código em Python de uma Cloud Function para copiar as exportações de BigQuery do GA4 em uma tabela particionada

```python
import logging
import base64
import JSON
from google.cloud import bigquery # pip google-cloud-bigquery==1.5.1
import re

# substitui pelo seu conjunto de dados
DEST_DATASET = 'REPLACE_DATASET'

def make_partition_tbl_name(table_id):
    t_split = table_id.split('_20')

    name = t_split[0]

    suffix = ''.join(re.findall("\d\d", table_id)[0:4])
    name = name + '$' + suffix

    logging.info('partition table name: {}'.format(name))

    return name


def copy_bq(dataset_id, table_id):
    client = bigquery.Client()
    dest_dataset = DEST_DATASET
    dest_table = make_partition_tbl_name(table_id)

    source_table_ref = client.dataset(dataset_id).table(table_id)
    dest_table_ref = client.dataset(dest_dataset).table(dest_table)

    job = client.copy_table(
      source_table_ref,
      dest_table_ref,
      location = 'EU') # requisição de API

    logging.info(f"Copy job:
     dataset {dataset_id}: tableId {table_id} ->
     dataset {dest_dataset}: tableId {dest_table} -
     check BigQuery logs of job_id: {job.job_id}
     for status")

def extract_data(data):
    """Gets the tableId, datasetId from pub/sub data"""
    data = JSON.loads(data)


    complete = data['protoPayload']['serviceData']['jobCompletedEvent']['job']
    table_info = complete['jobConfiguration']['load']['destinationTable']
    logging.info('Found data: {}'.format(JSON.dumps(table_info)))
    return table_info

def bq_to_bq(data, context):
    if 'data' in data:
        table_info = extract_data(base64.b64decode(data['data']).decode('utf-8'))
        copy_bq(dataset_id=table_info['datasetId'], table_id=table_info['tableId'])
    else:
        raise ValueError('No data found in pub-sub')
```

Execute a Cloud Function com sua própria conta de serviço e atribua as permissões de Proprietário de Dados do BigQuery a essa conta. Se possível, como melhor prática, procure restringi-la ao máximo a um conjunto de dados ou tabela.

Depois que a Cloud Function for executada, nossas exportações de BigQuery do GA4 serão duplicadas em uma tabela particionada em outro conjunto de dados. A Cloud Function reagirá à mensagem Pub/Sub de que a exportação do GA4 está pronta e ativará o serviço de BigQuery para copiar a tabela. Isso é útil para aplicativos como a API de Prevenção de Perda de Dados, que não funciona com tabelas fragmentadas, e é exibida em um exemplo de aplicativo em "API de Prevenção de Perda de Dados".

Envio no Lado do Servidor para o Pub/Sub

Outro uso para o Pub/Sub é como parte de nosso pipeline de coleta de dados se usarmos o GTM SS. A partir do nosso contêiner GTM SS, podemos enviar todos os dados de eventos ao ponto de extremidade do Pub/Sub para um uso posterior.

No GTM SS, podemos criar um contêiner que enviará todos os dados de eventos ao ponto de extremidade do HTTP. Esse ponto de extremidade do HTTP pode ser uma Cloud Function que o transferirá para um tópico Pub/Sub — o código para isso está no Exemplo 4-6.

Exemplo 4-6. Um código de modelo para mostrar como enviar eventos de GTM SS para um ponto de extremidade do HTTP, o qual será convertido em um tópico Pub/Sub

```
const getAllEventData = require('getAllEventData');
const log = require("logToConsole");
const JSON = require("JSON");
const sendHttpRequest = require('sendHttpRequest');

log(data);

const postBody = JSON.stringify(getAllEventData());

log('postBody parsed to:', postBody);

const url = data.endpoint + '/' + data.topic_path;

log('Sending event data to:' + url);

const options = {method: 'POST',
        headers: {'Content-Type':'application/JSON'}};

// Envia uma solicitação POST
sendHttpRequest(url, (statusCode) => {
 if (statusCode >= 200 && statusCode < 300) {
  data.gtmOnSuccess();
 } else {
  data.gtmOnFailure();
 }
}, options, postBody);
```

Uma Cloud Function poderia ser implantada para receber esse ponto de extremidade do HTTP com a carga de evento de GTM SS e criar um tópico Pub/Sub, como no Exemplo 4-7.

Exemplo 4-7. Uma Cloud Function de HTTP apontada para dentro da tag de GTM SS que recuperará os dados do evento de GTM SS e criará um tópico Pub/Sub com seu conteúdo

```python
import os, JSON
from google.cloud import pubsub_v1 # google-cloud-Pub/Sub==2.8.0

def http_to_Pub/Sub(request):
  request_JSON = request.get_JSON()
  request_args = request.args

  print('Request JSON: {}'.format(request_JSON))

  if request_JSON:
    res = trigger(JSON.dumps(request_JSON).encode('utf-8'), request.path)
    return res
  else:
    return 'No data found', 204


def trigger(data, topic_name):
  publisher = Pub/Sub_v1.PublisherClient()

  project_id = os.getenv('GCP_PROJECT')
  topic_name = f"projects/{project_id}/topics/{topic_name}"

  print ('Publishing message to topic {}'.format(topic_name))

  # cria o tópico se necessário
  try:
    future = publisher.publish(topic_name, data)
    future_return = future.result()
    print('Published message {}'.format(future_return))

    return future_return


  except Exception as e:
    print('Topic {} does not exist? Attempting to create it'.format(topic_name))
    print('Error: {}'.format(e))

    publisher.create_topic(name=topic_name)
    print ('Topic created ' + topic_name)

    return 'Topic Created', 201
```

Firestore

O Firestore é um banco de dados NoSQL, em vez de SQL, que podemos usar em produtos como os mencionados na seção "BigQuery" deste capítulo. Servindo de complemento para o BigQuery, o Firestore (ou Datastore) é um equivalente que se concentra em tempos rápidos de resposta. O Firestore funciona por meio de chaves que são usadas para pesquisas rápidas de dados associados a ele — e com *rápidos*, refiro-me a frações de segundos. Isso significa que a forma de trabalhar com ele é diferente de como trabalhamos com o BigQuery; na maior parte do tempo, as solicitações para o banco de dados devem se referir a uma chave (como uma ID de usuário) que retorna um objeto (como as propriedades de usuário).

 O Firestore era chamado de Datastore, sendo uma reformulação da marca do produto. Pegando o melhor do Datastore e de outro produto chamado Firebase Realtime Database, o Firestore é um banco de dados de documentos NoSQL elaborado para um aumento de escala automático, um alto desempenho e um fácil desenvolvimento de aplicativos.

O Firestore está vinculado à suíte Firebase de produtos e costuma ser usado para aplicativos de dispositivos móveis cujas primeiras pesquisas são feitas com o suporte mobile via caching, batching etc. Suas propriedades também podem ser úteis para os aplicativos analíticos, pois são ideais para pesquisas rápidas ao fornecer uma ID (de usuário, por exemplo).

Quando Usar o Firestore

Em geral, eu uso o Firestore ao criar APIs que provavelmente serão chamadas diversas vezes por segundo, como para apresentar os atributos de um usuário dada sua ID. Em geral, isso serve mais de suporte para a parte de ativação de dados de um projeto, com uma API leve que pegará a ID, consultará o Firestore e retornará com os atributos, tudo dentro de microssegundos.

Se precisarmos de pesquisas rápidas, o Firestore também será útil. Um exemplo poderoso para o rastreio de análises é manter nosso banco de dados de produtos em um Firestore de produtos com uma pesquisa da SKU do produto que retorna o preço, a marca, a categoria e outras informações desse produto. Com esse banco de dados em execução, podemos aprimorar a coleta analítica melhorando os acessos de e-commerce para incluir apenas a SKU e procurar os dados antes de enviá-los para o GA4. Isso nos permitirá enviar acessos muito menores a partir do navegador web do usuário com benefícios de segurança, rapidez e eficiência.

Acessando os Dados do Firestore via API

Para acessar o Firestore, primeiro precisamos importar nossos dados para uma instância do Firestore. Podemos fazer isso com suas APIs de importação ou até inserindo-os manualmente com a WebUI. A exigência do conjunto de dados é que sempre deveremos ter uma chave, a qual, em geral, será o que enviaremos ao banco de dados para retornar os dados, então uma estrutura JSON aninhada de dados será retornada.

Inserir dados no Firestore envolve definir o objeto que queremos registrar, que poderia estar em uma estrutura aninhada, e sua localização no banco de dados. Como um todo, isso define um documento Firestore. Um exemplo de como seria inserido via Python é exibido no Exemplo 4-8.

Usar isso significa que talvez precisemos de um pipeline adicional de dados para importá-los para o Firebase e procurar os dados nos aplicativos, o que usaria códigos similares ao do Exemplo 4-8.

Depois que nossos dados são transmitidos para o Firestore, podemos acessá-los usando o aplicativo. O Exemplo 4-9 apresenta uma função de Python que podemos usar em uma

Cloud Function ou no aplicativo App Engine. Partimos do pressuposto de que ele está sendo usado para buscar informações sobre produtos ao fornecer uma `product_id`.

Exemplo 4-8. Importando uma estrutura de dados para o Firestore usando um SDK do Python, nesse caso, uma SKU de um produto demo com alguns detalhes

```python
from google.cloud import firestore
db = firestore.Client()

product_id = u'SKU12345'

data = {
  u'name': u'Muffins',
  u'brand': u'Mule',
  u'price': 15.78
}

# Adiciona um novo doc na coleção 'your-firestore-collection'
db.collection(u'your-firestore-collection').document(product_id).set(data)
```

Exemplo 4-9. Um exemplo de como ler dados em um banco de dados do Firestore usando Python em uma Cloud Function

```python
# pip google-cloud-firestore==2.3.4
from google.cloud import firestore

def read_firestore(product_id):
 db = firestore.Client()
 fs = 'your-firestore-collection'
 try:
  doc_ref = db.collection(fs).document(product_id)
 except:
  print(f'Could not connect to firestore collection: {fs}')
  return {}

 doc = doc_ref.get()
 if doc.exists:
  print(f'product_id data found: {doc.to_dict()}')
  return doc.to_dict()
 else:
  print(f'Could not find entry for product_id: {product_id}')
  return {}
```

O Firestore é outra ferramenta que pode ajudar nos fluxos de trabalhos da análise digital e ganhará mais destaque quando precisarmos de aplicativos em tempo real e tempos de resposta em milissegundos, como fazer uma chamada a partir de uma API ou quando um usuário navega no site e não queremos acrescentar latência à sua jornada. Ele é mais adequado para estruturas de aplicativos da web do que para as tarefas de análise de dados, de modo que costuma ser mais usado nos últimos passos da ativação de dados.

O BigQuery e o Firestore são exemplos de bancos de dados que trabalham com dados estruturados, mas nos depararemos com dados desestruturados, como vídeos, fotos ou áudio, ou simplesmente dados cujo formato desconhecemos antes de processá-los. Nesse caso, nossas opções de armazenamento precisarão funcionar em um nível mais baixo de armazenamento de bytes, e é aí que o Cloud Storage entra em cena.

GCS

Já falamos sobre usar o GCS para a ingestão de dados nos sistemas CRM na seção "Google Cloud Storage", do Capítulo 3, mas esta seção abordará seu uso de forma mais genérica. O GCS pode ser usado para diversos fins, auxiliado pela simples tarefa na qual ele se destaca: armazenar bytes de forma segura e disponibilizá-los instantaneamente.

O GCS é o serviço do sistema de armazenamento da GCP mais parecido com o armazenamento em disco rígido dos arquivos do nosso computador. Não podemos manipular nem fazer nada com esses dados até abri-los em um programa, mas ele ainda armazena TBs de dados para que possamos acessá-los de uma forma segura e acessível. Eu o uso para as seguintes funções:

Dados desestruturados
No caso de objetos que não podem ser carregados em um banco de dados, como vídeos e imagens, o GCS sempre poderá ser útil. Ele pode armazenar tudo em bytes nos seus recipientes, objetos que são carinhosamente chamados de "bolhas". Ao trabalhar com as APIs do Google, como conversão de voz ou reconhecimento de imagem, os arquivos costumam ser carregados no GCS primeiro.

Backups de dados brutos
Mesmo no caso de dados estruturados, o GCS pode ser usado como backup de dados brutos que poderão ser armazenados nos seus níveis baixos de arquivamento, de modo que sempre poderemos voltar atrás ou nos recuperar de um desastre em caso de falha.

Pistas de pouso para a importação de dados
Como visto em "Google Cloud Storage" (Capítulo 3), o GCS pode ser usado como uma pista de pouso para exportar dados, visto que ele não implicará com o esquema ou o formato dos dados. Como ele também ativará eventos Pub/Sub quando os dados chegarem, poderá dar início aos sistemas de fluxo de dados baseados em eventos.

Hospedar sites
Podemos escolher disponibilizar arquivos ao público a partir dos pontos de extremidade do HTTP, o que significa que, se armazenarmos arquivos HTML ou outros suportados por navegadores da web, poderemos ter sites estáticos hospedados no GCS. Isso também poderá ser útil para ativos estáticos que talvez desejemos importar para os sites, como para rastrear pixels ou imagens.

Dropbox
Podemos conceder acesso público ou mais refinado a certos usuários para enviar arquivos grandes com segurança. São suportados até 5 TB por objeto, com um armazenamento geral ilimitado (se estivermos preparados para pagar por ele!). Isso faz com que seja um destino em potencial para o processamento de dados, como um arquivo CSV disponibilizado para colegas que desejam importá-lo localmente para o Excel.

Os itens armazenados em GCS foram armazenados nas suas próprias URIs, que é como um endereço HTTP (https://exemplo.com), mas com seu próprio protocolo: gs://. Também podemos disponibilizá-los em um endereço HTTP normal — na verdade, podemos hospedar arquivos HTML e o GCS funcionará como a hospedagem da web.

Os nomes dos recipientes que usamos são únicos globalmente, de modo que podemos acessá-los a partir de qualquer projeto, mesmo que esse recipiente esteja em outro. Podemos especificar o acesso público em HTTP, apenas para usuários específicos ou e-mails de serviço operando em nome dos aplicativos de dados. A Figura 4-4 dá um exemplo de como seria na WebUI, mas os arquivos são acessados via código.

Figura 4-4. Arquivos armazenados no GCS em sua WebUI

Cada objeto no GCS possui metadados associados que podemos usar para personalizar nossas necessidades de armazenamento. Vejamos o arquivo modelo da Figura 4-5 para ilustrar o que podemos fazer.

Os metadados disponíveis para cada objeto no GCS incluem:

Type
> É um tipo HTTP MIME (Extensões Multifunção para Mensagens de Internet) especificado para objetos da web. O site do Mozilla possui alguns recursos para os tipos HTTP MIME. Vale a pena configurá-lo se nosso aplicativo o verificará para determinar como tratar o arquivo — por exemplo, um arquivo `.csv` com o tipo MIME `text/csv` da Figura 4-5 significa que os aplicativos que o baixarem tentarão lê-lo como uma tabela. Outros tipos MIME comuns que podemos encontrar são JSON (`application/JSON`), HTML para páginas da web (`text/html`), imagens como `image/ png` e vídeo (`video/mp4`).

Size
> O tamanho em disco dos bytes do objeto. Podemos armazenar até 5 TB por objeto.

Created
> Quando o objeto foi criado.

Last modified
> Podemos atualizar os objetos chamando-os pelo mesmo nome de quando foram criados e ativando as versões do objeto.

Figura 4-5. Vários metadados associados a um arquivo carregado no GCS

Storage class

O modelo de preços com o qual o objeto foi armazenado, definido no nível do re-cipiente. As classes de armazenamento costumam ser um meio-termo entre custo de armazenamento e de acesso. Os custos de armazenamento variam por região, mas como guia, seguem alguns exemplos para GBs por mês. *Standard* é para os dados acessados com frequência (US$0,02), *Nearline* para os dados que talvez só sejam acessados algumas vezes por ano (US$0,01), *Coldline* para os dados que talvez sejam acessados apenas uma vez por ano ou menos (US$0,004) e *Archive* para os dados que talvez nunca precisem ser acessados, exceto na recuperação de desastres (US$0,0012). Coloque seus objetos na classe apropriada, senão acabará pagando demais para acessar os dados, pois o custo para acessar os dados Archive é maior do que para acessar os Standard, por exemplo.

Custom time

Talvez tenhamos datas e horas importantes associadas ao objeto, as quais podemos incluir como metadados aqui.

Public URL

Se optarmos por tornar nosso objeto público, a URL será listada aqui. Note que isso é diferente da Authenticated URL.

Authenticated URL

É a URL para conceder acesso restrito, e não público, a um usuário ou aplicativo. Ele verificará a autorização do usuário antes de apresentar o objeto.

gstuil URI

A forma `gs://` de acessar o objeto, mais costumeiramente ao usá-lo de forma programática via API ou um dos SDKs do GCS.

Permission

Informações sobre quem pode acessar o objeto. Hoje, é comum que sejam dadas permissões no nível do recipiente, embora sempre possamos escolher refinar o controle de acesso aos objetos. Em geral, é mais fácil possuir dois recipientes separados para o controle de acesso, como público e restrito.

Protection

Podemos habilitar vários métodos para controlar como o objeto persiste, os quais são destacados nesta seção.

Hold status

Podemos aplicar retenções temporárias ou baseadas em eventos no objeto, o que significa que, quando ativado, ele não poderá ser excluído nem modificado, seja por limite de tempo seja quando certo evento é ativado quando uma chamada de API acontece. Isso pode ser útil para proteger contra exclusões acidentais ou se, por exemplo, temos uma data de validade ativa no recipiente por meio de uma política de retenção, mas queremos manter certos objetos fora dessa política.

Version history

Podemos habilitar as versões do objeto, de forma que, mesmo que ele seja modificado, a versão mais antiga ainda estará acessível. Isso pode ser útil para manter um registro dos dados agendados.

Retention policy

Podemos habilitar várias regras para determinar por quanto tempo um objeto continuará existindo. Isso será muito importante se estivermos lidando com dados pessoais de usuários para excluir arquivos mais antigos uma vez que não temos mais permissão para conservá-los. Também podemos usá-la para transferir dados para uma solução de armazenamento mais barata, caso eles não sejam acessados depois de certo número de dias.

Encryption type

Por padrão, o Google adota uma abordagem de criptografia para todos os dados na GCP, mas talvez queiramos adotar uma política de segurança mais restrita de forma que nem mesmo o Google consiga visualizar esses dados. Podemos fazer isso usando nossas chaves de segurança.

O GCS tem um propósito singular, mas ele é fundamental: armazenar nossos bytes com segurança. É a base de diversos outros serviços da GCP, inclusive aqueles que não são exibidos para o usuário final, e você também pode usá-lo para isso. É um disco rígido infinito na nuvem, não no nosso computador, e pode ser facilmente acessado de qualquer parte do mundo.

Já analisamos os três maiores tipos de armazenamento de dados: BigQuery para dados SQL estruturados, Firestore para dados NoSQL e GCS para dados brutos desestruturados. Agora veremos como trabalhar com eles regularmente, analisando técnicas para agendar e transmitir fluxos de dados. Começaremos com a aplicação mais comum: os fluxos agendados.

Agendando Importações de Dados

Esta seção analisa uma das maiores tarefas de qualquer engenheiro de dados que elabora fluxos de trabalho: como agendar fluxos de dados nos aplicativos. Uma vez que nossa prova de conceito estiver operante, nosso próximo passo para colocar isso em produção é conseguir atualizar regularmente os dados envolvidos. Em vez de atualizar uma planilha a cada dia ou executar um script de API, atribuir essa tarefa aos muitos recursos de automação disponíveis na GCP garante que sempre teremos dados atualizados sem a necessidade de nos preocuparmos o tempo todo.

Existem muitas maneiras de abordar a atualização de dados, as quais esta seção analisará em relação a como queremos transmitir os dados do GA4 e seus conjuntos de dados complementares.

Tipos de Importação de Dados: Streaming Versus Batches Agendados

O streaming de dados versus dados em batch é uma dessas decisões com as quais nos depararemos ao elaborar sistemas de aplicativos de dados. Esta seção considerará algumas das vantagens e desvantagens de ambos.

Os fluxos do streaming de dados são mais em tempo real, usando pequenos pacotes de dados baseados em eventos que são atualizados continuamente. Os dados em batch costumam ser agendados em intervalos maiores, como por dia ou hora, com importações de dados maiores a cada serviço.

As opções de streaming de dados serão consideradas mais a fundo em "Streaming dos Fluxos de Dados", mas compará-las com os dados em batch pode nos ajudar a tomar algumas decisões fundamentais no início da elaboração do aplicativo.

Fluxos de dados em batch
O batch é uma das formas mais comuns e tradicionais de importar fluxos de dados, e na maioria dos casos de uso, é perfeitamente adequado. Uma das principais perguntas ao criarmos casos de uso será o quão rápido precisamos desses dados. É comum que a reação inicial seja o mais rápido possível ou próximo ao tempo real. Mas analisando os detalhes, veremos que os efeitos das atualizações horárias ou diárias serão imperceptíveis ao serem comparados com os de tempo real, e esses tipos de atualizações serão muito mais baratas e fáceis de executar. Se os dados que estamos atualizando também estão em batches (por exemplo, uma exportação CRM que acontece à noite), haverá poucos motivos para produzir dados posteriores em tempo real. Como sempre, analise o aplicativo do caso de uso e veja se faz sentido. Os fluxos de trabalhos de dados em batch começarão a dar problemas se não pudermos confiar que essas atualizações agendadas chegarão na hora. Talvez precisemos criar opções de segurança se uma importação falhar (e sempre devemos nos preparar para eventuais falhas).

Streaming dos fluxos de dados
O streaming de dados é mais fácil de ser realizada hoje em pilhas modernas de dados por causa das novas tecnologias disponíveis, e existem aqueles que dirão que todos os fluxos de dados sempre deverão ser de streaming, se possível. Talvez descubramos novos casos de uso ao nos libertarmos dos grilhões do agendamento dos dados em batch. Existem certas vantagens, mesmo que não tenhamos a necessidade imediata de

dados em tempo real, visto que quando passamos para um modelo de dados baseado em eventos, reagimos quando algo acontece, e não quando chega a certa hora, o que significa que podemos ser mais flexíveis quando o fluxo de dados ocorre. Um bom exemplo são as exportações de dados do BigQuery do GA4, as quais, caso atrasem, prejudicarão os painéis e os aplicativos posteriores. Configurar reações baseadas em eventos para quando os dados estiverem disponíveis significa que receberemos os dados assim que chegarem, em vez de precisar esperar até o próximo dia de entrega. A maior desvantagem é o custo, pois esses fluxos costumam ser mais caros de executar. Nossos engenheiros de dados também precisarão de uma habilidade diferente para conseguirem desenvolver e resolver problemas nos pipelines de streaming.

Considerando os serviços agendados, começaremos com os próprios recursos do BigQuery. Então passaremos para as soluções mais sofisticadas, como o Cloud Composer, o Cloud Scheduler e o Cloud Build.

BigQuery Views

Em alguns casos, a forma mais simples de apresentar dados transformados é configurando uma BigQuery View ou agendando o SQL do BigQuery. Essa é a forma mais simples de configurar e não envolve nenhum outro serviço.

As BigQuery Views não são tabelas no sentido tradicional, mas sim, representam uma tabela que resultaria do SQL que usamos para defini-la. Isso significa que, quando criamos o SQL, podemos incluir datas dinâmicas e sempre ter os dados mais atuais. Por exemplo, podemos consultar nossas exportações de dados do BigQuery do GA4 com uma View criada como no Exemplo 4-10 — isso sempre trará os dados de ontem de volta.

Exemplo 4-10. Esse SQL pode ser usado em uma BigQuery View para sempre exibir os dados de ontem (adaptado do Exemplo 3-6)

```sql
SELECT
  -- event_date (a data em que o evento foi registrado)
  parse_date('%Y%m%d',event_date) as event_date,
  -- event_timestamp (em microssegundos, utc)
  timestamp_micros(event_timestamp) as event_timestamp,
  -- event_name (o nome do evento)
  event_name,
  -- event_key (a chave de parâmetro do evento)
  (SELECT key FROM UNNEST(event_params)
   WHERE key = 'page_location') as event_key,
  -- event_string_value (o valor string do parâmetro do evento)

  (SELECT value.string_value FROM UNNEST(event_params)
   WHERE key = 'page_location') as event_string_value
FROM
  -- suas exportações do GA4 - mude para o seu local
  `learning-ga4.analytics_250021309.events_*`
WHERE
  -- limita a consulta para usar a tabela apenas de ontem
  _TABLE_SUFFIX = FORMAT_DATE('%Y%m%d',date_sub(current_date(), INTERVAL 1 day))
  -- limita a consulta para exibir apenas esse evento
  and event_name = 'page_view'
```

A linha principal é `FORMAT_DATE('%Y%m%d',date_sub(current_date(), INTERVAL 1 day))`, que retorna `yesterday`, que utiliza a coluna `_TABLE_SUFFIX` do BigQuery que insere metainformações sobre a tabela para que possamos consultar diversas tabelas mais facilmente.

As BigQuery Views têm seu lugar, mas tome cuidado ao usá-las. Como o SQL da View é executado sob quaisquer outras consultas feitas nelas, podemos ter resultados caros ou lentos. Isso foi suavizado recentemente com as Materialized Views, que se trata de uma tecnologia que se certifica de que não consultaremos a tabela inteira ao fazer consultas nas Views. Em alguns casos, talvez seja melhor criar nossa própria tabela intermediária, por meio de um agendador para criar a tabela, que é o que abordaremos na próxima seção.

Consultas Agendadas do BigQuery

O BigQuery possui um suporte nativo para agendar consultas, o qual pode ser acessado na barra de menus no canto superior esquerdo ou selecionando "Schedule" ao criar a consulta. Isso é bom para pequenos serviços e importações; no entanto, não o aconselho usá-lo para outras coisas além de transformações simples e de apenas um passo. Quando começarmos a trabalhar com fluxos de dados mais complicados, será mais fácil usar ferramentas dedicadas para o serviço, tanto da perspectiva administrativa como de robustez.

As consultas agendadas estão ligadas à autenticação do usuário que as configura. Assim, se essa pessoa for embora, o agendador precisará ser atualizado com o comando gcloud `bq update--transfer-config --update-credentials`. Podemos usar isso para atualizar nossa conexão com contas de serviço que não estão vinculadas a ninguém. Também teremos apenas a interface do BigQuery Scheduler para controlar as consultas — no caso de consultas grandes e complicadas que queremos modificar, isso dificultará ver um histórico ou a visão geral das alterações.

Mas para as consultas simples, não corporativas, que são necessárias talvez para um número limitado de pessoas, é uma forma rápida e fácil de configurar na própria interface, e seria melhor do que a Views para, digamos, exportações para soluções de painel, como o Looker ou o Data Studio. Como podemos ver na Figura 4-6, depois de executar o SQL e obter os resultados que desejamos, podemos clicar no botão "Schedule" e preparar os dados para o dia seguinte.

Entretanto, quando começamos a nos perguntar "Como posso tornar essa consulta agendada mais robusta?" ou "Como posso ativar consultas com base nos dados que estou criando nessa tabela?", esse é um sinal de que precisaremos de uma solução mais robusta de agendamento. A ferramenta para esse serviço é o Airflow, por meio de sua versão hospedada na GCP, chamada Cloud Composer, sobre o qual falaremos na próxima seção.

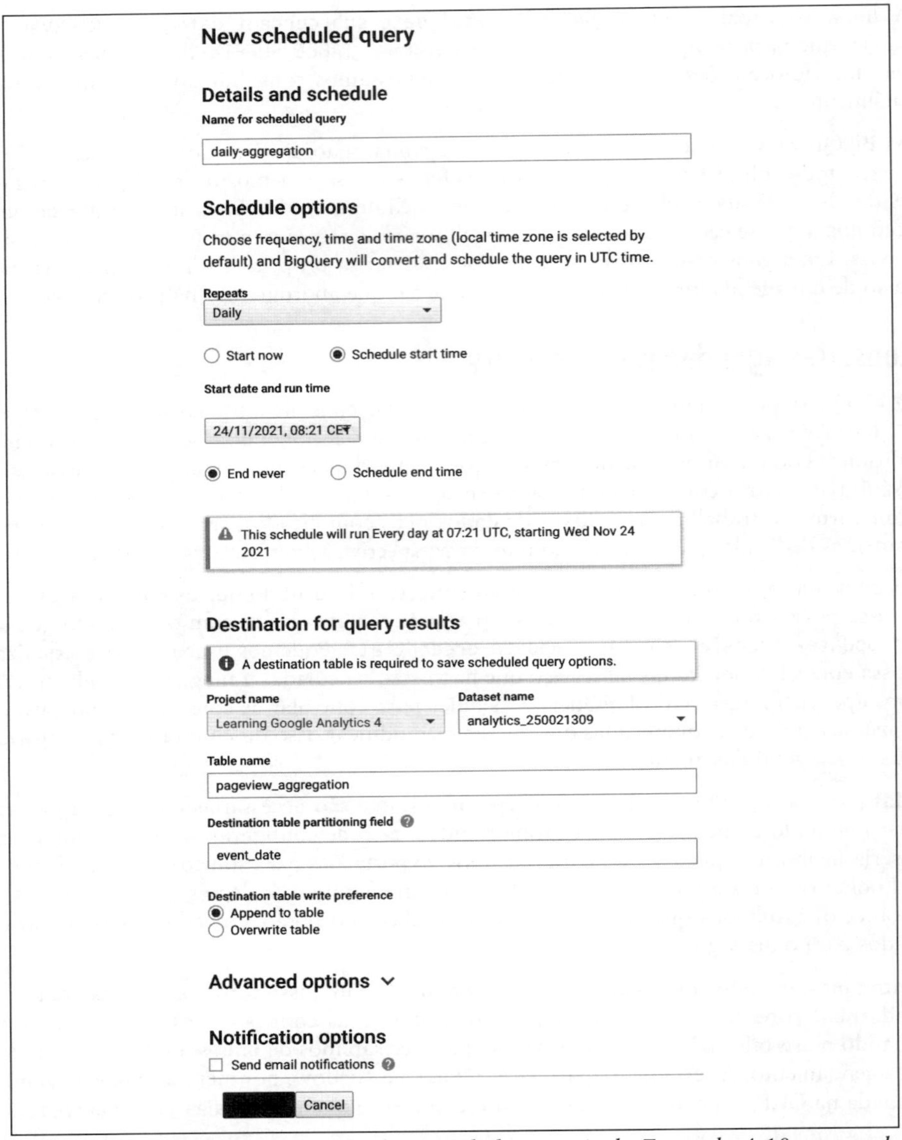

Figura 4-6. Configurando uma consulta agendada a partir do Exemplo 4-10, que poderá apresentar um desempenho melhor do que criar uma BigQuery View com os mesmos dados para o uso em painéis etc.

Cloud Composer

O Cloud Composer é uma solução administrada pelo Google para o Airflow, uma ferramenta de agendamento popular de código aberto. Ele custa cerca de US$300 por mês, de modo que só valerá a pena ser considerado quando tivermos um bom valor de negócio para justificá-lo. Mas trata-se da solução em que mais confio ao analisar os fluxos de dados complicados em diversos sistemas, oferecendo preenchimento, sistemas de alerta e configuração via Python. Muitas empresas o consideram a base de todos os seus serviços de agendamento.

 Usarei o nome Cloud Composer neste livro, pois é assim que o Airflow gerenciado é chamado na GCP, mas muito conteúdo poderá ser aplicado ao Airflow executado em outras plataformas também, como em outros provedores de nuvem ou plataformas auto-hospedadas.

Eu comecei a usar o Cloud Composer quando passei a ter trabalhos que atendiam os seguintes critérios:

Dependências multiníveis

Eu começaria a usar o Cloud Composer assim que tivesse uma situação nos meus pipelines de dados em que um serviço agendado dependesse de outro, visto que ele se enquadraria bem na estrutura de gráficos acíclicos dirigidos (DAG). Exemplos disso incluem cadeias de serviços SQL: um script SQL para organizar os dados, outro script SQL para criar nossos modelos de dados. Fazer com que esses scripts SQL sejam executados no Cloud Composer nos permitiria dividir os serviços agendados em componentes menores e mais simples do que se tentássemos executá-los em apenas um serviço maior. Uma vez que temos a liberdade de configurar dependências, recomendo aperfeiçoar os pipelines incluindo etapas de verificação e validação que seriam complexas demais de serem executadas por meio de um único serviço agendado.

Preenchimentos

É comum configurarmos uma importação de histórico no início do projeto para preencher os dados que teríamos se o serviço agendado fosse executado, por exemplo, nos últimos 12 meses. O que está disponível diferirá por serviço, mas se configuramos as importações por dia, às vezes pode ser nada trivial configurar as importações de históricos neste caso. O Cloud Composer executa serviços como uma simulação do dia e podemos definir qualquer data inicial para que ele preencha lentamente todos os dados se permitirmos.

Múltiplos sistemas de interação

Se estivermos trazendo ou enviando dados para múltiplos sistemas, como o FTP, os produtos Cloud, os bancos de dados SQL e as APIs, começará a ficar muito complexo coordenar todos esses sistemas e pode ser necessário espalhá-los entre os vários scripts de importação. Através de seus Operators e Hooks, os muitos conectores do Cloud Composer podem se conectar a praticamente qualquer coisa, permitindo-nos gerenciá-los de um só lugar, o que é mais fácil de manter.

Novas tentativas

Ao importarmos com HTTP, em muitos casos, experimentamos falhas. Pode ser difícil configurar quando e com que frequência tentar fazer essas importações ou exportações novamente, mas o Cloud Composer pode ajudar por meio do seu sistema configurável de novas tentativas que controla cada tarefa.

Depois de trabalhar com fluxos de dados, não demorará para termos problemas como os mencionados aqui, e precisaremos de uma maneira para resolvê-los, com o Cloud Composer sendo uma solução. Existem soluções similares, mas o Cloud Composer é o que eu mais usei e o que rapidamente se tornou a base de muitos de meus projetos. Representar esses fluxos de uma forma intuitiva é útil para imaginar processos complicados, o que o Cloud Composer resolve usando uma representação sobre a qual falaremos a seguir.

DAGs

O principal recurso do Cloud Composer são os DAGs, que representam o fluxo dos nossos dados da forma como são inseridos, processados e extraídos. O nome se refere a uma estrutura de nós e limites, com as direções entre esses nós representadas por flechas. Um exemplo do que isso pode significar para o pipeline do GA4 é exibido na Figura 4-7.

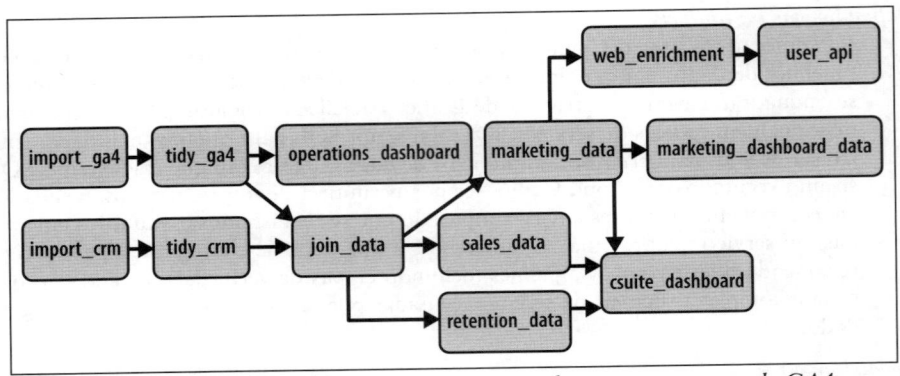

Figura 4-7. Um exemplo de DAG que poderia ser usado em um processo de GA4

Os nós representam as operações de dados, com os limites mostrando a ordem dos eventos e quais operações dependem umas das outras. Um dos principais recursos do Airflow é que se um nó falha (o que acaba acontecendo com todos), ele possui estratégias para esperar, tentar novamente ou ignorar as operações posteriores. Ele também possui alguns recursos de preenchimento que podem nos poupar muitas dores de cabeça ao executar atualizações de históricos e vem com algumas macros predefinidas que nos permitem inserir dinamicamente, por exemplo, a data de hoje nos scripts.

Um exemplo de DAG que faz importações a partir das nossas exportações de BigQuery do GA4 é exibido no Exemplo 4-11.

Exemplo 4-11. Um DAG de modelo que pega nossa exportação de GA4 e a agrega usando o SQL que desenvolvemos antes e em um arquivo ga4-bigquery.sql cujo upload foi feito com nosso script

```python
from airflow.contrib.operators.bigquery_operator import BigQueryOperator
from airflow.contrib.operators.bigquery_check_operator import BigQueryCheckOperator
from airflow.operators.dummy_operator import DummyOperator
from airflow import DAG
from airflow.utils.dates import days_ago
import datetime

VERSION = '0.1.7' # incrementa isso a cada versão do DAG

DAG_NAME = 'ga4-transformation-' + VERSION

default_args = {
    'start_date': days_ago(1), # altera isso para uma data fixa para preenchimento
    'email_on_failure': True,
    'email': 'mark@example.com',
    'email_on_retry': False,
    'depends_on_past': False,
    'retries': 3,
    'retry_delay': datetime.timedelta(minutes=10),
    'project_id': 'learning-ga4',
    'execution_timeout': datetime.timedelta(minutes=60)
}

schedule_interval = '2 4 * * *' # min, hora, dia do mês, mês, dia da semana

dag = DAG(DAG_NAME, default_args=default_args, schedule_interval=schedule_interval)

start = DummyOperator(
  task_id='start',
  dag=dag
)

# usa o macro do Airflow {{ ds_nodash }} para inserir a data de hoje no formato YYYYMMDD
check_table = BigQueryCheckOperator(
  task_id='check_table',
  dag=dag,
  sql='''
  SELECT count(1) > 5000
  FROM `learning-ga4.analytics_250021309.events_{{ ds_nodash }}`"
  '''
)

checked = DummyOperator(
  task_id='checked',
  dag=dag
)
```

```
# uma função para fazer loops em muitas tabelas, arquivos SQL
def make_bq(table_id):

  task = BigQueryOperator(
    task_id='make_bq_'+table_id,
    write_disposition='WRITE_TRUNCATE',
    create_disposition='CREATE_IF_NEEDED',
    destination_dataset_table=
        'learning_ga4.ga4_aggregations.{}${{ ds_nodash}}'.format(table_id),
    sql='./ga4_sql/{}.sql'.format(table_id),
    use_legacy_sql=False,
    dag=dag
  )

  return task

ga_tables = [
 'pageview-aggs',
 'ga4-join-crm',
 'ecom-fields'
]

ga_aggregations = [] # útil se estiver fazendo outras transformações posteriores
for table in ga_tables:
 task = make_bq(table)
 checked >> task
 ga_aggregations.append(task)


# cria o DAG
start >> check_table >> checked
```

Para criar os nós do nosso DAG, usaremos os Operators do Airflow, que são várias funções predefinidas para nos conectar a vários aplicativos, incluindo muitos serviços da GCP, como o BigQuery, o FTP, os clusters Kubernetes e assim por diante.

No caso do Exemplo 4-11, os nós são criados por:

start
> Um `DummyOperator()` para sinalizar o início do DAG.

check_table
> Um `BigQueryCheckOperator()` que verificará se temos dados naquele dia na tabela do GA4. Caso retorne `FALSE` para o SQL em sequência exibido, a tarefa do Airflow falhará e ele tentará refazê-la 3 vezes a cada 10 minutos. Podemos modificar isso segundo nossas expectativas.

checked
> Outro `DummyOperator()` para sinalizar que a tabela foi verificada.

make_bq
> Isso criará ou adicionará uma tabela particionada com o mesmo nome da task_id. O SQL que ele executará também deverá ter o mesmo nome e estar disponível na pasta SQL enviada com o DAG, em `./ga4_sql/`, por exemplo, `./ga4_sql/pageviewaggs.sql`. Ele é funcional, de modo que podemos fazer loops nas `tableIds` para obter um código mais eficiente.

Os operadores de bitwise do Python cuidam dos limites no fim da tag e dentro dos loops, por exemplo, `start >> check_table >> checked`.

Podemos ver o DAG resultante apresentado na Figura 4-8. Use esse exemplo como uma base que você pode expandir para seus próprios fluxos de trabalhos.

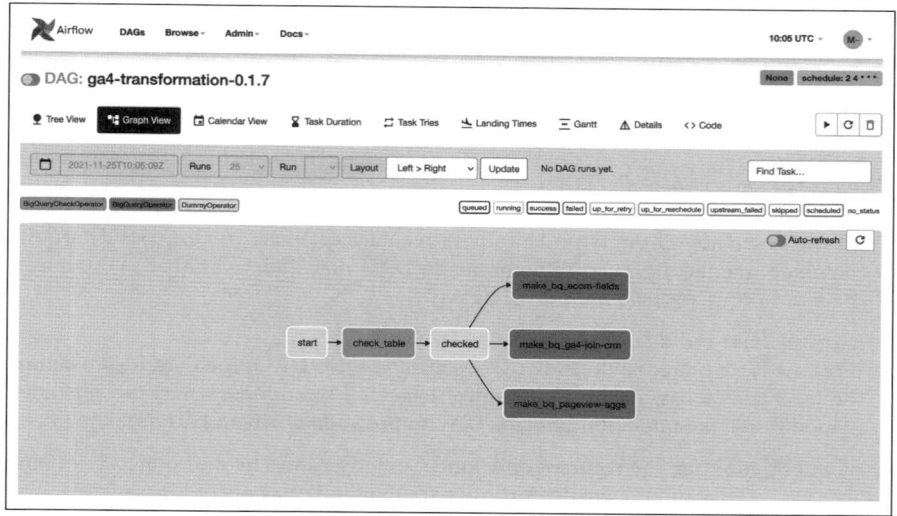

Figura 4-8. Um exemplo de DAG criado em Airflow pelo código do Exemplo 4-11; para ampliar para mais transformações, acrescente mais arquivos SQL à pasta e adicione o nome da tabela à lista ga_tables

Dicas para usar o Airflow/Cloud Composer

Os arquivos genéricos de ajuda são excelentes para aprender a usar o Cloud Composer, mas veja algumas dicas do que aprendi usando-o nos meus projetos de data science:

Use o Airflow apenas para agendamento
Use a ferramenta certa para o trabalho certo — a função do Airflow é agendar e conectar sistemas de armazenamento de dados. Eu cometi o erro de usar suas bibliotecas Python para enviar um pouco de dados entre as etapas de agendamento, mas acabei entrando em um inferno de dependência do Python que afetou todas as tarefas em execução. Prefiro usar os contêineres Docker para os códigos que precisam ser executados e usar o `GKEPodOperator()` para executar esses códigos em um ambiente controlado.

Escrever funções para os nossos DAGs
É muito mais limpo criar funções que produzem DAGs em vez de escrever as tarefas toda vez. Isso também quer dizer que podemos fazer loops entre elas e criar dependências para vários conjuntos de dados de uma só vez sem a necessidade de copiar e colar código.

Use operadores fictícios para sinalizar

Os DAGs parecem impressionantes, mas podem ser confusos. Assim, inserir algumas sinalizações no caminho pode nos ajudar a identificar onde podemos parar e começar a nos comportar mal nas execuções de DAGs. Conseguir limpar tudo o que vem depois da sinalização "Dados carregados" deixa claro o que acontecerá. Outros recursos que podem ajudar nesse caso são os Grupos de Tarefas e os Rótulos, que podem ajudar a exibir metainformações sobre o que nosso DAG está fazendo.

Separe seus arquivos SQL

Não precisamos escrever grandes strings de SQL para os operadores; podemos inseri-los em arquivos *.sql* e chamar o arquivo que contém o SQL. Isso facilita muito o rastreio e o monitoramento das alterações.

Inclua a versão nos nomes dos DAGs

Também acho útil aumentar a versão no nome do DAG ao modificá-lo e atualizá-lo. O Airflow pode ser um tanto lento para reconhecer novas atualizações de arquivos, de modo que incluir a versão no nome do DAG nos ajudará a saber se estamos trabalhando com a versão mais atual dele.

Configure o Cloud Build para implantar os DAGs

Precisar fazer o upload do código e dos arquivos dos DAGs toda vez nos desanimará de fazer alterações. Assim, será muito mais fácil se configurarmos um pipeline do Cloud Build que implantará nossos DAGs após cada envio ao GitHub.

Esse foi um rápido tour dos recursos do Cloud Composer, mas há muito mais para aprender sobre ele e recomendo o site do Airflow para explorar suas opções. Essa é uma opção pesada de agendamento. Mas existe outra muito mais leve: o Google Cloud Scheduler, o qual analisaremos a seguir.

Cloud Scheduler

Se estivermos procurando por algo mais leve do que o Cloud Composer, então o Cloud Scheduler é um serviço simples, de cron na nuvem, que podemos usar para ativar os pontos de extremidade do HTTP. Para as tarefas simples que não exigem a complexidade dos fluxos de dados suportados pelo Cloud Composer, ele funciona bem.

Eu o coloco entre o Cloud Composer e as consultas agendadas do BigQuery no quesito capacidades, visto que o Cloud Scheduler executa não apenas as consultas de BigQuery, mas qualquer outro serviço da GCP, o que pode ser útil.

Fazer isso envolve o trabalho extra de criar o tópico Pub/Sub e a Cloud Function que criará o trabalho BigQuery. Então, se for só BigQuery, talvez não seja necessário, mas se outros serviços da GCP estiverem envolvidos, centralizar o local do nosso agendamento pode ser melhor em longo prazo. Podemos ver um exemplo de configuração de um tópico Pub/Sub na seção "Pub/Sub"; a única diferença é que, nesse caso, agendaremos um evento para interagir com esse tópico via Cloud Scheduler. Podemos ver alguns exemplos da minha GCP na Figura 4-9, a qual inclui o seguinte:

Packagetest-build

Um agendamento semanal para ativar uma chamada de API para executar um Cloud Build

Slackbot-schedule

    Um agendamento semanal para interagir com um ponto de extremidade do HTTP que ativará um Slackbot

Target_Pub/Sub_scheduler

    Um agendamento diário para ativar um tópico Pub/Sub

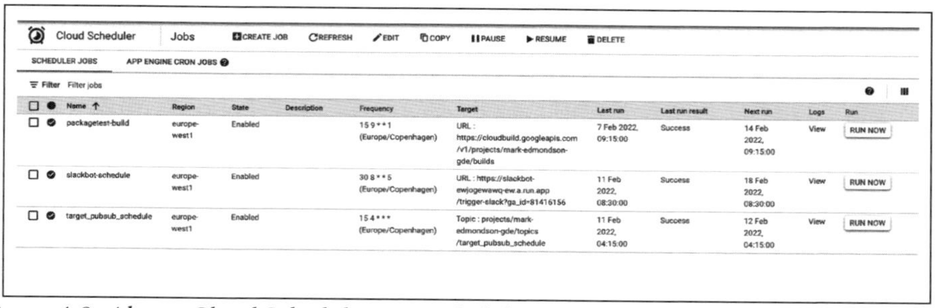

Figura 4-9. Alguns Cloud Schedules que eu habilitei para algumas tarefas na minha GCP

O Cloud Scheduler também pode ativar outros serviços, como o Cloud Run ou o Cloud Build. Uma combinação particularmente poderosa é o Cloud Scheduler e o Cloud Build (que será abordado na próxima seção, "Cloud Build"). Como o Cloud Build consegue realizar tarefas que serão executadas por um bom tempo, temos uma maneira fácil de criar um sistema sem servidor que poderá executar qualquer serviço na GCP, totalmente orientado a eventos, mas com algum agendamento.

Cloud Build

O Cloud Build é uma ferramenta poderosa a se considerar para os fluxos de trabalhos de dados e provavelmente é a ferramenta que mais uso todos os dias (mais até do que o BigQuery!). O Cloud Build foi apresentado na seção de ingestão de dados "Configurando a CI/CD do Cloud Build com GitHub", do Capítulo 3, mas entraremos em mais detalhes aqui.

O Cloud Build é classificado como uma ferramenta CI/CD, que é uma estratégia popular nas operações com dados dos dias modernos. Ele diz que os códigos liberados para produção não devem estar no fim de grandes períodos de desenvolvimento, mas recebendo constantemente pequenas atualizações, com testes automáticos e recursos de implantação, de modo que quaisquer erros sejam rapidamente descobertos e possam ser revertidos. Essas são boas práticas em geral, e incentivo-o a ler como segui-las. O Cloud Build também pode ser encarado como uma forma genérica de ativar qualquer código em um cluster computacional em reação a eventos. A intenção primária é para quando enviamos códigos a um repositório Git, como o GitHub, mas esses eventos também podem ser quando um arquivo acessa o GCS, uma mensagem Pub/Sub é enviada ou um agendador interage com o ponto de extremidade.

O Cloud Build funciona definindo as sequências de eventos, assim como um DAG de Airflow, mas com uma estrutura mais simples. Para cada passo, definimos um ambiente

Docker para executar nosso código, e os resultados dessa execução podem ser enviados para os passos subsequentes ou arquivados no GCS. Como ele funciona com qualquer contêiner Docker, podemos executar diversos ambientes de códigos nos mesmos dados; por exemplo, uma etapa poderia ser o Python ler a partir de uma API, sendo analisada pelo R e ir para o Go para enviar o resultado para algum outro lugar.

Eu fui apresentado ao Cloud Build originalmente como uma forma de criar contêineres Docker na GCP. Inserimos nosso Dockerfile em um repositório GitHub e o enviamos, o que ativará um serviço e criará um Docker sem servidor, não no nosso computador, que é o que geralmente acontece. Esse é o único método que uso para criar contêineres Docker hoje, visto que criá-los localmente leva tempo e utiliza muito espaço em disco. Em geral, criá-los na nuvem significará enviar um código, sair para tomar um chá e voltar depois de 10 minutos para inspecionar os logs.

O Cloud Build foi expandido não só para criar Dockerfiles, mas também sua própria sintaxe de configuração YAML (cloudbuild.yaml), bem como pacotes de compilação. Isso ampliou consideravelmente sua utilidade, pois com as mesmas ações (envio ao Git, evento Pub/Sub ou agendamento), podemos ativar serviços para realizar uma grande variedade de tarefas úteis, não apenas contêineres Docker, mas executar qualquer código desejado.

Eu inclui algumas lições que aprendi ao trabalhar com o Cloud Build e o equivalente do Docker do HTTP, o Cloud Run e o Cloud Scheduler no meu pacote R, o `google CloudRunner`, que é outra ferramenta que uso para implantar a maioria das minhas tarefas de engenharia de dados para GA4 e na GCP. O Cloud Build usa os contêineres Docker para executar tudo. Posso executar quase todas as linguagens/programas ou aplicativos, incluindo o R. Ter uma forma fácil de criar e ativar essas compilações a partir de R significa que o R pode ser usado como uma UI ou um gateway para qualquer outro programa, por exemplo, o R pode ativar um Cloud Build usando `gcloud` para implantar aplicativos do Cloud Run.

Configurações do Cloud Build

Como uma rápida introdução, um arquivo YAML do Cloud Build se parece um pouco com o que é exibido no Exemplo 4-12. Esse exemplo mostra como três contêineres Docker diferentes podem ser usados na mesma compilação, fazendo coisas diferentes, mas trabalhando com os mesmos dados.

Exemplo 4-12. Um exemplo de arquivo cloudbuild.yaml usado para criar compilações. Cada etapa acontece em sequência. O campo name é de uma imagem Docker que executará o comando especificado no campo args.

```
steps:
- name: 'gcr.io/cloud-builders/docker'
  id: Docker Version
  args: ["version"]
- name: 'alpine'
  id: Hello Cloud Build
  args: ["echo", "Hello Cloud Build"]
- name: 'rocker/r-base'
  id: Hello R
  args: ["R", "-e", "paste0('1 + 1 = ', 1+1)"]
```

Então enviamos essa compilação usando o console da web da GCP, o `gcloud`, o `google-CloudRunner` ou a API do Cloud Build. A versão `gcloud` é `gcloud builds submit --config cloudbuild.yaml --no-source`. Isso ativará uma compilação no console onde poderemos vê-la através de seus logs ou de qualquer outra forma — veja a Figura 4-10 de um exemplo para as verificações do pacote `googleCloudRunner`:

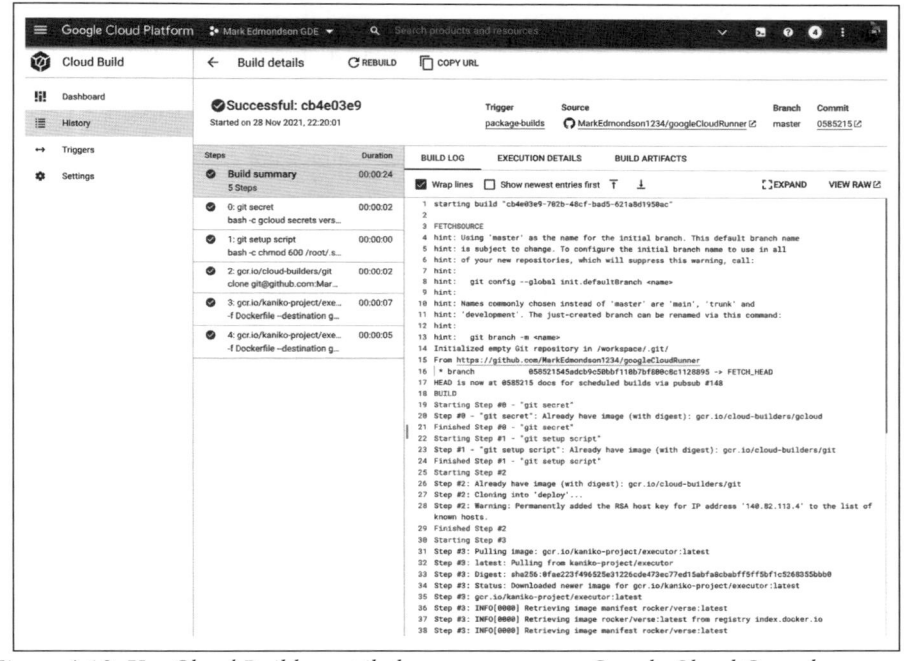

Figura 4-10. Um Cloud Build compilado com sucesso no Google Cloud Console.

Também já vi o Cloud Build sendo usado para implantar uma Cloud Function em "Configurando a CI/CD do Cloud Build com GitHub" (Capítulo 3) — esse exemplo foi replicado no Exemplo 4-13. Falta uma etapa para executar a Cloud Function do Exemplo 3-9.

Exemplo 4-13. O YAML do Cloud Build para executar uma Cloud Function do Exemplo 3-9

```
steps:
- name: gcr.io/cloud-builders/gcloud
  args: ['functions',
      'deploy',
      'gcs_to_bq',
      '--runtime=python39',
      '--region=europe-west1',
      '--trigger-resource=marks-crm-imports-2021',
      '--trigger-event=google.storage.object.finalize']
```

As compilações podem ser ativadas manualmente, mas, em geral, queremos que seja um processo automático, que comece a adotar a filosofia CI. Nesses casos, usamos os Build Triggers.

Build Triggers

Os Build Triggers são uma configuração que decide quando nosso Cloud Build será ativado. Podemos configurar os Build Triggers para reagir a envios Git, aos eventos Pub/Sub ou aos webhooks apenas quando os ativamos manualmente no console. A compilação pode ser especificada no arquivo ou em série, na configuração do Build Trigger. Já falamos sobre como configurar os Build Triggers na seção "Configurando a Conexão do GitHub com o Cloud Build", do Capítulo 3. Então consulte essa seção para um passo a passo.

Já falamos sobre o Cloud Build em geral, mas agora veremos um exemplo específico para o GA4.

Aplicativos do GA4 para o Cloud Build

Em geral, eu implanto todos os códigos para trabalhar com o GA4 pelo Cloud Build, visto que ele está vinculado ao repositório GitHub para o qual mando meus códigos quando não estou trabalhando na interface do GA4. Isso inclui os DAGs do Airflow, as Cloud Functions, as tabelas de BigQuery etc., através de diversos passos do Cloud Build que chamam o `gcloud`, minhas bibliotecas R ou qualquer outra coisa.

Ao processar os padrões das exportações de BigQuery do GA4, o Cloud Logging cria uma entrada mostrando quando essas tabelas estão prontas, o que podemos então usar para criar uma mensagem Pub/Sub. Isso pode dar início a um fluxo de dados orientado a eventos, como chamar um DAG de Airflow, executar consultas de SQL etc.

Segue um exemplo no qual criaremos um Cloud Build que será executado a partir do tópico Pub/Sub ativado quando nossas exportações de BigQuery do GA4 estão presentes. Em "Configurando um Tópico Pub/Sub para Exportações de BigQuery do GA4", criamos um tópico Pub/Sub chamado "ga4-bigquery", que é ativado sempre que as exportações estão prontas. Agora, consumiremos essa mensagem com um Cloud Build.

Crie um Build Trigger que responderá à mensagem Pub/Sub. Um exemplo é exibido na Figura 4-11. Para essa demonstração, ele lerá um arquivo *cloudbuild.yml* que está no repositório GitHub `code-examples`. Esse repositório contém o trabalho que desejamos fazer na exportação do BigQuery para o dia.

Agora precisamos da compilação que o Build Trigger executará quando receber a mensagem Pub/Sub. Adaptaremos o Exemplo 4-10 e o inseriremos em um arquivo SQL. Isso é enviado à fonte GitHub, que Build clonará antes de executar. Isso nos permitirá adaptar o SQL facilmente enviando-o ao GitHub.

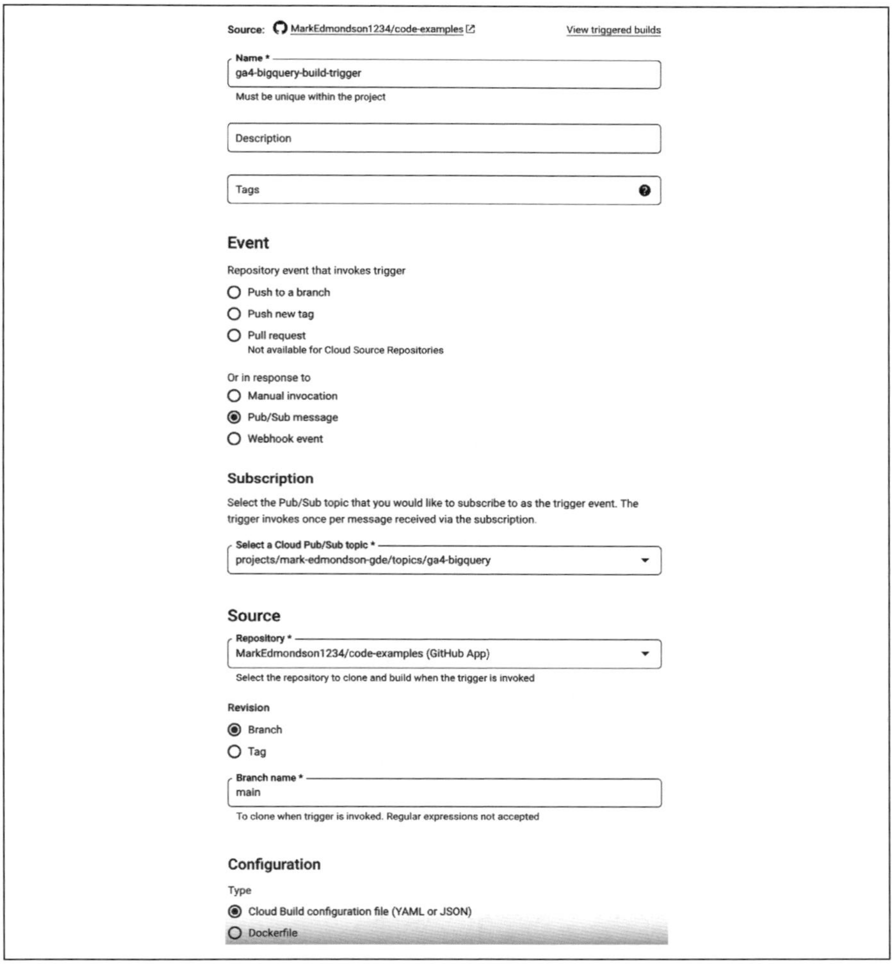

Figura 4-11. Configurando um Build Trigger que executará a compilação depois que a exportação BigQuery para o GA4 for concluída

Exemplo 4-14. A compilação que o Build Trigger fará ao receber o evento Pub/Sub após a conclusão da exportação de BigQuery do GA4; o SQL do Exemplo 4-10 é enviado em um arquivo separado chamado ga4-agg.sql

```
steps:
- name: 'gcr.io/cloud-builders/gcloud'
  entrypoint: 'bash'
  dir: 'your/dir/on/Git'
  args: ['-c',
      'bq --location=eu \
      --project_id=$PROJECT_ID query \
      --use_legacy_sql=false \ --destination_table=tidydata.ga4_pageviews \
      < ./ga4-agg.sql']
```

Para executar o Exemplo 4-14 com sucesso, as permissões de usuário devem ser ajustadas para permitir o uso autorizado para realizar a consulta. Esse não será nosso próprio usuário, visto que o trabalho será realizado em nosso nome pelo agente de serviços do Cloud Build. Nas configurações do Cloud Build ou no Google Console, encontraremos o usuário de serviço que executará os comandos no Cloud Build, mais ou menos assim: `123456789@cloudbuild.gserviceaccount.com`. Podemos usá-lo ou criar nossa própria conta de serviço personalizada com as permissões do Cloud Build. O usuário precisará ser acrescentado como um BigQuery Admin para executar as consultas e outras tarefas do BigQuery, como criar tabelas, o que talvez desejemos fazer depois. Veja a Figura 4-12.

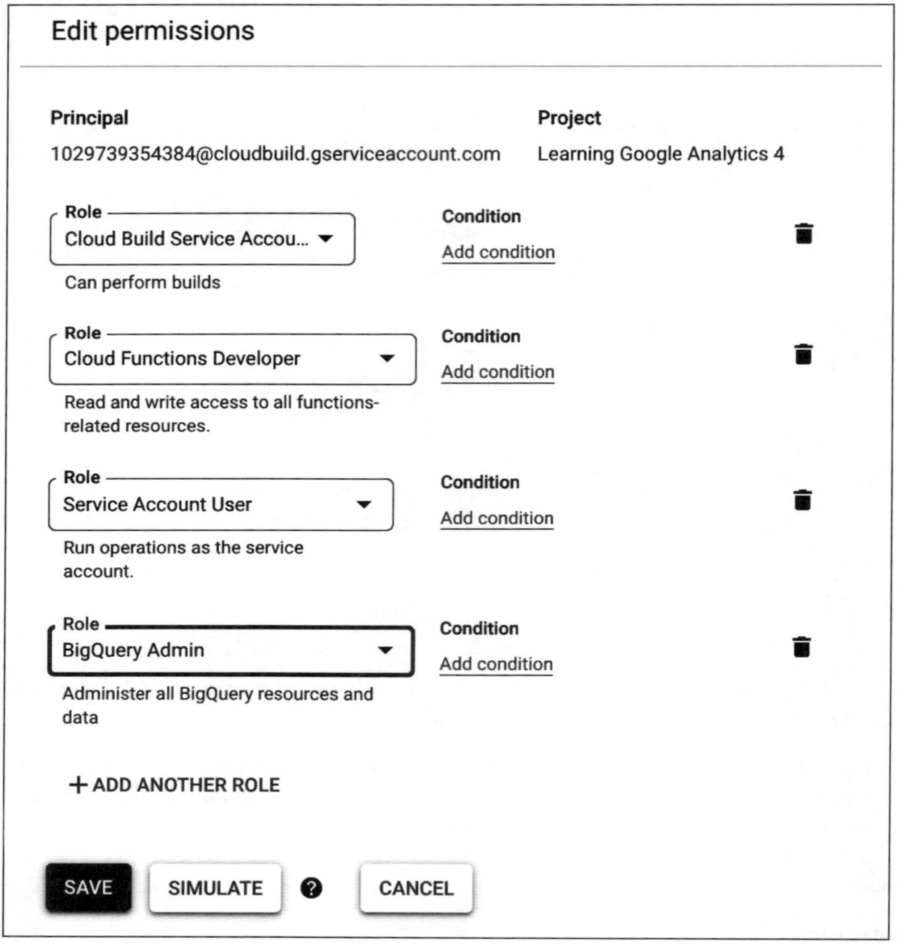

Edit permissions

Principal	Project
1029739354384@cloudbuild.gserviceaccount.com	Learning Google Analytics 4

Role: Cloud Build Service Accou... ▼
Condition — Add condition
Can perform builds

Role: Cloud Functions Developer ▼
Condition — Add condition
Read and write access to all functions-related resources.

Role: Service Account User ▼
Condition — Add condition
Run operations as the service account.

Role: BigQuery Admin ▼
Condition — Add condition
Administer all BigQuery resources and data

+ ADD ANOTHER ROLE

SAVE　SIMULATE　?　CANCEL

Figura 4-12. Acrescentando permissões para executar tarefas do BigQuery na conta de serviço do Cloud Build

Para seus casos de uso, você precisará adaptar o SQL e talvez acrescentar mais passos para trabalhar com os dados depois que esse passo for concluído. Podemos ver que o Cloud Build realiza um papel parecido com o do Cloud Composer, porém é mais simples. Ele é mais genérico do que as consultas agendadas do BigQuery, mas não é tão caro ou cheio de recursos como o Cloud Composer; acho que é bom tê-lo em nossa caixa de ferramentas para quando precisarmos agendar tarefas simples ou fazer com que sejam orientadas a eventos.

Integrações do Cloud Build para CI/CD

O Cloud Build pode ser ativado via agendamentos, chamadas manuais e eventos. Os eventos incluem envios de Pub/Sub e GitHub, que são essenciais no seu papel como uma ferramenta de CI/CD. Em geral, ao programar, é uma boa ideia usar um controle de versão, como o Git, e eu uso o GitHub, a versão mais popular. Assim, podemos manter um registro de tudo o que fazemos e teremos a capacidade de reverter todas as alterações se necessário — e quando a diferença entre o sucesso e o fracasso pode ser um . (ponto) no lugar errado, então isso se torna desejável!

Quando começamos a usar o Git para controlar as versões, então podemos começar a usá-lo para outros objetivos, como ativar as compilações a partir de cada envio para verificar os códigos (testes), assegurar que as diretrizes de estilo estão sendo seguidas (linting) ou ativar as compilações em si do produto criado pelo código.

O Cloud Build permite que qualquer linguagem seja usada nele por meio de seus contêineres Docker, que são usados para controlar os ambientes de cada etapa. Ele também oferece uma fácil autenticação para o serviço do Google Cloud via `gcloud auth`, como vimos na Figura 4-12, ao configurá-lo para realizar tarefas do BigQuery. Os comandos de `gcloud` que usamos para implantar os serviços também podem ser usados no Cloud Build para automatizar essas implantações. Ademais, todas as execuções podem se basear no código enviado ao repositório Git, dando-nos uma visão geral perfeita do que está acontecendo e quando.

Por exemplo, podemos implantar DAGs no Airflow, como fizemos no Exemplo 4-11. Normalmente, para executar um DAG, precisamos copiar esse arquivo Python para uma pasta especial no ambiente do Cloud Composer, mas com o Cloud Build podemos usar `gsutil` (a ferramenta da linha de comando do GCS) para fazer isso. Isso incentiva um desenvolvimento mais rápido e nos dá tempo para nos concentrar nas coisas importantes. Um exemplo do arquivo cloudbuild para o nosso gatilho é exibido no Exemplo 4-15.

Exemplo 4-15. Podemos executar DAGs do Python para o Airflow/Cloud Composer usando o Cloud Build diretamente do repositório Git — aqui $_AIRFLOW_BUCKET é uma variável de substituição que você deve trocar pelo local de sua instalação, e supõe-se que os arquivos .sql estejam dentro de uma pasta chamada sql no mesmo local

```
steps:
- name: gcr.io/google.com/cloudsdktool/cloud-sdk:alpine
  id: deploy dag
  entrypoint: 'gsutil'
  args: ['mv',
      'dags/ga4-aggregation.py',
      '$_AIRFLOW_BUCKET/dags/ga4-aggregation.py']
- name: gcr.io/google.com/cloudsdktool/cloud-sdk:alpine
  id: remove old SQL
  entrypoint: 'gsutil'
  args: ['rm',
      '-R',
      '${_AIRFLOW_BUCKET}/dags/sql']
```

```
- name: gcr.io/google.com/cloudsdktool/cloud-sdk:alpine
  entrypoint: 'gsutil'
  id: add new SQL
  args: ['cp',
      '-R',
      'dags/sql',
      '${_AIRFLOW_BUCKET}/dags/sql']
```

Assim como o exemplo anterior para Cloud Composer, o Cloud Build pode ser usado para executar todos os outros serviços da GCP também. Nós o usamos novamente no Exemplo 3-15 para implantar as Cloud Functions, mas qualquer serviço que usa um comando gcloud pode ser automatizado.

Em geral, os serviços de agendamento de dados em batch são o âmago de todos os aplicativos de dados, incluindo aqueles envolvendo o GA4. Fizemos um tour por algumas opções ao analisar o agendamento, incluindo as consultas agendadas do BigQuery, o Cloud Scheduler, o Cloud Build e o Cloud Composer/Airflow. Cada um possui as seguintes vantagens e desvantagens:

Consultas agendadas do BigQuery
Fácil de configurar, mas não é muito confiável e funciona apenas para o BigQuery

Cloud Scheduler
Funciona para todos os serviços, mas suas dependências complexas começarão a se tornar difíceis de manter

Cloud Build
Baseado em eventos e pode ativar a partir de agendamentos; em geral, meu preferido, mas não suporta fluxos que precisam de preenchimento e novas tentativas

Cloud Composer
Uma ferramenta de agendamento abrangente com preenchimentos, suporte para fluxos de trabalhos complexos e recursos de novas tentativas/acordo de nível de serviço (SLA), mas o mais caro e complicado de se trabalhar

Espero que isso tenha lhe dado alguma ideia do que poderia usar com seus próprios casos de uso. Na próxima seção, veremos fluxos de dados mais em tempo real e ferramentas que podemos usar quando precisarmos processar nossos dados imediatamente.

Streaming dos Fluxos de Dados

No caso de alguns fluxos de trabalhos, o agendamento em batch talvez não seja suficiente. Se queremos atualizações de dados reativos dentro de meia hora, por exemplo, talvez seja hora de começar a pensar em algumas opções de streaming dos fluxos de dados. Muitas soluções compartilham alguns dos recursos e componentes, mas temos o aumento de custo e complexidade que vêm com os dados de streaming em tempo real que precisamos considerar.

Pub/Sub para o Streaming Dados

Até agora, os exemplos trataram Pub/Sub com volumes de dados relativamente baixos, apenas eventos para dizer que algo aconteceu. No entanto, seu principal objetivo é lidar com altos volumes de fluxos de dados, e é aí que ele realmente se destaca. Seu sistema de entrega pelo menos uma vez significa que podemos compilar fluxos de dados confiáveis, mesmo enviando TBs de dados através deles. Na verdade, o Googlebot, o bot de motor de busca que compõe o Google Search, também funciona com uma infraestrutura similar, e ele faz o download regular da internet inteira, de modo que sabermos que a escala do Pub/Sub pode ser ampliada!

O suporte para o streaming de dados provavelmente começará com o Pub/Sub como ponto de entrada ao qual outros sistemas de streaming enviarão dados a partir do Kafka ou de outros sistemas locais. Em geral, ao configurarmos essas ingestões em tempo real, são os desenvolvedores de aplicativos internos que configurarão esse fluxo antes de entregá-lo quando quiserem que o fluxo chegue à GCP. É aí que costumo entrar, sendo que minha responsabilidade é de ajudar a definir o esquema dos dados que chegam ao tópico Pub/Sub, levando tudo adiante a partir de então.

Quando os dados começam a chegar a um tópico Pub/Sub, ele contém soluções criativas para começar a transmiti-los a destinos populares, como o Cloud Storage e o BigQuery. Esses são fornecidos pela Apache Beam ou pela versão hospedada pelo Google, o Dataflow.

Apache Beam/DataFlow

O serviço padrão para o streaming de dados pela GCP é o Dataflow. O Dataflow é um serviço que executa serviços escritos em Apache Beam, uma biblioteca de processamento de dados que começou no Google, mas que agora está disponível como código aberto, de modo que podemos usá-la como padrão para outras nuvens.

O Apache Beam funciona criando máquinas virtuais (VMs) com o Apache Beam instalado, configuradas para executar códigos que trabalharão em cada pacote de dados à medida que eles chegam. Ele já vem com autoescala; assim, se os recursos da máquina começaram a minguar (ou seja, se os limites da CPU e/ou da memória forem atingidos), então irá inicializar outra máquina e desviará parte do tráfego para ela. Custará mais ou menos, dependendo de quantos dados estamos enviando, com um piso mínimo de 1 VM.

Existem alguns trabalhos de dados comuns que são acelerados para o Apache Beam através de seus modelos. Por exemplo, uma tarefa comum é transmitir Pub/Sub no BigQuery, o que está disponível sem a necessidade de escrever nenhum código. Um exemplo é exibido na Figura 4-13.

Para trabalhar com o modelo, precisaremos criar um recipiente e a tabela de BigQuery para os quais as mensagens Pub/Sub fluirão. A tabela de BigQuery deverá possuir o esquema correto, adequando-se ao esquema de dados do Pub/Sub.

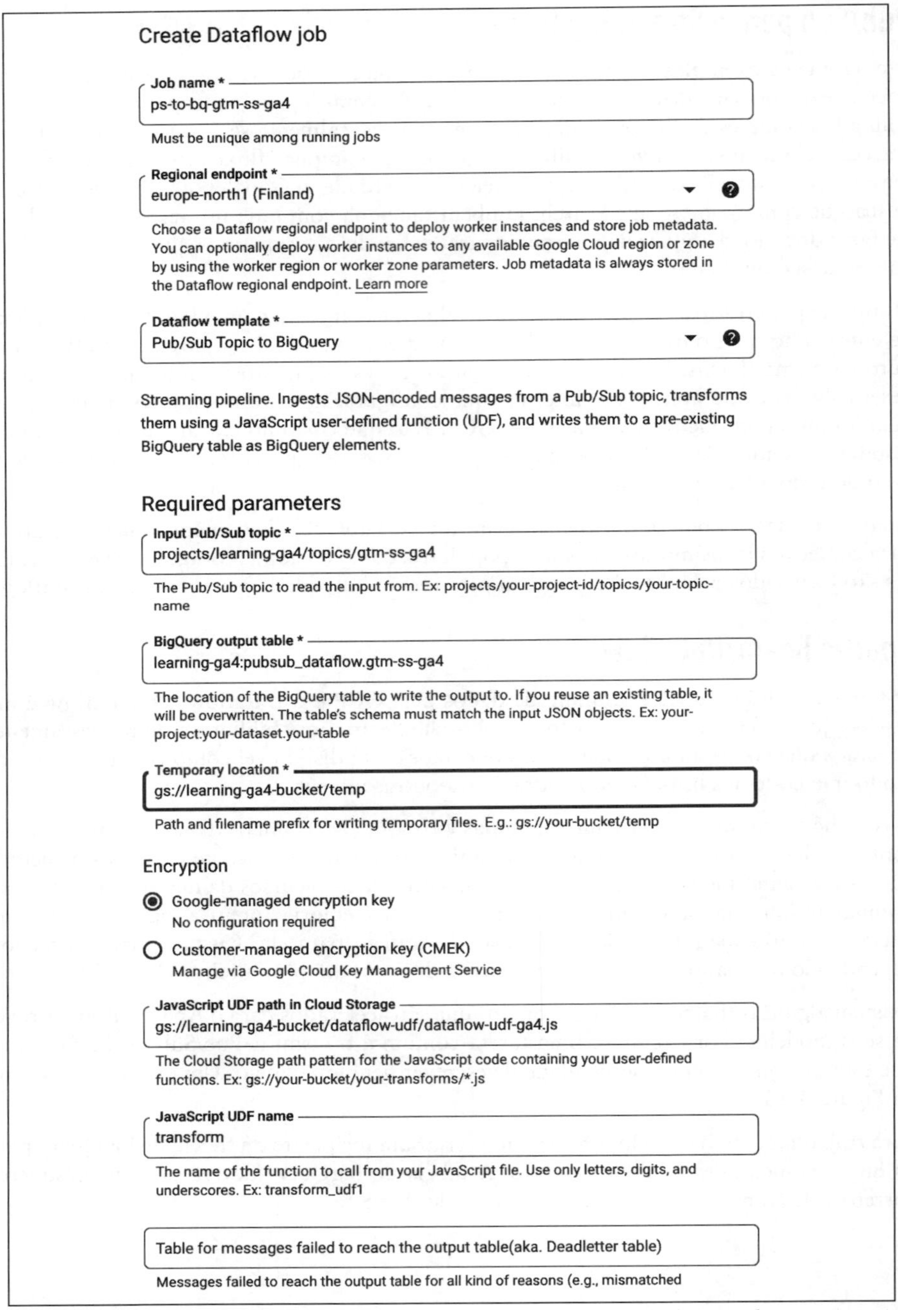

Create Dataflow job

Job name *

ps-to-bq-gtm-ss-ga4

Must be unique among running jobs

Regional endpoint *

europe-north1 (Finland)   ▼   ❷

Choose a Dataflow regional endpoint to deploy worker instances and store job metadata.
You can optionally deploy worker instances to any available Google Cloud region or zone
by using the worker region or worker zone parameters. Job metadata is always stored in
the Dataflow regional endpoint. Learn more

Dataflow template *

Pub/Sub Topic to BigQuery   ▼   ❷

Streaming pipeline. Ingests JSON-encoded messages from a Pub/Sub topic, transforms
them using a JavaScript user-defined function (UDF), and writes them to a pre-existing
BigQuery table as BigQuery elements.

Required parameters

Input Pub/Sub topic *

projects/learning-ga4/topics/gtm-ss-ga4

The Pub/Sub topic to read the input from. Ex: projects/your-project-id/topics/your-topic-
name

BigQuery output table *

learning-ga4:pubsub_dataflow.gtm-ss-ga4

The location of the BigQuery table to write the output to. If you reuse an existing table, it
will be overwritten. The table's schema must match the input JSON objects. Ex: your-
project:your-dataset.your-table

Temporary location *

gs://learning-ga4-bucket/temp

Path and filename prefix for writing temporary files. E.g.: gs://your-bucket/temp

Encryption

◉ Google-managed encryption key
   No configuration required

○ Customer-managed encryption key (CMEK)
   Manage via Google Cloud Key Management Service

JavaScript UDF path in Cloud Storage

gs://learning-ga4-bucket/dataflow-udf/dataflow-udf-ga4.js

The Cloud Storage path pattern for the JavaScript code containing your user-defined
functions. Ex: gs://your-bucket/your-transforms/*.js

JavaScript UDF name

transform

The name of the function to call from your JavaScript file. Use only letters, digits, and
underscores. Ex: transform_udf1

Table for messages failed to reach the output table(aka. Deadletter table)

Messages failed to reach the output table for all kind of reasons (e.g., mismatched

*Figura 4-13. Configurando um Dataflow a partir do Google Cloud Console para um tópi-
co Pub/Sub no BigQuery por meio do modelo predefinido*

Para o meu exemplo, transmitirei alguns eventos de GA4 do meu blog para o Pub/Sub via GTM SS (veja "Streaming de eventos do GA4 para o Pub/Sub com GTM SS", no Capítulo 6). Por padrão, o fluxo tentará gravar cada campo Pub/Sub em uma tabela de BigQuery e nosso esquema de BigQuery precisará corresponder exatamente a eles para ter sucesso. Isso pode ser um problema se nosso Pub/Sub inclui campos que são inválidos no BigQuery, como aqueles com hifens (-) e que estão presentes no Exemplo 4-16.

Exemplo 4-16. Um exemplo do JSON enviado de uma tag do GA4 no GTM SS para Pub/Sub, que possui alguns campos que começam com x-ga

```
{"x-ga-protocol_version":"2",
"x-ga-measurement_id":"G-43MXXXX",
"x-ga-gtm_version":"2reba1",
"x-ga-page_id":1015778133,
"screen_resolution":"1536x864",
"language":"ru-ru",
"client_id":"68920138.12345678",
"x-ga-request_count":1,
"page_location":"https://code.markedmondson.me/data-privacy-gtm/",
"page_referrer":"https://www.google.com/",
"page_title":"Data Privacy Engineering with Google Tag Manager Server Side and ...",
"ga_session_id":"12343456",
"ga_session_number":1,
"x-ga-mp2-seg":"0",
"event_name":"page_view",
"x-ga-system_properties":{"fv":"2","ss":"1"},
"debug_mode":"true",
"ip_override":"78.140.192.76",
"user_agent":"Mozilla/5.0 (Windows NT 10.0; Win64; x64) AppleWebKit/537.36 ...",
"x-ga-gcs-origin":"not-specified",
"user_id":"123445678"}
```

Para aceitar nossas necessidades de personalização, podemos fornecer uma função de transformação que modificará o fluxo antes de passá-lo para o BigQuery. Por exemplo, podemos filtrar os campos que começam com x-ga.

A função definida pelo usuário (UDF) do Dataflow do Exemplo 4-17 filtra esses eventos, de modo que o resto do modelo pode enviar os dados ao BigQuery. Essa UDF precisa ser enviada a um recipiente para que aqueles que estiverem trabalhando no Dataflow possam baixá-la e usá-la.

Exemplo 4-17. Uma função definida pelo usuário do Dataflow que filtra os campos do tópico Pub/Sub que começam com x-ga para que o resto dos dados possam ser gravados no BigQuery

```
/**
 * Uma função de transformação que filtra os campos que começam com x-ga
 * @param {string} inJSON
 * @return {string} outJSON
 */
```

```javascript
function transform(inJSON) {
 var obj = JSON.parse(inJSON);
 var keys = Object.keys(obj);
 var outJSON = {};

 // não exibe as chaves que começam com x-ga
 var outJSON = keys.filter(function(key) {
   return !key.startsWith('x-ga');
 }).reduce(function(acc, key) {
   acc[key] = obj[key];
   return acc;
 }, {});

 return JSON.stringify(outJSON);
}
```

Uma vez que o trabalho do Dataflow estiver configurado, ele nos dará um DAG assim como o Cloud Composer/Airflow. Contudo, nesse sistema, ele lidará com fluxos baseados em eventos em tempo real, não em batches. A Figura 4-14 mostra o que veríamos na seção Dataflow Jobs do console da web.

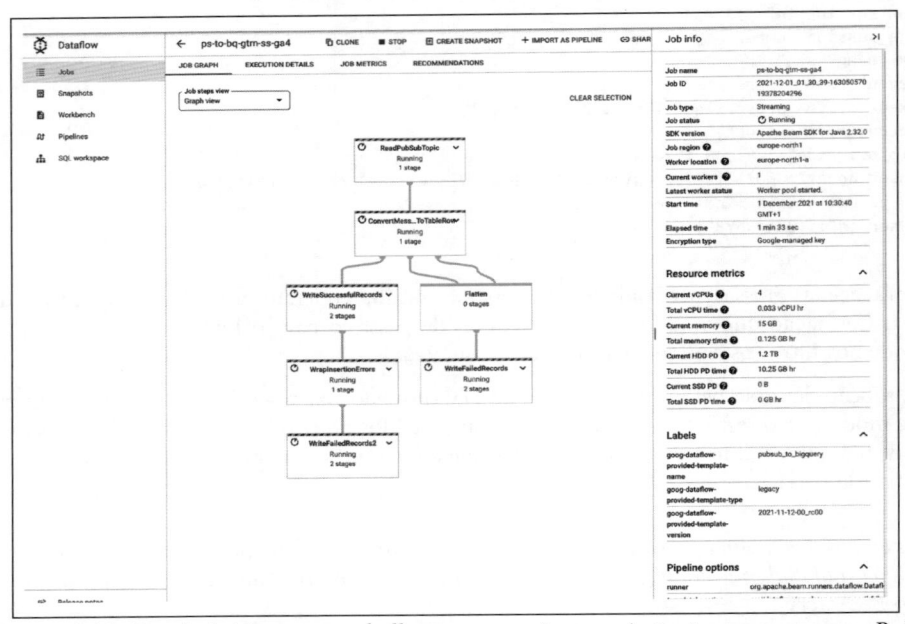

Figura 4-14. Dando início a um trabalho em execução para importar as mensagens Pub/Sub para o BigQuery em tempo real

Custos do Dataflow

Dada a forma como o Dataflow funciona, tome cuidado para não ativar muitas VMs em caso de erro, o que pode enviar muitos acessos para o seu pipeline, resultando em contas caras. Depois de termos uma ideia da carga de trabalho, seria sábio definir um limite de VMs para lidar com os picos de dados, mas não deixá-lo correr solto se algo inesperado acontecer. Mesmo com esses cuidados, a solução ainda é mais cara do que os fluxos de trabalhos em batch, visto que podemos esperar gastar entre US$10 e US$30 por dia ou US$300 e US$900 por mês.

O esquema do BigQuery deve corresponder à configuração do Pub/Sub, de modo que precisamos criar uma tabela. A tabela da Figura 4-15 também foi configurada para ser particionada por tempo.

gtm-ss-ga4

Field name	Type	Mode	Policy tags ⓘ
event_name	STRING	NULLABLE	
engagement_time_msec	INTEGER	NULLABLE	
debug_mode	STRING	NULLABLE	
author	STRING	NULLABLE	
category	STRING	NULLABLE	
published	STRING	NULLABLE	
words	STRING	NULLABLE	
read_time	STRING	NULLABLE	
screen_resolution	STRING	NULLABLE	
language	STRING	NULLABLE	
client_id	STRING	NULLABLE	
page_location	STRING	NULLABLE	
page_referrer	STRING	NULLABLE	
page_title	STRING	NULLABLE	
ga_session_id	STRING	NULLABLE	
ga_session_number	INTEGER	NULLABLE	
user_id	STRING	NULLABLE	
ip_override	STRING	NULLABLE	
user_agent	STRING	NULLABLE	

Figura 4-15. O esquema de dados do BigQuery para receber o JSON Pub/Sub

Se cometermos algum erro, o Dataflow enviará os dados brutos a outra tabela do mesmo conjunto de dados, onde poderemos examinar os erros e fazer correções, tal como exibido na Figura 4-16.

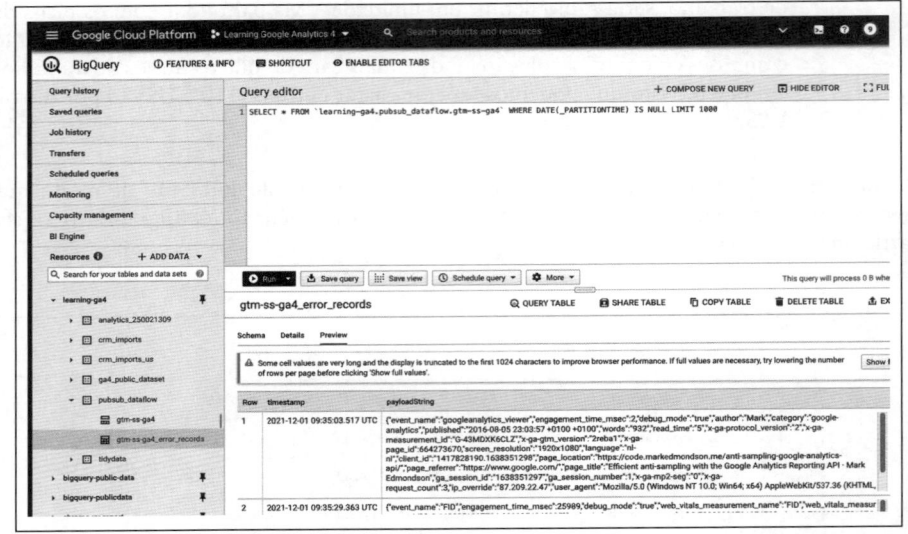

Figura 4-16. Quaisquer erros do Dataflow aparecerão em sua própria tabela do BigQuery, para que possamos examinar as cargas

Se tudo estiver indo bem, poderemos ver nossos dados do Pub/Sub começando a surgir no BigQuery — dê-se um tapinha nas costas se vir algo parecido com a Figura 4-17.

Já temos uma funcionalidade padrão de exportação do BigQuery disponível gratuitamente usando as exportações nativas do BigQuery do GA4, mas esse processo pode ser adaptado para outros casos de uso apontando para vários pontos de extremidade ou fazendo transformações diferentes. Um exemplo poderia ser trabalhar com um subconjunto dos eventos de GA4 para modificar o acesso e dar mais atenção à privacidade ou enriquecê-lo com metadados de produtos disponíveis apenas por meio de outro fluxo em tempo real.

Lembre-se de que o Dataflow executará uma VM com um custo para esse fluxo. Assim, lembre-se de desligá-la quando não precisar mais. Se nossos volumes de dados não forem grandes o suficiente para justificar tal despesa, também podemos usar as Cloud Functions para transmitir os dados.

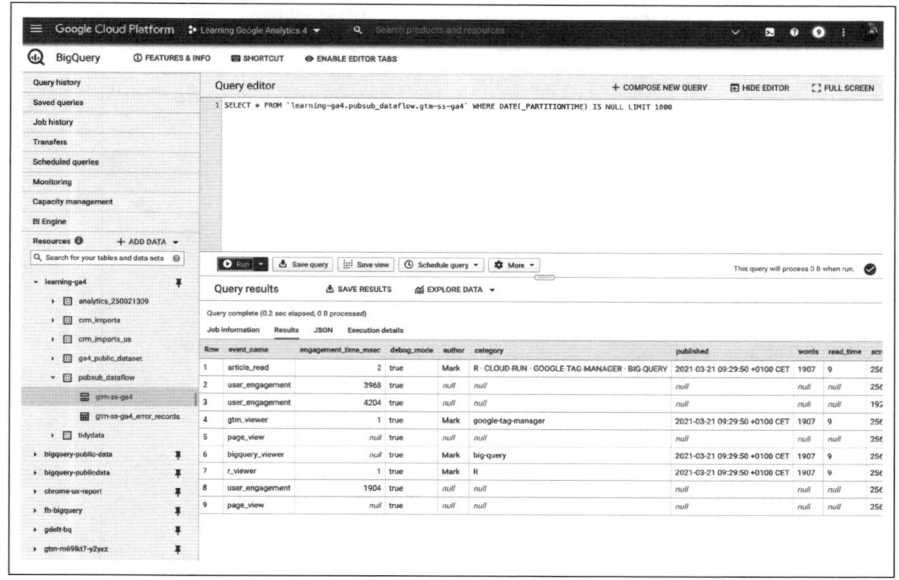

Figura 4-17. Uma importação de streaming bem-sucedida do GA4 no GTM SS para o Pub/Sub para o BigQuery

Streaming via Cloud Functions

Se nossos volumes de dados estiverem dentro das cotas de Cloud Functions, nossa configuração do tópico Pub/Sub também poderá usar as Cloud Functions para transmitir os dados para locais diferentes. O Exemplo 4-5 apresenta alguns códigos para eventos esporádicos, como tabelas de BigQuery, mas também podemos reagir a fluxos de dados mais regulares, e a Cloud Function aumentará e diminuirá a escala conforme a necessidade — cada chamada do evento Pub/Sub criará uma instância de Cloud Function que será executada em paralelo com outras funções.

Os limites (para as Cloud Functions de Geração 1) incluem apenas 540 segundos (9 minutos) do tempo de execução e um total de 3 mil segundos de chamadas simultâneas (por exemplo, se uma função leva 100 segundos para executar, podemos ter 30 funções rodando ao mesmo tempo). Isso significa que devemos tornar nossas Cloud Functions pequenas e eficientes.

A Cloud Function a seguir deve ser pequena o suficiente para executar 300 solicitações por segundo (Exemplo 4-18). Ela pega a mensagem Pub/Sub e a insere como string em uma coluna de dados `raw` no BigQuery com sua data e hora. Você pode modificar o código para analisar um esquema mais específico, conforme suas necessidades, ou usar o próprio SQL do BigQuery para processar a string JSON bruta em dados mais organizados depois.

Exemplo 4-18. Modifica o dict pb no código para analisar mais campos se quisermos criar uma tabela mais personalizada. Acrescenta os argumentos de ambiente dataset e table, que apontam para a tabela de BigQuery predefinida. Inspirado pela postagem Medium (conteúdo em inglês) de Milosevic sobre como copiar dados do Pub/Sub para o BigQuery.

```
# python 3.7
# pip google-cloud-bigquery==2.23.2
from google.cloud import bigquery
import base64, JSON, sys, os, time

def Pub/Sub_to_bigq(event, context):
  Pub/Sub_message = base64.b64decode(event['data']).decode('utf-8')
  print(Pub/Sub_message)
  pb = JSON.loads(Pub/Sub_message)
  raw = JSON.dumps(pb)

  pb['timestamp'] = time.time()
  pb['raw'] = raw
  to_bigquery(os.getenv['dataset'], os.getenv['table'], pb)

def to_bigquery(dataset, table, document):
  bigquery_client = bigquery.Client()
  dataset_ref = bigquery_client.dataset(dataset)
  table_ref = dataset_ref.table(table)
  table = bigquery_client.get_table(table_ref)
  errors = bigquery_client.insert_rows(table, [document], ignore_unknown_values=True)
  if errors != [] :
   print(errors, file=sys.stderr)
```

A função obtém os argumentos de ambiente para especificar onde os dados ficam, como mostra a Figura 4-18. Isso nos permite executar várias funções para diversos fluxos.

A tabela de BigQuery predefinida possui apenas dois campos, `raw`, que contém a string JSON, e `timestamp`, quando a Cloud Function foi executada. Podemos usar as funções JSON do BigQuery no SQL para analisar essa string JSON bruta, como no Exemplo 4-19.

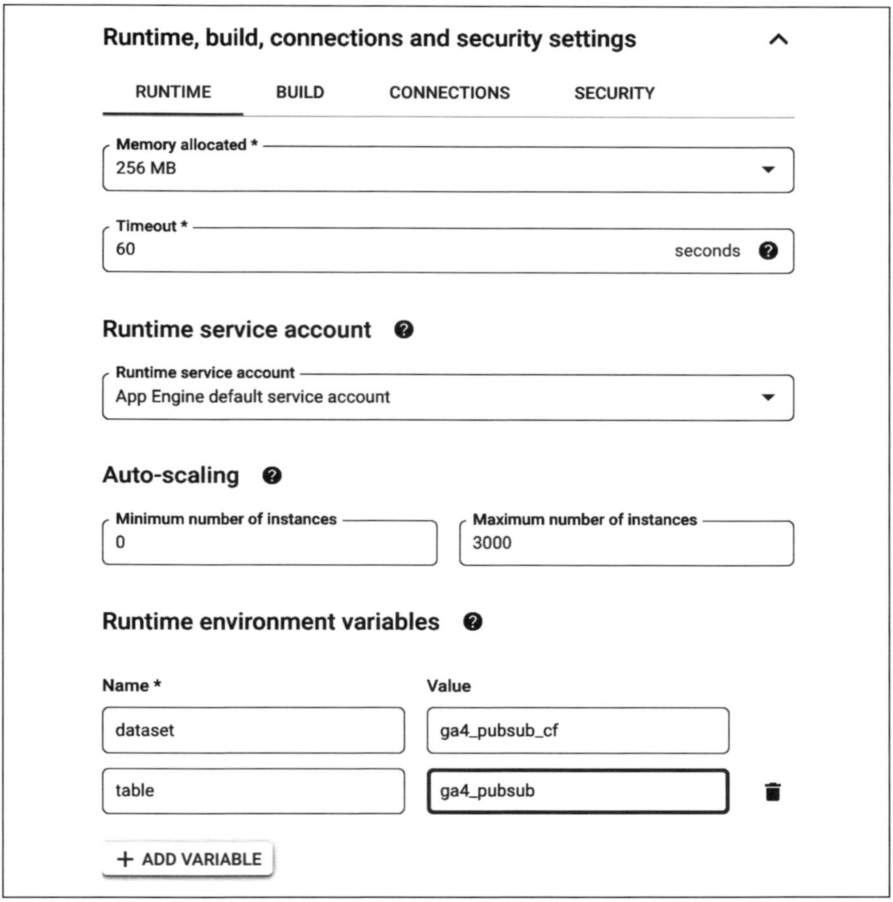

Figura 4-18. Configurando os argumentos de ambiente para usar na Cloud Function no Exemplo 4-18

Exemplo 4-19. O SQL do BigQuery para processar uma string JSON bruta

```sql
SELECT
  JSON_VALUE(raw, "$.event_name") AS event_name,
  JSON_VALUE(raw, "$.client_id") AS client_id,
  JSON_VALUE(raw, "$.page_location") AS page_location,
  timestamp,
  raw
FROM
  `learning-ga4.ga4_Pub/Sub_cf.ga4_Pub/Sub`
WHERE
  DATE(_PARTITIONTIME) IS NULL
LIMIT
  1000
```

O resultado do código do Exemplo 4-19 é exibido na Figura 4-19. É possível configurar esse SQL posteriormente por agendamento ou através de uma BigQuery View.

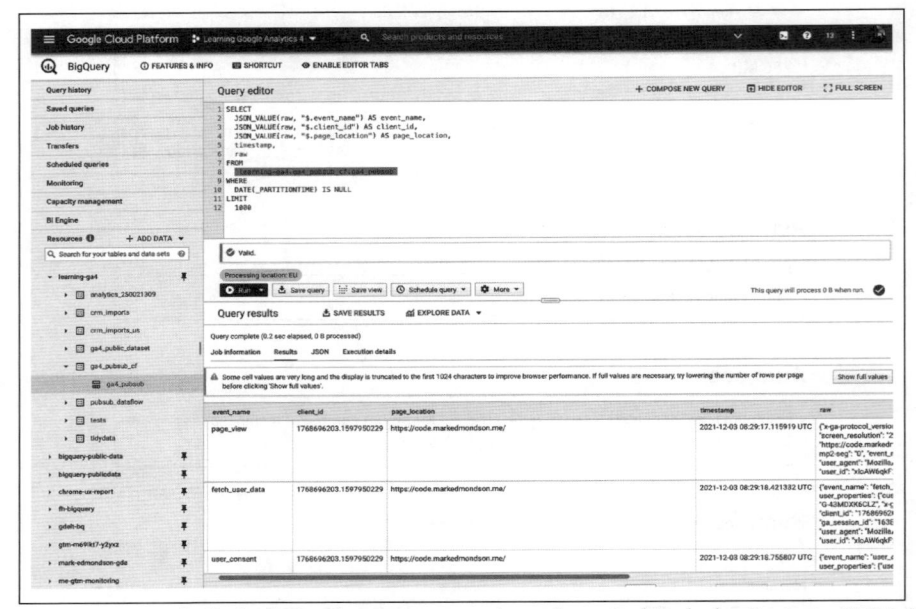

Figura 4-19. A tabela de dados brutos que recebe o fluxo Pub/Sub do GA4 via GTM-SS pode ter seu JSON processado com funções do BigQuery, como `JSON_VALUE()`

Os serviços de streaming de dados nos oferecem uma forma de ter a pilha de dados mais responsivos e modernos para a configuração do GA4, mas têm um custo financeiro e tecnológico que precisaremos justificar com um grande caso comercial. Contudo, se tivermos esse caso, ter essas ferramentas à nossa disposição significa que poderemos montar algo, um aplicativo que teria sido quase impossível de fazer há 10 anos.

Os fluxos de dados analíticos digitais, como o GA4, costumam ser mais úteis quando podem moldar experiências a um usuário individual, mas ao usar dados que podem ser associados a uma pessoa, precisamos ter um cuidado especial quanto às consequências legais e éticas. Falaremos sobre isso na próxima seção.

Protegendo a Privacidade do Usuário

A seção "Privacidade do Usuário", do Capítulo 2 também nos apresenta uma visão geral sobre a privacidade do usuário, mas esta aqui vai mais a fundo e nos apresenta alguns recursos técnicos.

Nesta era moderna, o valor dos dados foi percebido por parte daqueles que os fornecem, e não só por aqueles que os usam. Hoje, obter dados sem permissão pode ser encarado como algo tão imoral como o roubo. Assim, para que um negócio seja sustentável em longo prazo, vem se tornando cada vez mais importante ganhar a confiança dos usuários.

As marcas mais confiáveis serão aquelas que são claras sobre quais dados estão sendo coletados e como estão usando esses dados, bem como aquelas que dão aos usuários fácil acesso aos seus próprios dados, ao ponto em que eles têm a capacidade de tomar decisões fundamentadas, o poder de pedir seus dados de volta e de deixar de dar a permissão para usá-los. Acompanhando essas éticas em evolução, as leis de várias regiões também estão começando a ficar mais rígidas e a exercer mais impacto, com a possibilidade de pesadas multas em caso de não observância.

Ao armazenar dados que podem ser rastreados até uma pessoa, temos a responsabilidade de proteger esses dados pessoais contra abusos internos e agentes malignos externos que podem tentar roubá-los.

Esta seção analisa os padrões do design de armazenamento de dados que nos ajudarão a facilitar nosso processo de privacidade de dados. Em alguns casos, a não observância não foi intencional, mas causada por um sistema mal elaborado, que é justamente o que procuraremos evitar.

Privacidade de Dados por Padrão

A forma mais simples de evitar preocupações com a privacidade de dados é simplesmente não armazenar dados pessoais. A menos que tenhamos uma necessidade específica que os exijam, removê-los da nossa coleta de dados ou exclui-los à medida que chegam ao armazenamento é a forma mais simples de observar essa exigência. Isso pode parecer loucura, mas deve ser dito, visto que é muito comum por parte das empresas simplesmente coletar esses dados por acidente ou sem realmente pensar nas consequências. Um caso clássico de análise da web é acidentalmente armazenar os e-mails dos usuários nas URLs para formulários da web ou nas caixas de busca. Mesmo sem querer, isso é contra os Termos de Serviço do Google Analytics e faz com que corramos o risco de ter nossa conta fechada. Estabelecer alguns métodos de limpeza de dados no ponto de coleta pode nos ajudar bastante a manter a casa limpa.

Mesmo se precisarmos de algum nível de personalização, ainda assim não necessariamente precisaremos coletar dados que apresentarão um risco de privacidade. É aí que entra a pseudonimização, que é o padrão para a coleta de dados, incluindo do GA4. Nesse caso, uma ID é atribuída a um usuário e é a ID que é compartilhada, não os dados pessoais do usuário. Um exemplo seria escolher entre uma ID aleatória ou o número de telefone de uma pessoa como ID de usuário. Se a ID aleatória for acidentalmente exposta, o invasor não poderia fazer muita coisa com isso, a menos que tivesse acesso ao sistema que relaciona essa ID ao resto das informações dessa pessoa. Se a ID exposta fosse o número verdadeiro do telefone da pessoa, o invasor teria algo para usar imediatamente. O uso da pseudonimização é a primeira linha de defesa para proteger os dados pessoais do usuário. De novo: nunca use o e-mail ou o número de telefone como ID, pois causará violações de privacidade; empresas que fizeram isso foram multadas.

Pode ser que a ID seja tudo de que precisamos para os nossos casos de uso — por exemplo, a coleta de dados do GA4 está nesse nível. É apenas quando começamos a vincular essa ID a informações pessoais, como vincular a `client_id` do GA4 ao endereço de e-mail de um usuário, que precisamos começar a pensar em considerações mais extremas de privacidade. Isso costuma acontecer quando começamos a vinculá-lo aos nossos sistemas de back-end, como um banco de dados CRM.

Se nossos casos de uso exigirem dados pessoais, e-mails, nomes etc., devemos ter alguns princípios em mente, incentivados por legislações de privacidade, como o GDPR. Esses passos nos permitirão preservar a dignidade do usuário e ter algum impacto comercial com esses dados:

Mantenha os dados pessoais (PII) em um número mínimo de locais

Os dados pessoais devem ser mantidos na menor quantidade de bancos de dados possível e combinados ou vinculados a outros sistemas através de uma ID pseudonimizada que será a chave para essa tabela. Dessa maneira, teremos apenas um lugar para consultar se precisarmos excluir ou extrair os dados de uma pessoa, e não precisaremos excluí-los de outros locais em que talvez tenham sido copiados ou combinados. Isso complementa o próximo ponto sobre a criptografia dos dados do usuário, visto que precisaremos fazer isso com o banco de dados de usuários.

Criptografe os dados dos usuários com a técnica "salt-and-peppered" dos hashes

O processo de hashing é um método de criptografia unidirecional de dados, o que torna impossível recriar os dados originais sem saber quais são os componentes: por exemplo, "Mark Edmondson", depois de criptografado com o popular algoritmo de hashing sha256, se torna:

```
3e7e793f2b41a8f9c703898c5c0d4e08ab2f22aa1603f8d0f6e4872a8f542335
```

Entretanto, sempre será esse hash e deverá ser único globalmente, de modo que possamos utilizá-lo como uma chave confiável. A técnica "salt-and-peppered" do hash significa que também podemos acrescentar uma palavra-chave única aos dados para torná-lo ainda mais seguro, caso alguém consiga quebrar o algoritmo de hashing ou obter o mesmo hash para fazer um vínculo. Por exemplo, se meu salt (texto) é "baboons", então ele é colocado na frente do meu ponto de dados, fazendo com que "Mark Edmondson" se torne "baboonsMark Edmondson" e o hash se torne:

```
a776b81a2a6b1c2fc787ea0a21932047b080b1f08e7bc6d6a2ccd1fb6443df48
```

ou seja, totalmente diferente do anterior. Os textos podem ser globais ou armazenados com o ponto do usuário para torná-los únicos para cada usuário. Usar um "pepper" ou um "salt secreto" no hash são conceitos similares, mas, dessa vez, a palavra-chave não é colocada junto com os dados a serem criptografados, mas em outro local seguro. Isso protege o banco de dados contra violações, pois ele passa a ter dois locais. Nesse caso, "pepper" seria recuperado e poderia ser "averylongSECRETthatnoonecanknow?", fazendo com que meu hash final se tornasse "baboonsMark EdmondsonaverylongSECRETthatnoonecanknow?", resultando no hash final:

```
c9299fe251319ffa7ec66137acfe81c75ee115ceaa89b3e74b521a0b5e12d138
```

o que deveria ser bem difícil para um hacker motivado identificar de modo com o usuário.

Atribua datas de validade aos dados pessoais

Às vezes, nossa única opção será copiar e transferir os dados pessoais, por exemplo, se estivermos importando de nuvens ou sistemas diferentes. Nesse caso, podemos nomear a fonte de dados como a fonte confiável de todas as nossas iniciativas de privacidade e impor uma data de validade para os dados ou qualquer dado copiado da fonte. Em geral são 30 dias, o que significa que teremos de fazer uma importação completa a cada 30 dias (talvez até todos os dias), o que aumentará o volume dos dados. Dessa forma, estaremos seguros, sabendo que, à medida que atualizarmos as permissões dos usuários e os valores no banco de dados mestre, quaisquer cópias desses dados serão efêmeras, deixando de existir após a importação.

Impor princípios de privacidade dá mais trabalho, mas o resultado é paz mental e a confiança nos nossos sistemas, o que pode ser transmitido aos nossos clientes. Um exemplo desse último ponto para a validade dos dados em alguns sistemas de armazenamento sobre os quais falamos neste capítulo será demonstrado na próxima seção.

Validade de Dados no BigQuery

Ao configurar nossos conjuntos de dados, tabelas e recipientes, podemos definir datas de validade para os dados que chegarão. Já falamos sobre como configurá-las no GCS em "Google Cloud Storage", no Capítulo 3.

No caso do BigQuery, podemos definir uma data de validade no nível do conjunto de dados que afetará todas as tabelas nesse conjunto — veja a Figura 4-20 para um exemplo com um conjunto de dados de teste.

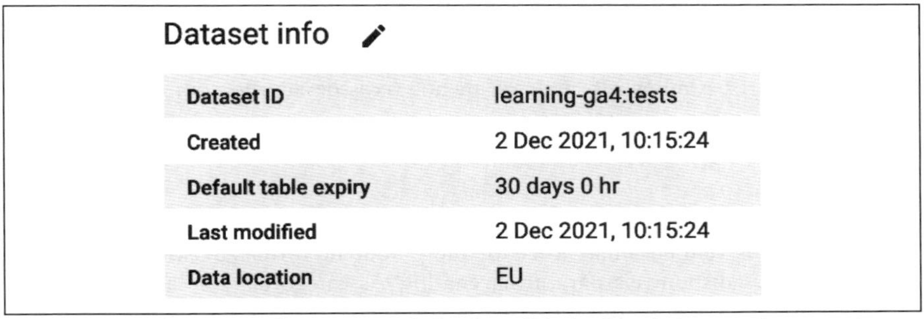

Dataset info ✏️	
Dataset ID	learning-ga4:tests
Created	2 Dec 2021, 10:15:24
Default table expiry	30 days 0 hr
Last modified	2 Dec 2021, 10:15:24
Data location	EU

Figura 4-20. Podemos configurar o período de validade da tabela ao criar o conjunto de dados

No caso das tabelas particionadas, precisaremos de algo diferente, visto que a tabela sempre existirá, mas queremos que as partições em si sejam excluídas com o passar do tempo, deixando-nos apenas com os dados mais recentes. Para isso, precisaremos chamar gcloud ou usar o SQL do BigQuery para alterar as propriedades da tabela, tal como visto no Exemplo 4-20.

Exemplo 4-20. Definindo uma data de validade para as partições do BigQuery em uma tabela particionada

O método gcloud (no nosso console bash local ou no Cloud Console):

```
bq update --time_partitioning_field=event_date \
  --time_partitioning_expiration 604800 [PROJECT-ID]:[DATASET].partitioned_table
```

Ou com a DML do BigQuery:

```
ALTER TABLE `project-name`.dataset_name.table_name
SET OPTIONS (partition_expiration_days=7);
```

Tal como os períodos de validade passivos, também podemos rastrear os dados de forma ativa em busca de violações de privacidade através da API de Prevenção de Perda de Dados.

API de Prevenção de Perda de Dados

A API de Prevenção de Perda de Dados (DLP) é uma maneira de detectar e mascarar automaticamente os dados confidenciais, como e-mails, números de telefone e de cartão de crédito. Podemos chamá-la e executá-la para nossos dados no Cloud Storage ou no BigQuery.

Se tivermos uma grande quantidade de dados de streaming, existe um modelo do Dataflow para ler dados CSV a partir do GCS e inserir os dados mascarados no BigQuery.

No caso do GA4, podemos simplesmente usá-lo para fazer uma varredura das nossas exportações do BigQuery para ver se algum dado pessoal foi coletado de forma não intencional. A API de DLP analisa apenas uma tabela por vez. Assim, a melhor forma de usá-la é fazendo a varredura das tabelas que chegam todos os dias. Se você tiver muitos dados, recomendo analisar apenas uma amostra e/ou limitar a varredura apenas a campos que poderiam conter dados confidenciais. No caso das exportações de BigQuery do GA4 em especial, isso provavelmente se limitará a `event_params.value.string_value`, visto que todos os outros campos são mais ou menos fixos de acordo com sua configuração (`event_name` etc.).

Resumo

Visto que os dados vêm em uma variedade tão grande de formas e usos, existem muitos sistemas diferentes disponíveis para armazená-los. As categorias amplas abordadas neste capítulo são de dados estruturados e desestruturados, e agendados versus pipelines de streaming entre os sistemas. Também precisamos de uma boa estrutura de organização e pensar em quem ou o que deveria ter acesso a cada dado na sua jornada, visto que, no fim das contas, serão pessoas que usarão esses dados, e reduzir o atrito para que a pessoa certa possa ver os dados certos é um grande passo em direção à maturidade dos dados da nossa organização. A partir do momento em que precisarmos de dados além do GA4, precisaremos saber como esses sistemas interagem uns com os outros, mas temos um bom ponto de partida com as exportações de BigQuery do GA4, que são bem-vistas como um dos seus principais recursos em comparação com o Universal Analytics.

Agora que falamos sobre como coletar e armazenar dados, no próximo capítulo veremos mais sobre como esses dados são enviados, transformados e modelados de forma ativa, e como eles costumam indicar qual parte do pipeline gera mais valor.

## CAPÍTULO 5

Modelagem de Dados

A modelagem de dados tem o potencial de ser o aspecto mais técnico de um projeto, visto que é nela que costumamos ver o aprendizado de máquina ou as estatísticas avançadas operando nos dados. Também pode ser tão simples quanto a união de dois conjuntos de dados. É nela que a mágica acontece em um projeto de dados, transformando dados brutos em informações e, consequentemente, em insight. Contudo, a modelagem de dados não deve ser o objetivo final — isso está reservado para quando exportamos o insight para os canais de ativação de dados, para a análise em um relatório pontual ou o envio dos dados para seus canais de ativação. A modelagem de dados é um meio para um fim, não o contrário. Ela tem a ver com como extraímos valor dos dados e nunca sobre o uso da técnica mais recente — talvez a tarefa que extrairá o melhor valor seja simplesmente uma junção, em vez de uma rede neural sofisticada. Eu também encaro a modelagem de dados como o lugar onde inserimos nossa lógica particular de negócios que define as vantagens sobre a concorrência. É aqui que podemos ser criativos e contribuir com nossa vantagem competitiva e experiência, personalizando como os dados são usados para o objetivo final e eventual de ajudar nossos clientes e negócio.

Existem muitas maneiras de modelar os dados fora do GA4, as quais serão abordadas aqui, mas, primeiro, vejamos o que o GA4 já nos fornece em sua plataforma.

Modelagem de Dados no GA4

Ao usarmos o GA4, podemos aproveitar a modelagem de dados que já vem com o produto, eliminando a necessidade de criar ou personalizar a nossa. Esse sempre será um conjunto de recursos em constante evolução do GA4, visto que um dos motivos de o GA4 ter um novo esquema de dados baseado em eventos é permitir a utilização mais simples desses aplicativos.

Na época da escrita deste livro, havia várias opções de modelagem de dados disponíveis no GA4.

Relatórios Padrão e Explorações

Os dados brutos que entram no GA4 não são úteis no dia a dia, como podemos comprovar ao trabalhar diretamente com as exportações do BigQuery. A maioria das pessoas não quer digitar comandos em SQL para ver algumas informações sobre quantos usuários vieram através de cada canal, por exemplo. É aí que entram os relatórios padrão criados previamente e as seções de explorações personalizáveis. O GA4 usa Bibliotecas de Relatórios para definir quais relatórios cada usuário verá ao fazer o login, as quais podem ser configuradas segundo a mentalidade "menos é mais" de não sobrecarregar os usuários finais com todos os relatórios. Esperamos que eles sejam expandidos para incluir cenários de casos de uso comuns, como e-commerce, editoras, análise de blogs etc. O uso de transformações para esses relatórios é abordado na seção "Visualização", no Capítulo 6.

Modelagem de Atribuição

A forma como atribuímos créditos para conversões em qualquer sistema de análise está sujeita ao modelo de atribuição. Mesmo que não estejamos ativamente procurando por relatórios de atribuição, estaremos implicitamente escolhendo as configurações padrão para nosso sistema de análise. Isso se aplicava ao Universal Analytics, mesmo quando não estávamos analisando os relatórios multitoque ou de atribuição dedicados — o restante dos relatórios usavam o modelo "último canal não direto" (veja o texto "Opções de Atribuição do GA4", mais adiante).

No GA4, temos mais opções de configuração de como atribuir conversões na conta. Nas configurações do GA4 para Attribution Settings, podemos selecionar opções, tais como, "Cross channel last click" ou "Ads-preferred last click", bem como a janela de lookback de quando um canal deveria ser creditado para uma futura conversão; veja a Figura 5-1.

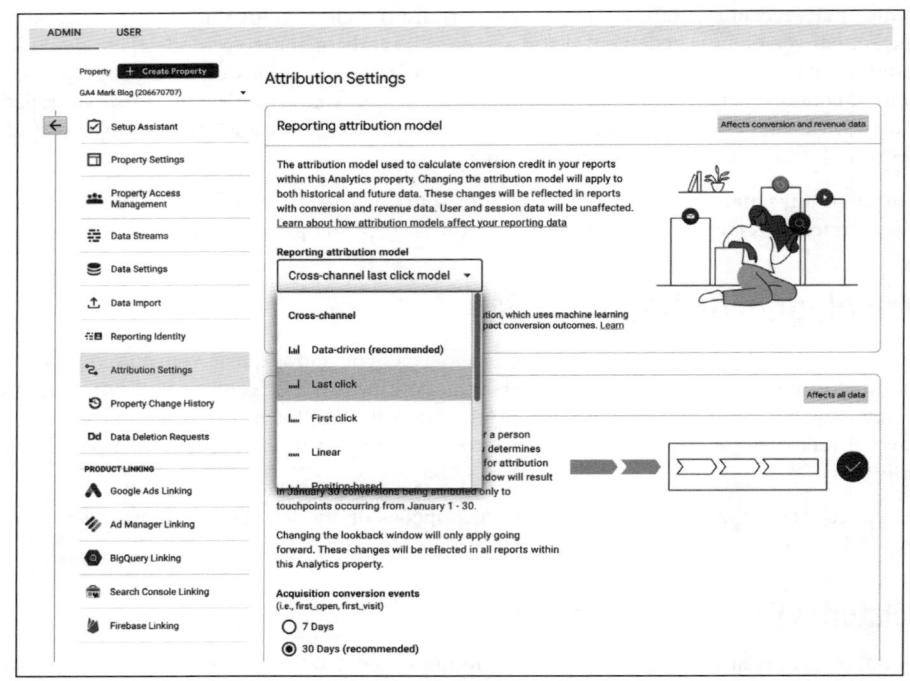

Figura 5-1. Podemos fazer configurações de atribuição de como nossas conversões serão atribuídas aos canais e escolher uma janela de lookback de 30, 60 ou 90 dias

Opções de Atribuição do GA4

Existem várias formas de atribuir conversões no GA4 que operam nos relatórios. Essa configuração pode ser alterada a qualquer momento e se aplica retroativamente aos dados históricos. Essa é uma visão geral resumida:

Data driven

Usa seus próprios algoritmos de aprendizado de máquina para encontrar um modelo que aprende a diferenciar eventos do GA4 que afetem nossas conversões, ou seja, os eventos que contribuíram ou não para uma conversão, comparando com o que deveria ter acontecido se esse evento não estivesse presente para criar um modelo de peso que esse evento deveria ter para as novas conversões.

Last nondirect click

Atribui conversões ao último clique, mas apenas se é um clique não direto, ou seja, uma jornada de orgânico → pago → direto será atribuída a pago. É isso que o Universal Analytics fazia em seus relatórios padrão (Recall Direct é qualquer visita que não pode ser atribuída a uma fonte de canal, como campanhas sem tags, marcadores ou navegação direta).

First click

Atribui conversões ao primeiro clique, em que o usuário foi visto pela primeira vez. Uma jornada de orgânico → pago → direto será atribuía a orgânico.

Linear

Registra uma fração de cada objetivo para todos os canais que contribuíram para a conversão. Uma jornada de orgânico → pago atribuirá 50% a orgânico e 50% a pago.

Position-based

Atribui 40% do crédito para a primeira e última interações, e usa a atribuição linear para alocar os 20% restantes no meio. Uma jornada de orgânico → pago → orgânico → e-mail atribuirá 40% + 10% a orgânico, 40% a e-mail e 10% a pago.

Time-decay

Usa um decaimento de meia-vida de 7 dias para atribuir conversões. Um clique 8 dias antes de uma conversão recebe 50% menos crédito do que um clique 1 dia antes.

Ads-preferred

Ignora todos os canais que não sejam do Google Ads e atribui 100% do valor a ele, a menos que não haja nenhum clique do Google Ads, enquadrando-se, nesse caso, no último clique não direto.

Considerar nosso uso do GA4 com cuidado influenciará essa decisão: uma loja virtual na qual a maioria dos usuários compra na primeira ou na segunda sessão terá necessidades diferentes de um site de carros de luxos, no qual os clientes talvez considerem uma compra por meses.

Resolução de Usuário e Sessão

Determinar quais acessos pertencem a um usuário é um exercício não trivial, em especial nesses tempos modernos, quando não podemos depender do tempo de vida dos cookies. Nas configurações do GA4, existe uma configuração "Reporting Identity", na qual podemos decidir como o GA4 modelará os usuários e suas sessões — por ID de usuário mais ID do dispositivo ou apenas por ID do dispositivo (veja a Figura 5-2).

Isso pode mudar bastante nossas métricas de usuário se também enviarmos uma userId para identificar usuários ou se estivermos usando o Google Signals. Veja a seção "Google Signals", no Capítulo 3, para obter mais detalhes sobre essas configurações. Supondo que temos o consentimento dos usuários, uma ID de usuário será mais confiável para identificá-los, mesmo ao chegarem usando um computador, um dispositivo móvel ou com cookies diferentes.

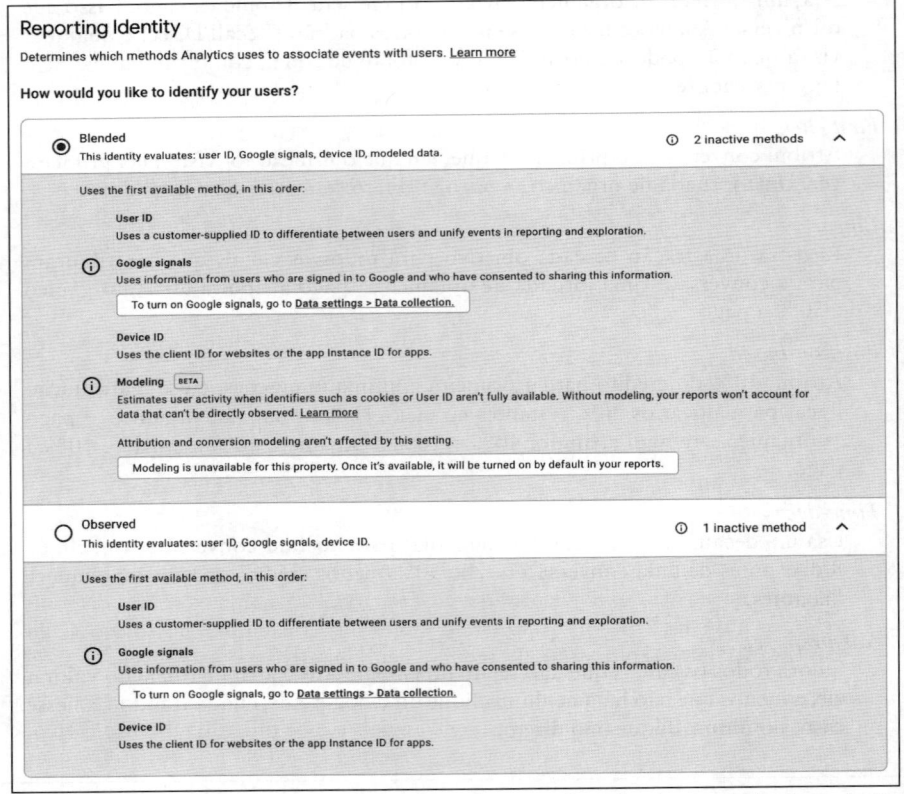

Figura 5-2. Selecionando como os usuários podem ser identificados nos relatórios do GA4

Consent Mode Modeling

Google Consent Mode é uma nova tecnologia que usa o sistema de administração de cookies para ajudar a respeitar as escolhas do usuário de usar ou não cookies. Se escolherem não usá-los, uma cookieId (cid) não poderá ser atribuída a esse usuário, de modo que cada acesso do GA coletado gerará uma nova cid. Se esses acessos receberem permissão para aparecer nos relatórios do GA4 por padrão, então as métricas do usuário serão exageradas. Em resultado disso, esses hits não serão apresentados na nossa conta do GA4. Entretanto, ao comparar os padrões de tráfego dos usuários que dão consentimento com aqueles que não o dão, o GA4 pode nos dar uma ideia de qual atribuição estaria se aplicando, caso todos dessem consentimento para os cookies; por exemplo, se 50% dos usuários com consentimento estão atribuídos para a busca paga, seria um bom argumento dizer que 50% dos nossos usuários que não deram consentimento também serão atribuídos à busca paga.

Relatando Espaços de Identidade

As resoluções de usuário e do modo de consentimento estão codificadas nos espaços configuráveis de identidade do GA4, que nos permitem determinar como os usuários devem ser atribuídos para o nosso site. Alguns sites que sempre usam uma ID de usuário talvez prefiram usar esse método apenas para não confundir as coisas com a modelagem do Google. A modelagem também é afetada se estivermos usando o Google Signals e o Google Consent Mode, que podemos ou não usar dependendo da política de privacidade do usuário. Habilitar o Google Signals também significa que temos limites ao visualizar os dados para evitar identificar os usuários individuais (por exemplo, se segmentarmos para apenas um usuário, precisaremos reduzir a visualização para identificar apenas um grupo de clientes).

O padrão do Universal Analytics seria a abordagem baseada em dispositivos, usando apenas cookies com cid. O Google Signals se baseia nos usuários logados do Google que deram consentimento no nível de conta do Google para compartilhar atividades nos sites. A modelagem dos usuários precisará do fluxo de acessos sem consentimento que não possuem identificador, mas que podem ser subentendidos se forem os mesmos usuários.

Com essas abordagens, podemos decidir o que escolher nas configurações do GA4:

Blended
> Usa a ID de usuário se ela é coletada, envia-a ao Google Signals se está disponível ou se a ID do dispositivo não está disponível (por exemplo, nosso cookie do GA4 [cid]), então aplica a modelagem se nenhuma ID está disponível.

Observed
> Escolhe entre a ID de usuário, o Google Signals e, por fim, a ID do dispositivo. Usa a ID de usuário se ela é coletada. Se nenhuma ID de usuário é coletada, então o Analytics usa as informações do Google Signals se disponíveis. Se nem a ID de usuário nem as informações do Google Signals estão disponíveis, então o Analytics usa a ID do dispositivo.

Device-based
> Usa apenas a ID do dispositivo e ignora quaisquer outras IDs coletadas.

Criação de Audiences

Os Audiences do GA4 substituem o conceito de segmentos do Universal Analytics e são um subconjunto do tráfego que criamos ou baseado no que foi definido pelo GA4. Porém, diferentemente dos segmentos do Universal Analytics, os Audiences não são retroativos para o tráfego histórico, fazendo com que seja importante defini-los o mais rápido possível se quisermos usá-los posteriormente para a ativação dos dados. As regras para criar esses segmentos podem vir das dimensões e dos eventos personalizados que configuramos para nossa coleta de dados do GA4 e, de fato, os Audiences podem ser o motivo de configurarmos campos personalizados específicos para início de conversa. Os Audiences do GA4 são uma rota para ativar dados na GMP inteira e, assim, costumam ser o primeiro lugar para pesquisar nossos canais de ativação de dados. Leia a seção "Audiences do GA4 e Google Marketing Platform", no Capítulo 6, para ver alguns exemplos.

Métricas Preditivas

O GA4 já vem com três métricas preditivas: predições de compra, perda de clientes e faturamento. Isso gera uma predição para cada usuário que visita o site. As métricas preditivas aparecem apenas se o site atende alguns pré-requisitos, como volume de tráfego. Sermos capazes de usar as predições nos dados representa um aumento considerável das capacidades do GA4 em comparação com o Universal Analytics. Ao obtermos uma métrica preditiva, podemos combiná-la com o Audiences do GA4 para exportar os usuários que foram previstos como realizando transações ou sendo perdidos, de modo que possamos agir com base nessa informação. Esse caso de uso é examinado em detalhes no Capítulo 7.

Insights

O Insights é um recurso do GA4 que está sempre executando modelos de aprendizado de máquina, como a detecção de anomalias, para ajudar a apresentar informações com base nos dados que antes talvez estivessem ocultos. Ele combina isso com uma interface de processamento de linguagem natural, para que possamos escrever "Qual foi meu canal de conversão mais baixa?" na barra de busca, na parte de cima da página, e ele tentará apresentar o relatório mais apropriado — veja a Figura 5-3 para ter um exemplo.

O Insights tentará encontrar os pontos mais importantes e os apresentará na home page do GA4; também podemos acessá-los diretamente na barra lateral do Insights. O exemplo na Figura 5-4 apresenta alguns pontos de previsão versus as tendências atuais, os melhores desempenhos e os picos nas métricas. O Insights pode nos ajudar a encontrar um valor acidental que se alinha com nossos objetivos do dia, mas, em geral, precisaremos de objetivos e metas mais concretos para gerar valor através da sua análise de linguagem natural para nos dar uma interface de P&R para explorar os dados em vez de tentar criar nossos próprios relatórios. Ele reduz o esforço necessário por parte dos usuários procurando informações rapidamente na interface do GA4.

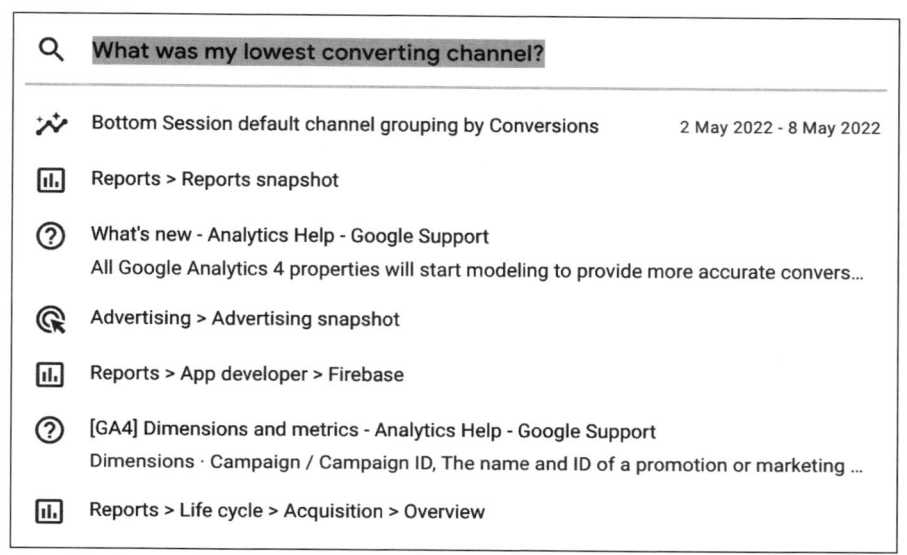

Figura 5-3. As perguntas escritas na barra de busca do GA4 serão analisadas para tentar encontrar o relatório do GA4 mais apropriado para nós

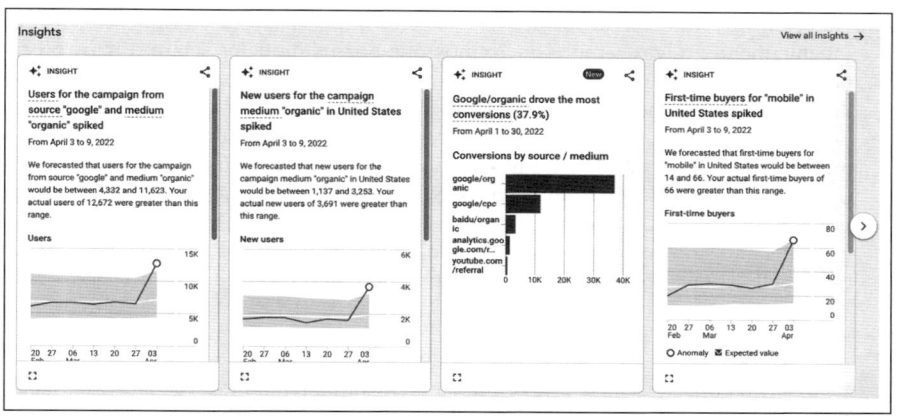

Figura 5-4. O Insights procura marcar os pontos mais importantes do dia quando estamos logados

Os recursos de modelagem do GA4 foram escolhidos para cobrir alguns casos de uso mais comuns que os usuários de análise digital precisam para trabalhar com seus dados; contudo, é impossível incluir todas as necessidades. Se identificarmos um caso de uso que está além do padrão, precisaremos começar a considerar extrair os dados do GA4 e criar nossa própria modelagem, o que abordaremos na próxima seção.

Transformando Dados em Insight

Podemos pensar nos nossos objetivos empresariais como algo que está marcado com um grande "X" em um mapa do tesouro. Os vários locais do mapa são onde estamos armazenando os dados, mas é a nossa modelagem de dados que ligará os pontos e nos guiará em nossa jornada. Se seguiu o processo descrito no Capítulo 2, você já deve ter determinado um objetivo de negócios e armazenado todos os dados de que precisa. Mas agora queremos transformar esses dados em algo útil. A modelagem de dados é responsável por essa transformação. Assim, veremos agora como moldar o processo.

Abordaremos os atributos dos dados e consideraremos o que nossa modelagem de dados precisará descobrir: a análise de métricas precisas e necessárias para medir o desempenho e os índices de erros, ver como os diferentes tipos de dados exigem técnicas distintas de modelagem e considerar alguns cenários comuns, como a vinculação de conjuntos de dados como método para obter insights.

Analisando os Resultados de Dados

Ao considerar nossa modelagem, quanto mais precisa for nossa definição de qual deverá ser o resultado, mais clara será a rota que precisaremos tomar para obtê-lo. Isso inclui quantos resultados precisamos, o tipo de dados que isso representa (numéricos, categóricos etc.), a definição exata desses dados e o que os dados estão registrando. Do ponto de vista da modelagem técnica de dados, certas categorias de dados funcionarão melhor ou pior com determinadas técnicas de modelagem. Abordaremos algumas delas aqui:

Acurácia versus precisão versus recall

Ingenuamente, talvez sempre queiramos que nossos modelos sejam o mais precisos possível, mas essa não é uma palavra exata o suficiente para possibilitar todo o desempenho de modelagem. Ao escolher a principal métrica de desempenho para os modelos, isso pode fazer muita diferença. Por exemplo, digamos que temos um índice de conversão de 1% no nosso site e queremos criar um modelo para prever o índice de conversão de um usuário. Se inserirmos a acurácia sem mais reflexão, poderemos acabar com um modelo que é 99% exato, pois ele preverá que todos os usuários não se converterão. Isso é verdade, mas não é útil! Precisamos de uma métrica melhor, que provavelmente será a precisão ou o recall.

Erros do Tipo I Versus Tipo II

Um conceito-chave aqui é que, a menos que tenhamos 100% de acurácia (o que nunca acontece), teremos dois tipos de erros: falsos positivos, que dizem que um usuário foi convertido, mas, na verdade, não foi; e falsos negativos, que dizem que um usuário não foi convertido quando, na verdade, foi. Esses são definidos como *erros do tipo I* (prevemos incorretamente uma conversão que não aconteceu) e *erros do tipo II* (prevemos incorretamente uma não conversão que aconteceu). Veja o Quadro 5-1.

Meu mnemônico favorito para isso é um médico conversando com um homem e uma mulher grávida. Ele diz "Você está grávido!" ao homem (tipo I) e "Você não está grávida!" à mulher (grávida, ou seja, tipo II). Como você já deve ter imaginado, é muito mais importante reduzir os erros do tipo II do que minimizar os do tipo I, mas talvez um novo par de óculos seja de ajuda.

As definições exatas para acurácia, precisão e recall são exibidas no Exemplo 5-1.

Exemplo 5-1. Definindo acurácia versus precisão versus recall

```
Acurácia = (Verdadeiro Positivo + Verdadeiro Negativo) / Todos os Resultados

Precisão = Verdadeiro Positivo / (Verdadeiro Positivo + Falso Positivo)

Recall = Verdadeiro Positivo / (Verdadeiro Positivo + Falso Negativo)
```

Tomemos o exemplo de tentar prever um índice de conversão de 1%, e nosso modelo retornará que ninguém será convertido. Nesse caso, supondo que temos um total de mil visitantes com cem conversões:

- Acurácia = (0 + 990) / 1000 = 99%
- Precisão = 0
- Recall = 0

Um modelo preciso, mas não útil.

Podemos representar os resultados do modelo para uma matriz de confusão, como exibido no Quadro 5-1, para nos ajudar a decidir qual medida devemos usar.

Quadro 5-1. Matriz de confusão

	Predição VERDADEIRO	Predição FALSO
VERDADEIRO Real	Correto! (verdadeiro positivo)	Erro do tipo II (falso negativo)
FALSO Real	Erro do tipo I (falso positivo)	Correto! (verdadeiro negativo)

Como um exemplo mais realista, iremos incluir alguns números e supor que nosso modelo cria uma matriz de confusão, como a que podemos ver no Quadro 5-2.

Quadro 5-2. Uma matriz de confusão para um modelo mais realista

	Predição VERDADEIRO	Predição FALSO
VERDADEIRO Real	9	1
FALSO Real	90	900

Aqui, podemos ver que o modelo pegou a maior parte das nossas conversões reais, mas também previu a conversão de muitos outros usuários que não se converteram. Inserindo os números na fórmula exibida no Exemplo 5-1, temos o seguinte:

- Acurácia = (9 + 900) / 1000 = 90,9%
- Precisão = 9 / (9 + 90) = 0,09
- Recall = 9 / (9 + 900) = 0,9

Perceba que a acurácia caiu em comparação com a nossa base anterior do modelo em que "ninguém se convertia", mas nosso recall e precisão agora são valores diferentes de zero e são preferíveis como métricas.

A métrica exata que usaremos dependerá do que é mais importante para o caso de uso. Se quisermos incluir os resultados mais exatos e não nos importarmos se algumas pessoas forem erroneamente rotuladas como corretas, então o recall poderá ser nossa métrica. Se quisermos minimizar o número de pessoas que rotulamos como conversões, então a precisão talvez seja preferível. Se quisermos um equilíbrio entre os dois, podemos usar o F_1-score.

Classificação versus regressão

A principal diferença aqui é parecida com o que temos ao trabalhar com dimensões ou métricas. Com a classificação, queremos, digamos, prever por qual canal um usuário chegará, o que pode ser um de oito valores, por exemplo. Com a regressão, trabalharemos com variáveis contínuas, como o número de visualizações de página. O equilíbrio entre essas duas é a regressão logística, que é uma predição de 0 ou 1, VERDADEIRO versus FALSO: por exemplo, se um usuário faz uma transação. O principal motivo para desejarmos definir isso no início do projeto é que isso dependerá bastante de que técnica estatística ou de aprendizado de máquina usaremos. As coisas podem dar muito errado se usarmos acidentalmente um modelo de classificação para um problema de regressão, por exemplo.

Índices versus contagens versus ranks

Outro tipo importante de dados é a coisa que está sendo medido, visto que, como a classificação e a regressão, ele pode impactar bastante quais modelos estarão disponíveis. Índices como os de conversão e rejeição costumam ser padronizados como indo de 0% a 100%, ao passo que a contagem pode ser qualquer número real, tanto positivo como negativo. Os ranks, como as posições de busca, costumam começar em 1 e são estritamente positivos. Entender que existe uma diferença nesses números pode ser útil às vezes, por exemplo, ao reformular um problema de regressão como um problema de ranking que, na verdade, pode ser mais adequado para o nosso caso de uso e, consequentemente, as técnicas de modelagem que usamos.

Essa foi uma breve visão geral das considerações estatísticas para nossa modelagem, feita apenas para servir de introdução para torná-lo ciente, caso você ainda não as tenha levado em consideração. Se quiser ler mais, consulte a comunidade de R através dos seus vários blogs e livros online — um bom lugar para começar é a newsletter RWeekly.org. O *Towards Data Science* [ambos com conteúdo em inglês], um blog dedicado a data science, também inclui vários artigos sobre temas estatísticos. Agora iremos parar de falar sobre os números e os tipos de números que desejamos melhorar, e começar a definir o quanto precisamos trabalhar em um problema.

Acurácia Versus Benefício Incremental

Outro ponto que devemos considerar na modelagem é quanto trabalho precisaremos realizar para obter um resultado com precisão aceitável (ou de precisão/recall, como no Exemplo 5-1). Ao realizar o aprendizado de máquina, 100% de perfeita acurácia talvez não sejam o melhor uso do nosso tempo, mesmo que seja possível, pois esse alvo representa uma decisão de custo: pode ser trivial atingir 80% de acurácia, mas podem ser necessários grandes recursos para obter um aumento de 95% para 99% de precisão. Isso significa que também devemos considerar o *benefício incremental* que receberemos por aumentar nossa acurácia, visto que, em determinado ponto, pode não valer a pena pelo benefício obtido.

Por exemplo, digamos que queremos prever se um usuário gastará US$1 mil a mais na próxima semana se lhe enviarmos uma oferta com 80% de acurácia. Isso coloca um valor médio sobre essa predição de US$800. Se pudermos aumentar a acurácia dessa predição para 90%, isso valerá em média US$900, mas se o custo de obter esses 10% a mais de acurácia fosse mais do que US$100 por cliente, estaríamos perdendo dinheiro com o projeto.

Para chegar no valor limite aceitável, precisamos voltar aos cálculos do valor do projeto e elaborar cenários de vários limites (80% de acurácia, 90% de acurácia etc.). Por exemplo, digamos que previmos que se obtivermos 100% de acurácia, economizaríamos US$1 milhão por mês, mas teríamos considerações de custo em recursos tal como calculado no Exemplo 5-2:

Exemplo 5-2. Neste exemplo, não há nenhum caso de negócio se a acurácia ultrapassa os 90%

```
100% de Acurácia = $100.000 faturamento extra
1 dia de trabalho = $1000

Recursos necessários:
80% de acurácia = 1 dia (integração nativa do GA4)
90% de acurácia = 5 dias (BigQuery ML)
95% de acurácia = 15 dias (modelo Custom TensorFlow)
99% de acurácia = 45 dias (processo e modelo especializados de ML)

Custos versus benefício incremental:
80% de acurácia: $80k - $1k = $79k
90% de acurácia: $90k - $5k = $85k
95% de acurácia: $95k - $15k = $80k
99% de acurácia: $99k - $45k = $54k
```

Esses números são aproximações do que eu esperaria para um projeto, e obviamente foi um exemplo um pouco forçado, mas espero que você tenha conseguido entender a ideia e como isso pode afetar seus próprios projetos.

Depois de resolver nossos alvos em potencial para os projetos de dados, podemos começar a escolher quais técnicas usar.

Escolhendo Nosso Método de Abordagem

Existem vários modelos que podemos usar com nossos dados, mas alguns comuns que usei se enquadram nas seguintes categorias:

Cluster e segmentação
Cluster e segmentação se referem ao processo de classificar nossas métricas em um número distinto de grupos que têm algo em comum. A demografia é um exemplo comum: "mulheres acima de 50 anos" ou "homens com menos de 30 anos". Reunir IDs de usuário em grupos similares é um método comum para começar a otimizar e personalizar nosso conteúdo. Reunir usuários com preferências similares pode ajudar a reduzir o corte de cookies na experiência deles e personalizá-la para que eles

achem nosso site mais útil. Também pode ser de ajuda para prever o que os clientes desejarão se eles exibirem comportamentos similares aos de clientes passados. Por exemplo, se os clientes tendiam a ver vários widgets e sempre escolhiam os azuis, podemos ajudá-los criando um atalho para os widgets azuis, esperando aumentar os índices de conversão.

Previsão e predição

Isso abrange questões do tipo "Para onde essa métrica vai no futuro?". As previsões podem ajudar no planejamento dos recursos. Uma aplicação comum são as tendências sazonais, como picos de Black Friday ou feriados. Mas outras tendências influenciarão nossas métricas também, como um ciclo semanal ou mensal. Estarmos cientes desses ciclos pode nos ajudar a avaliar o impacto das campanhas com mais precisão. Talvez tivemos uma campanha de alto desempenho, mas isso se deveu apenas ao momento certo de um ciclo no qual qualquer campanha apresenta um bom desempenho, e a campanha não teve nenhuma qualidade inerente. Se não estávamos cientes de quais efeitos sazonais nos deram essa falsa impressão, talvez tentemos copiar a campanha em outros períodos menos populares, terminando com resultados decepcionantes.

Regressão e análise fatorial

Calcular a relação entre duas variáveis costuma ser a forma de tentar responder perguntais como "Meus gastos com TV mudam meu faturamento online?". Isso costuma incluir todos os pontos de dados que estamos reunindo e analisa o que exerceu mais impacto nos nossos KPIs. Pode ser uma análise que informará os projetos subsequentes: por exemplo, talvez achemos que o clima chuvoso exerce maior impacto sobre nossas vendas online de guarda-chuvas, então podemos usar as previsões do tempo para ter um estoque suficiente e atender a todos os pedidos.

Depois de selecionarmos a métrica que melhoraremos, a medida de acurácia que usaremos para ver se fomos bem-sucedidos e o modelo usado, ainda temos outra coisa a considerar: como manter o modelo atualizado quando ele está sendo executado? Veremos isso a seguir.

Mantendo Nossos Pipelines de Modelagem Atualizados

Se quisermos criar nossos próprios fluxos de dados para qualquer coisa além de um relatório pontual, precisaremos de um processo para nos certificarmos de que estamos usando os dados mais atuais. Precisamos fazer agendamentos ou criar eventos para tornar o modelo útil no dia a dia. A solução mais comum para esse problema é usar a CI/CD nos nossos pipelines de dados.

Isso é o oposto a uma abordagem mais tradicional em que criamos um aplicativo e o implantamos apenas no fim do ciclo de desenvolvimento, e as mudanças são introduzidas apenas depois de outro processo de desenvolvimento. A CI/CD procura eliminar os atrasos antes da liberação para produção, fazendo implantações menores e mais frequentes em vez de esperar por um grande lançamento. Isso é importante para a modelagem de dados, em especial porque as coisas podem mudar rapidamente — por exemplo, uma nova página da internet pode ser inserida, e ela não seria incluída no nosso modelo sem ser acrescentada no código ou no modelo de dados. Uma abordagem CI/CD significa que as atualizações serão aplicadas o mais rápido possível.

Para estabelecer essa abordagem, testes automatizados e rigorosos nos darão a paz de espírito de que nosso modelo é confiável e funcionará no futuro. Esses testes devem ser executados a cada mudança, e apenas depois de sua conclusão bem-sucedida é que a produção será permitida. Isso é importante ao lidar com produtos de dados, visto que é necessário confiar nos dados se queremos manter a confiança dos usuários. A GCP adota essa metodologia através de diversos produtos, como o Cloud Build, sobre o qual falamos na seção "Cloud Build", no Capítulo 4.

O outro lado da moeda ao disponibilizar modelos é ficar de olho no seu desempenho uma vez que estão em execução. É necessário realizar testes e fazer o monitoramento, pois a modelagem de dados pode começar a apresentar um mal desempenho, mesmo se o código permanece o mesmo, mas os dados recebidos contêm valores inesperados. Para mitigar isso, alertas e painéis para inspecionar esses resultados e fazer mudanças podem ajudar, caso vejamos o desempenho cair abaixo dos limites predeterminados. É uma boa ideia definir a tolerância do nosso desempenho de modelo antes de implantá-lo, com os números que obtivemos ao decidir qual acurácia seria boa o suficiente para o nosso modelo, tal como discutido em "Acurácia Versus Benefício Incremental".

Um uso avançado desse limite poderia ser usar nosso sistema CI/CD para ativar um novo treinamento ou modelagem do aplicativo caso ele caia abaixo do nível de tolerância do desempenho. Muitas vezes, talvez o modelo só precise fazer um novo treinamento, mas com dados mais atualizados. Nesse caso, o modelo deverá ser mais autossuficiente, e precisaremos nos envolver apenas se o código do modelo em si precisar de atualização, caso o novo treinamento não melhore o desempenho.

Vinculando Conjuntos de Dados

Em geral, precisaremos vincular os dados nos silos ao identificar que as respostas para as nossas perguntas estão na combinação de duas fontes de dados, e não exatamente em apenas uma. Juntar esses conjuntos de dados costuma ser uma tarefa de alto valor, mas, às vezes, é necessário sorte e bom senso para que as coisas corram bem.

Nossa ideia inicial talvez seja vincular os conjuntos de dados com base nos usuários individuais, mas isso talvez não seja possível ou seja complicado demais para um projeto inicial. Considerando algumas chaves de junção mais brutas, como IDs de campanhas, ou simplesmente juntar com base nas datas em que alguns eventos ocorreram pode ser muito mais fácil de se fazer e ainda assim apresentar insights importantes. Ainda podemos extrair bastante valor, às vezes por simplesmente enxergar as tendências a partir de fontes de dados diferentes na mesma plotagem.

Estas são algumas perguntas comuns que surgem ao juntarmos os dados:

Existe uma chave?
> Talvez simplesmente não seja possível fazer a junção dos dados porque os dados granulares de que precisamos não estão sendo capturados ou não estão disponíveis. No Universal Analytics, por exemplo, por padrão, a `clientId` dos usuários não estava disponível, a menos que a coletássemos primeiro e a inseríssemos em uma dimensão personalizada, o que significa que precisaríamos configurá-la e esperar que os dados chegassem ou fazer uma atualização para o GA360 com suas exportações do Big-Query, que incluíam uma `userId`. Com o GA4, essa restrição foi reduzida, pois as exportações do BigQuery foram disponibilizadas. Outra consideração é que talvez não

tivéssemos uma área de login no nosso site, de modo que não teríamos uma forma confiável de geral uma `userId` — nesse caso, talvez tivéssemos que analisar a inteira estratégia do nosso site se uma `userId` fosse considerada importante para o negócio.

A chave é confiável?

Se temos a `clientId` do GA4, ela pode não ser um método confiável de vincular os usuários. A `clientId` é armazenada em um cookie, o que significa que ela pode ser excluída ou bloqueada pelas restrições do navegador, ou pode não representar uma pessoa, visto que essa pessoa provavelmente usará diversos navegadores (dispositivos móveis e desktop). Outro motivo poderia ser que o navegador de determinado usuário é compartilhado por vários usuários. Um método mais confiável é usar uma `userId` gerada quando alguém faz o login explicitamente; mas também significa que precisaremos configurar nossa propriedade `userId` do GA4 e esperar os dados chegarem antes de dar início ao projeto.

As chaves de vinculação ocorrem em uma interação de usuário vinculado?

Se tivermos uma `userId` do GA4, precisaremos vincular essa ID com o conjunto de dados que queremos mesclar. Na prática, isso quer dizer que não basta criar uma `userId` que funciona apenas com o GA4. Também precisaremos gerar essa `userId` de modo que ela seja vinculada com nossos dados internos. Em geral, isso quer dizer que o servidor de back-end do nosso site ou do aplicativo de dispositivos móveis precisa gerar a `userId` e enviá-la para o GA4. Uma alternativa seria permitir o envio da `clientId` ou da `userId` do GA4 para o servidor. Isso pode ser feito através dos campos ocultos nos formulários de HTML, preenchidos com os dados de vinculação que pedimos que o usuário informe. Alguns sistemas CMS oferecem isso como o padrão, o que significa que podemos vincular as informações de uma sessão, como os dados de referência de campanhas, dando-nos algum nível de dados úteis sem a necessidade de realizar uma grande operação de junção de `userId`.

Quantos dados de usuário juntaremos?

A natureza dos dados de análise da web é que existem muitos dados bagunçados. Como os dados vêm e vão por toda parte em conexões instáveis de HTTP que podem falhar ou corromper os pontos de dados, nossos dados da web nunca são 100% confiáveis. Ademais, costuma haver bastante desses dados, visto que cada interação de usuário é registrada. No caso de sites globais, isso pode chegar a GBs de dados por dia. Se o caso de uso que estamos analisando envolve realizar vínculos no nível da `userId`, mas planejamos agregá-la novamente (para o nível de campanha, por exemplo, dos projetos de atribuição), então estamos falando de junções grandes e caras sendo realizadas todos os dias. O BigQuery pode cuidar disso, mas ele talvez seja um exagero se nosso caso de uso for apenas para ver as campanhas que contribuíram para as vendas do sistema CRM. Nesse caso, coletar uma `campaignId` e realizar as junções com base nesse campo significará que precisaremos fazer junções menores e obter resultados com mais facilidade.

Como lidar com duplicatas, e vínculos de um para muitos e de muitos para um?

Mesmo ao usar um sistema de back-end para nos ajudar a realizar junções mais confiáveis, as pessoas são assim, e acabam esquecendo e compartilhando logins etc. Isso provavelmente significa que precisaremos lidar com duplicatas, com muitos usuários sendo associados a uma chave e um único usuário real com várias IDs. Precisaremos de uma estratégia para lidar com isso se for uma parte significativa do nosso conjunto de dados, em geral com regras empresariais apropriadas para o nosso caso de uso.

Uma vez que tivermos acrescentado contexto aos nossos conjuntos de dados, vinculando-os com outras fontes, esse pode ser um objetivo final em si, mas, em geral, precisaremos gerar insights a partir dos próprios dados, como médias, máximas ou contagens. Além dessas estatísticas simples, começamos a analisar regressões, clusters e associações, que é onde entram as técnicas estatísticas mais avançadas e o aprendizado de máquina. Para diminuir a dificuldade de obter esses insights no BigQuery, recursos foram acrescentados que nos permitem calculá-los no próprio conjunto de dados usando o SQL. Esse é o BigQuery ML, sobre o qual falaremos na próxima seção.

BigQuery ML

O BigQuery ML nos permite executar modelos de aprendizado de máquina no BigQuery usando apenas o SQL. Isso significa que não precisamos extrair os dados do BigQuery, o que, antes da existência do BigQuery ML, precisávamos fazer baixando os dados dos modelos em outro ambiente, como os Jupyter notebooks ou as estruturas de dados do R. Isso tem diversas vantagens: mantém os pipelines simples, dando-nos a habilidade de executar nossos modelos nos dados, e permite que os analistas de dados sem muito treinamento em aprendizado de máquina apliquem modelos simples.

Como os dados do GA4 vêm com as exportações do BigQuery, podemos aplicar o aprendizado de máquina diretamente nos dados do GA4 sem outras configurações do sistema. Os resultados dos modelos aparecerão como outra tabela de BigQuery transformada que poderemos exportar para o canal de ativação de dados, que é o assunto do Capítulo 6.

Na próxima seção, falaremos sobre alguns modelos específicos que o BigQuery ML pode executar e que podem ser úteis para nossos conjuntos de dados.

Comparação dos Modelos do BigQuery ML

Existem vários modelos do BigQuery ML disponíveis, e mais são criados o tempo todo, mas seguem alguns exemplos pertinentes para os dados do GA4:

Regressão linear
A regressão linear é uma abordagem para modelar uma relação entre duas variáveis. Na sua forma básica, podemos usá-la para passar uma linha de tendência por um grupo de pontos de dados. Os modelos de regressão linear nos permitem prever os dados da série temporal do GA4 com o modelo mais simples disponível. Não deixe que a palavra "simples" o faça imaginar que será menos exato do que as técnicas mais sofisticadas: segue-se o princípio de que quanto melhor os dados forem coletados, mais simples será o modelo de que precisaremos para obter bons resultados. Dados melhores e um modelo simples terão um desempenho melhor do que modelos complicados e dados ruins. Podemos usar os modelos de regressão linear, por exemplo, para prever o número de itens que serão vendidos em determinado dia.

Regressão logística
A regressão logística está relacionada à regressão linear, mas ela permite apenas resultados binários, como se um usuário fez uma transação ou não. Ela é usada para prever se um usuário será convertido ou não, por exemplo.

Clusterização k-means

A clusterização k-means é um modelo de aprendizado de máquina que procura encontrar grupos dentro dos pontos de dados que têm similaridades. As técnicas de cluster são usadas para agrupar dados similares. Em um contexto do GA4, podemos usá-las para identificar segmentos de usuários com comportamentos de compra similares. K-means é uma técnica de aprendizado de máquina *não supervisionado*, de modo que os segmentos crescem organicamente além dos dados. As técnicas *supervisionadas* nos pedem para predeterminar a quais grupos queremos atribuir os pontos de dados. Isso significa que podemos usar o k-means para identificar quantos tipos diferentes de comportamento de clientes temos, como grandes gastadores, visitantes únicos e frequentes, mas com visitas de baixo gasto.

Tabelas AutoML

O BigQuery ML também se integra com alguns produtos de aprendizado de máquina automatizado, como o AutoML. Ele nos permite usar modelos predefinidos que farão uma varredura dos dados segundo o objetivo que queremos alcançar e selecionarão a melhor abordagem para nós, sem que precisemos revisar e comparar os modelos manuais contrastantes. Em geral, esses modelos nos darão rapidamente modelos que apresentarão um desempenho melhor do que nossas criações manuais.

Importação do modelo TensorFlow

Se estabelecemos cientistas de aprendizado de máquina que conseguem ter um desempenho melhor do que o AutoML ou modelos predefinidos disponíveis no BigQuery ML, ainda podemos aproveitar a abordagem nos bancos de dados fornecendo nosso próprio modelo TensorFlow de criação personalizada. O TensorFlow é uma biblioteca de aprendizado de máquina popular e líder no mundo inteiro.

A Figura 5-5 apresenta uma árvore de decisão que procura nos ajudar a escolher qual modelo do BigQuery ML seria melhor para os nossos dados.

Os modelos discutidos também estão disponíveis em muitas outras plataformas de aprendizado de máquina, mas como os dados do GA4 quase sempre partirão do BigQuery, usar o BigQuery ML será a rota mais direta para implementar modelos de aprendizado de máquina nos nossos dados. Contudo, talvez desejemos manter alguns fluxos de data science existentes em vez de usar as exportações do BigQuery.

Poderemos usar outras plataformas de aprendizado de máquina se elas tiverem recursos empresariais, mas a próxima seção analisará como executar os modelos do BigQuery ML, destacando as principais necessidades e soluções disponíveis.

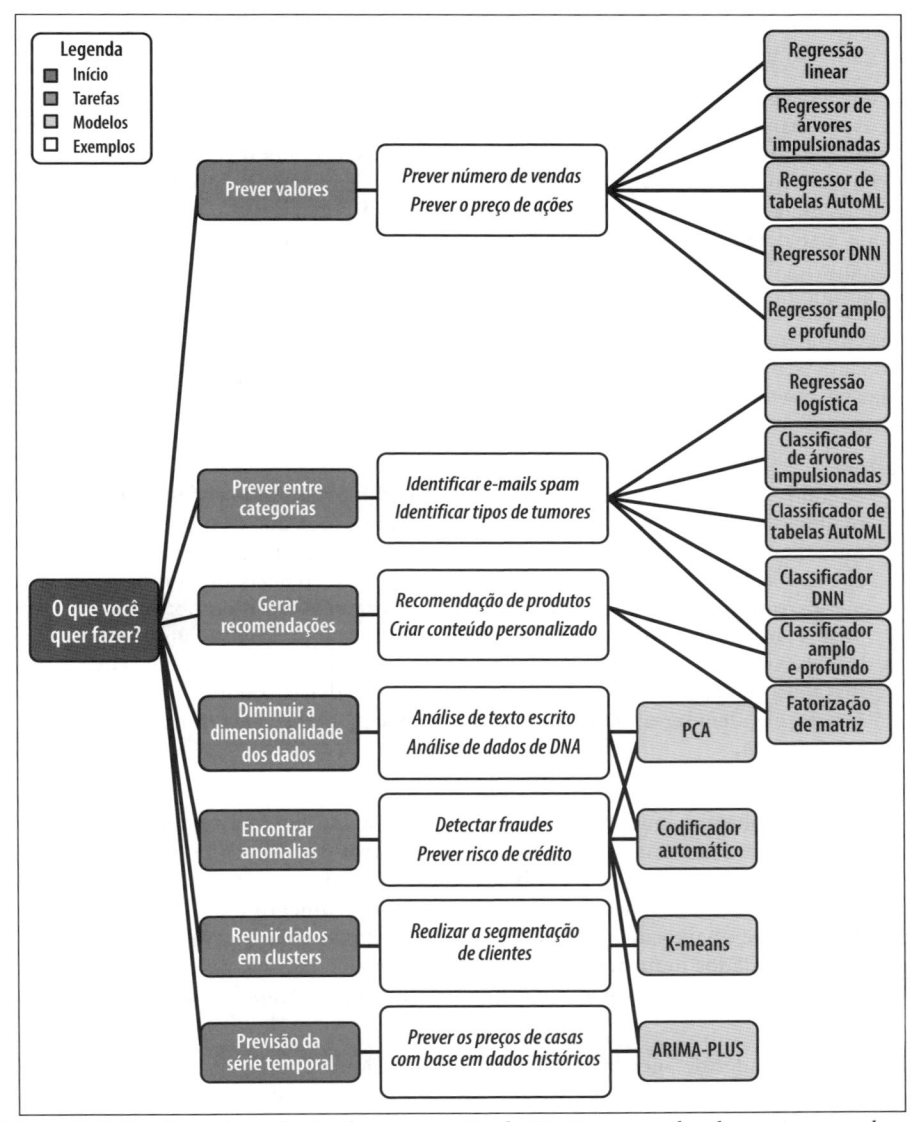

Figura 5-5. Gráfico adaptado da documentação do BigQuery, exibindo quais casos de uso e modelos do BigQuery ML sejam mais apropriados

Colocando um Modelo em Produção

Depois que um modelo é criado a partir do GA4 e de outros dados, provavelmente teremos um modelo estático que funciona dentro dos nossos critérios para os dados que estamos vendo como sendo de hoje. Entretanto, ao colocar esse modelo em produção, para que ele comece a ajudar no negócio, precisaremos considerar como esse ambiente de dados evoluirá ao longo do tempo e como nosso modelo se adaptará a essas mudanças para continuar apresentando um bom desempenho.

É aí que a decisão do nosso caso de uso empresarial realmente fará a diferença, por exemplo, se precisamos de fluxos em tempo real ou de previsões em batch, visto que é com essa decisão que a tecnologia que pensamos usar em base constante divergirá. Como mencionado anteriormente em "Modelagem de Dados", no Capítulo 2, devemos ter uma ideia de quais limites indicam um "bom" desempenho para nosso modelo e ter um plano para quando esse desempenho cai. Com base no nosso caso de uso, devemos ter uma ideia de para onde os dados do nosso modelo irão, terminando nos canais de ativação discutidos no Capítulo 6.

Essas considerações significam que ainda teremos trabalho a fazer mesmo se nosso modelo estiver apresentando um bom desempenho. A GCP possui muitas ferramentas para nos ajudar nessa etapa. Segue uma lista de algumas que usei no passado para ajudar nos seus projetos:

Firestore

> Falamos sobre o Firestore na seção "Firestore", do Capítulo 4, destacando suas habilidades de leitura em tempo real. Em geral, queremos que os resultados do modelo interajam com os usuários conforme eles navegam no site, por exemplo, se eles são clientes leais e modelamos seus segmentos ou preferências de compra. Transferir nossos resultados do BigQuery para o Firestore significa que podemos obter respostas em tempo real para nossos usuários, mas sem precisar de um fluxo de dados totalmente em tempo real, visto que podemos fazer atualizações em batch entre o BigQuery e o Firestore (por exemplo, atualizações diárias ou horárias). Os dados do Firestore podem ser obtidos com qualquer aplicativo HTTP, como a Cloud Function ou no GTM.

Cloud Build

> Falamos sobre o Cloud Build na seção "Cloud Build", no Capítulo 4. O Cloud Build executa o código do nosso modelo e reage a outros eventos, como envios de GitHub e atualizações de arquivos via Pub/Sub. Isso nos permite criar pipelines que verificam o desempenho do modelo e ativam um novo treinamento para ele, caso o desempenho fique abaixo dos limites. Em muitos casos, treinar nosso modelo com base em novos dados aumentará o desempenho novamente, mas se isso não acontecer, podemos enviar e-mails para que alguém veja a atualização do código do modelo.

Cloud Composer

> As habilidades de agendamento em batch do Cloud Composer o tornam adequado para grandes processos que costumam incluir uma etapa de modelagem. Veja a seção "Cloud Composer", no Capítulo 4. O Cloud Composer também costuma lidar com a ingestão de dados e o envio de resultados do nosso modelo de dados para os pontos de ativação.

A GCP se concentra na parte fácil da implementação do aprendizado de máquina como um de seus objetivos, de modo que essa é uma área que a GCP deveria se destacar quando precisássemos. Para facilitar ainda mais as implantações, em muitos casos, não precisaremos criar um modelo em si, e sim usar os modelos predefinidos disponíveis no Google por meio de suas APIs, que foram treinadas com conjuntos de dados bem valiosos. Elas serão o assunto da próxima seção.

APIs de Aprendizado de Máquina

Muitos problemas já foram resolvidos por especialistas em aprendizado de máquina, de modo que reinventar a roda talvez não seja o melhor uso de nossos recursos, em especial se nosso equipamento de fabricação de rodas não for tão sofisticado quanto uma fábrica de rodas. Podemos acabar gastando muito dinheiro em um produto inferior. Por esse motivo, vale muito a pena examinar os modelos predefinidos que estão disponíveis e ver se eles se adequam aos nossos casos de uso.

Essa é uma área de rápida evolução, de modo que abordarei os diversos produtos de IA que serão mais relevantes para o GA4 e para os fluxos de trabalho de marketing digital. Eles são especialmente úteis para ativar dados difíceis de processar, como PDFs, vídeos, registros em papel ou fotografias, colocando-os em formatos muito mais simples, como uma tabela de BigQuery:

Natural Language AI
> Útil para transformar textos de formato livre das redes sociais, dos e-mails e das críticas de produtos em texto estruturado, identificando o sentimento, o assunto, a categoria, as pessoas e os lugares envolvidos. Permite-nos criar tendências para esses campos sem a necessidade de ler cada palavra. É especialmente útil quando combinada com as APIs que extraem texto de outras fontes, como vídeos, áudios, imagens e traduções.

Translation API
> É uma versão mais sofisticada do Google Tradutor, que já vimos na internet, e pode ser usada para traduzir diversos idiomas usando uma chamada de API.

Vision optical character recognition (OCR)
> As empresas ainda possuem uma grande quantidade de dados que não foi digitalizada, como registros em papel. Transformá-los em fotografias digitais é o primeiro passo. Então, o OCR pode ser usado para extrair o texto dessas imagens e transformá-lo em dados estruturados.

Video Intelligence
> Video Intelligence é um formado difícil de trabalhar. Usando a Video Intelligence API, podemos extrair categorias e a fala de arquivos de vídeo, as quais podem ser usadas depois para transformar essa natureza desestruturada em dados estruturados.

Speech-to-Text
> O áudio pode ser usado nos nossos processos transformando arquivos de áudio puro em formados de texto. As capacidades em tempo real de Speech-to-Text também oferecem uma maneira de ativar nossos dados permitindo que os usuários façam suas solicitações através da fala, assim como usamos o Google Assistant ou a Siri.

Timeseries Insights API
> Uma API recém-lançada para tentar resolver um caso de uso comum de encontrar anomalias em dados de séries temporais, como uma sessão de GA4 ou a contagem de visualizações de página. Enviar nossos dados de séries temporais para essa API retornará quaisquer eventos incomuns fora das tendências históricas, o que pode ser útil para identificar erros de rastreio ou uma atividade incomum de usuários.

Na próxima seção, veremos como usá-las no dia a dia.

Colocando uma API ML em Produção

Para usar o aprendizado de máquina, as APIs devem ser a forma mais rápida de incluí-lo nos aplicativos de fluxo de dados com o mínimo de recursos ou habilidades. Basicamente precisamos nos certificar de que os dados de importação estejam no formato correto, tal como orientado pela documentação da API, e ter um lugar para armazenar os resultados — na maioria dos casos, o BigQuery será suficiente.

Um exemplo que usei no passado foi transformar textos desestruturados em dados estruturados, por exemplo, transformar um campo de texto livre em um que podemos inserir em um banco de dados identificando as entidades importantes ou as palavras naquela frase, o sentimento e a categorização das palavras dele. Um exemplo seria transformar o texto de suporte de e-mail em um formato estruturado que possa diferenciar reclamações de elogios ou classificar em massa a pontuação de sentimentos dos comentários sobre a listagem de produtos para identificar o aumento de problemas técnicos.

Essa área da análise de texto é conhecida como processamento de linguagem natural, e o Google nos fornece a Natural Language API para apresentar resultados com base no upload de textos. Já trabalhei com ela por meio do `googleLanguageR`, um pacote de R, mas ela está disponível em muitos outros SDKs, incluindo Python, Go, Node, js e Java. Uma sugestão de fluxo de trabalho é transformá-lo em um sistema baseado em eventos que reage a novos arquivos inseridos em um recipiente de GCS que contém o texto que queremos analisar. Os arquivos de GCS seriam inseridos através do sistema hospedeiro que recebe os comentários, os e-mails ou o que quer que seja que desejamos processar. A Figura 5-6 mostra esse processo com uma Cloud Function gravando os resultados em uma tabela de BigQuery que poderemos usar mais adiante no pipeline. Perceba que estamos transformando dados desestruturados em dados estruturados para ajudar a padronizar aquilo em que estamos trabalhando.

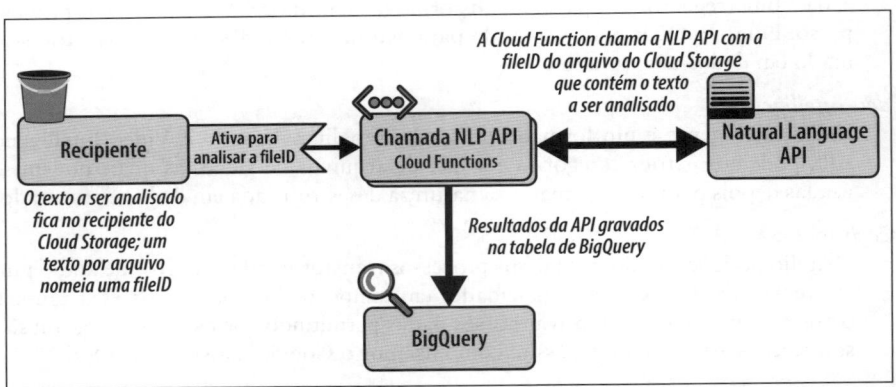

Figura 5-6. Um pipeline baseado em eventos para transformar arquivos de texto no GCS à medida que chegam, inserindo os resultados da Natural Language API em uma tabela de BigQuery

As Machine Learning APIs fazem parte de uma plataforma maior de AI/Machine Learning na GCP que é especializada em casos de uso populares. Se nossas necessidades se expandirem além disso, precisaremos começar a criar nossos modelos personalizados aos quais a plataforma Vertex AI dá suporte, sobre a qual falaremos na próxima seção.

Google Cloud AI: Vertex AI

A GCP criou uma infraestrutura dedicada de aprendizado de máquina para executar modelos chamada Vertex AI. A Vertex AI nos permite executar modelos de aprendizado de máquina que respondem às solicitações HTTP, como quando uma `userId` de GA4 é comparada com um banco de dados para ver se ela possui recursos. Em geral, para usar um modelo personalizado da Vertex AI, precisamos inserir o modelo escrito em Python, R ou outra linguagem em um contêiner Docker e enviá-lo aos servidores da Vertex AI, ou podemos usar um de seus modelos predefinidos para as tarefas comuns, como regressão, classificação e previsão.

Quando começamos a usar a Vertex AI, passamos para o nível da modelagem de dados avançada, que vai além do âmbito deste livro, mas abordarei alguns de seus recursos para lhe dar uma ideia do que podemos fazer, tendo em mente que, na maioria dos casos, nosso ponto de entrada será as exportações de BigQuery do GA4:

 Saiba que, atualmente, a Vertex AI está disponível apenas em algumas regiões da GCP. Assim, veja se ela está disponível para a mesma região dos seus dados. Veja a documentação da Vertex AI para saber os locais atuais por recurso.

AutoML Tabular

O AutoML Tabular trabalha com instâncias em que a fonte de dados fonte é um conjunto de dados retangular bem organizado, como um conjunto de dados de GA4 processado. Ele é bem adequado para se usar com os dados do GA4 depois de transformarmos os dados a partir de seu formato bruto não editado, talvez usando algumas consultas destacadas no Exemplo 3-6. Uma vez que temos os dados tabulares, podemos criar modelos de regressão, classificação ou previsão. Um exemplo de criação de um conjunto de dados da Vertex AI a partir do BigQuery é exibido na Figura 5-7.

AutoML Image/Video

O AutoML Image and Video contém modelos de aprendizado de máquina que classificam as imagens/vídeos fornecidos com rótulos conforme desejamos, de modo que quando novas imagens ou vídeos forem inseridos no modelo, ele tentará prever o rótulo mais parecido com o nosso conjunto de treinamento. Como o GA4 não coleta dados de imagens e vídeos, não poderemos usar suas capacidades diretamente, mas talvez tenhamos milhares de imagens e vídeos no nosso site que queremos classificar, mas não temos os recursos para fazer isso manualmente. Uma abordagem é fazer o upload dessas imagens para o serviço.

Workbench

Os Jupyter notebooks são uma plataforma comum para modelos de aprendizado de máquina em desenvolvimento. A Vertex AI Workbench nos permite executar nosso código nesses Jupyter notebooks em um sistema gerenciado pelo Google que possui uma fácil autenticação com todos os serviços da GCP, o que significa que podemos desenvolver nossos modelos a partir de qualquer computador com um navegador, sem precisar usar os processadores pesados de placas de vídeo instalados na nossa máquina local. Mais relevante para profissionais avançados de data science.

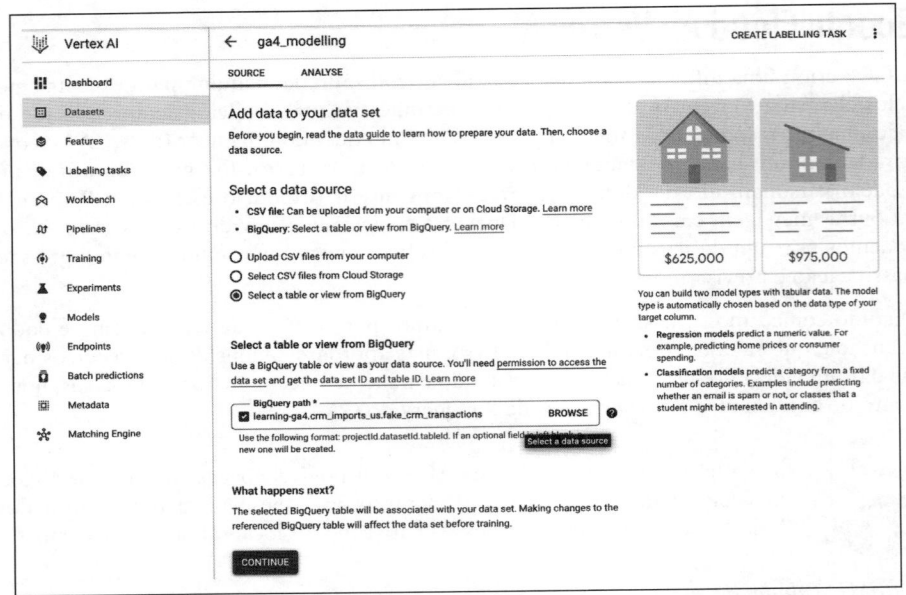

Figura 5-7. Criando um conjunto de dados a partir do BigQuery na Vertex AI

Pipelines

As Pipelines são uma ferramenta de agendamento e monitoramento bem parecidas com o Cloud Composer (veja a seção "Cloud Composer", no Capítulo 4), mas especializadas para modelos de aprendizado de máquina. As Pipelines executam nosso código em um cluster Kubernetes e podem ampliar a escala conforme a necessidade sem servidores. Mais relevantes para profissionais avançados de data science.

Endpoints

Os Endpoints levam nossos modelos de aprendizado de máquina a vários aplicativos personalizados ou padrão, disponibilizando-os através de um ponto de extremidade de API, permitindo-nos criar nossa API, como veremos na seção "Criando APIs de Marketing", no Capítulo 6. Poderia ser uma maneira de ampliar a escala dos modelos para disponibilizá-los para outras linguagens de programação e serviços via HTTP.

Rotulando tarefas

Talvez tenhamos muitos dados que queremos rotular para usar no nosso modelo de dados, mas não temos os recursos para fazer isso sozinhos e manualmente. Esse é um primeiro passo crítico se estivermos procurando ampliar a escala para novos dados, por exemplo, se estivermos usando a classificação de imagens ou vídeos nos serviços do AutoML. O Google oferece um serviço pago para as tarefas de rotulação, no qual podemos enviar os dados para a sua própria equipe para que ela rotule os dados para nós, seguindo as instruções inseridas na interface da web.

Colocando uma Vertex AI em Produção

A forma de estabelecer processos de Vertex AI já faz parte da própria plataforma, visto que ela é um produto de ativação de dados feito especificamente para o aprendizado de máquina. Se estivermos usando a Vertex AI, seria de se esperar ter alguns recursos de cientistas ou engenheiros de dados para dominar o processo e assumi-lo, embora um publicitário digital lidando com conjuntos de dados do GA4 talvez já veja valor suficiente em usar os modelos do AutoML. A forma geral de envolver a Vertex AI nos nossos fluxos de trabalhos é disponibilizar nossos conjuntos de dados do GA4 e outros para a suíte dos Vertex Datasets, trabalhando com eles usando os modelos predefinidos ou personalizados com seus Workbench notepads, para orquestrar fluxos agendados usando as Pipelines e disponibilizar as previsões via Endpoints. Para explorar isso mais a fundo, sugiro a referência *Data Science on the Google Cloud Platform* [conteúdo em inglês].

Integração com R

Esta seção é especial para mim, visto que foi com o R que consegui ativar mais dados na minha carreira, de modo que tenho mais experiência com seus usos. Definitivamente não é necessário para a modelagem com dados do GA4; outras linguagens, como a Julia ou o Python, farão isso, mas o R é uma linguagem de programação dedicada à modelagem de dados, de modo que ele possui ferramentas que agilizam os casos de uso de data science. O maior problema de quando comecei a usar o R foi importar os dados do Google Analytics para início de conversa, sendo esse o motivo de eu ter criado o pacote `googleAnalyticsR`. Depois de inserir os dados no objeto `data.frame()` onipresente do R, então podemos começar a trabalhar com os milhares de outros pacotes de dados do ecossistema dele, incluindo estatísticas, aprendizado de máquina, plotagem e apresentação, que é o que veremos a seguir.

Visão Geral das Capacidades

O R é responsável pela forma como encaro os projetos de data science, porque o meio e a sintaxe de suas linguagens incentivam certas práticas de dados. Por exemplo, os vetores são um padrão, não escalares (um comprimento de 1 vetor), tal como é o caso das linguagens de análise de não dados, o que significa padrões de programação básicos, como fazer loops em um vetor altera sua natureza quando isso é feito em R em comparação com outras linguagens. Os vetores naturalmente representam colunas em um `data.frame`. Assim, embutido no R está o conceito de pensar nos dados em relação a suas outras entradas, em vez de apenas na entrada em si.

Com certeza, outras linguagens podem copiar essa abordagem, como o Python popularizou com sua biblioteca `pandas`, mas à medida que a comunidade de R continua a inovar, novas práticas de análise de dados melhores tendem a começar nela. O Python definitivamente ofuscou o R em aceitação por causa de seus aplicativos de aprendizado profundo, como o TensorFlow e o PyThorch, mas afirmo que, a menos que estejamos envolvidos em uma pesquisa profunda dessas ferramentas, o ecossistema do R apresentará um desempenho tão bom quanto. Outra grande vantagem do R é sua incrível comunidade, que é um recurso da linguagem tanto quanto suas outras habilidades técnicas.

Os passos para um projeto de análise de dados seguem determinada sequência e o R possui pacotes que lidam com todos eles. Os destaques selecionados com um viés para o marketing digital e o GA4 são apresentados aqui:

Importação de dados

Várias funções de importação de dados, como `read.csv()`, existem no R, assim como muitos pacotes para importar de outras fontes, como meu `google AnalyticsR` para dados do GA4. Existe uma Visão de Tarefas de Tecnologia Web dedicada que lista pacotes para fazer importações de sites populares, como o Facebook, o Search Console e o Twitter. Também existem muitas bibliotecas de conexão a bancos de dados que possuem uma estrutura em comum com o pacote Database Interface (DBI), que possibilita a conexão com o BigQuery, o MySQL ou outros bancos de dados conforme a necessidade.

Transformação de dados

O tidyverse é uma suíte de pacotes que me inspiraram bastante, e falamos sobre a implementação de práticas de tidy data na seção "Tidy Data", no Capítulo 4. Pacotes como o `dplyr` fornecem um fluxo de dados processado e fácil de ler que é neutro em relação à fonte de dados, na medida que pode traduzir sua sintaxe R em SQL. O `tidyr` possui várias ferramentas para a formatação simples dos dados em versões organizadas de si mesmos e o `purrr` contém algumas funções de looping vetorizadas e iterativas que facilitam o trabalho com colunas aninhadas ou outros trabalhos de processamento. Gostaria de enviar um agradecimento especial a Hadley Wickham, do RStudio, por sua criação.

Visualização de dados

A base R contém muitas funções úteis para a plotagem rápida dos dados, que é essencial ao fazer análises para entender o que estamos fazendo rapidamente por meio de sua função `plot()`. Podemos criar visualizações aceitáveis para o consumo público usando `plot()`, mas se você gosta de poder e flexibilidade, a `ggplot2` é amplamente reconhecida como o padrão profissional. A `ggplot2` implementa uma "gramática dos gráficos" que mudou a forma como encaro a visualização e o formato dos meus dados.

Apresentação de dados

Uma parte essencial do pipeline de dados é a produção de resultados que podem ser lidos e consumidos por outros. A interatividade também é popular para incentivar os clientes a explorar os dados por conta própria até certo ponto. Dois aplicativos muito úteis no R são o Shiny e o R Markdown. O Shiny é uma sintaxe para criar aplicativos de dados online que executam códigos em R quando os usuários mudam as configurações do app por meio de menus suspensos ou campos de entrada. Trata-se de um produto muito refinado que pode criar aplicativos rapidamente e ser personalizado para se parecer com qualquer página da internet. O R Markdown é um subconjunto do Markdown que pode executar partes de código e exibir esse código ou apenas seus resultados quando ele é gerado segundo nossas escolhas de formato. Basicamente transforma códigos em R em documentos de PDF, HTML ou Word de aparência profissional, e acho ele superior ao formato mais popular de Python Jupyter notebook para apresentar trabalhos de data science. Como o R Markdown consegue renderizar HTML com JavaScript, ele também consegue manter algum nível de interatividade, mesmo quando não está executando códigos de R, e pode ser usado para criar sites. Por exemplo, eu usei `blogdown` para criar meu blog, que é um pacote feito com base no R Markdown. Atualmente, nem precisamos executar o R para usá-lo, visto que o Quarto foi lançado — ele pegou suas lições do R e as disponibilizou para todas as linguagens através de sua ferramenta dedicada e independente.

Infraestrutura de dados

O uso de uma linguagem de data science indica que qualidades como a capacidade de reprodução e a escala são muito importantes, de modo que existe todo um conjunto de metapacotes na comunidade R que também lida com o metatrabalho de produzir fluxos de dados de alta qualidade. O `targets` é um exemplo de pacote que nos permite executar ou ignorar os passos do processamento de dados conforme a necessidade, mas de uma forma replicável. Isso significa que podemos evitar grandes passos de dados desnecessários se foram feitas apenas algumas pequenas mudanças no código. Ele reconhece que o trabalho de análise de dados costuma envolver pequenas mudanças e correções ao iterar nossa análise. Também gostaria de mencionar meus pacotes `googleCloudRunner` e `googleComputeEngineR`, que oferecem ferramentas para trabalhar com imagens Docker do código em R para executá-lo em uma VM ou em um ambiente sem servidor no Google Cloud.

Modelagem de dados

Seguindo o tema deste capítulo, o R possui uma grande quantidade de pacotes estatísticos e de aprendizado de máquina para extrair informações dos nossos dados brutos. Esse é o seu grande ponto forte, visto que até na instalação padrão, ele contém muitos modelos de previsão e agrupamento com sua própria sintaxe embutida na linguagem. As capacidades estatísticas do R costumam ser o motivo de ele ser considerado para início de conversa.

Apesar de tudo isso, existem motivos para o R não ser a escolha número um para todas as análises de dados. Ele não foi feito para desenvolvedores hardcore, mas para estatísticos e usuários finais, de modo que suas peculiaridades podem ser difíceis de engolir no caso de desenvolvedores que vêm de outras linguagens. Ele também se beneficia e se prejudica por ser encarado como uma linguagem de domínio específico (DSL) para estatística, visto que linguagens para fins mais genéricos, como o Python, representam menos trocas de contexto para o desenvolvedor. Ademais, ele é uma linguagem de código aberto, podendo ser difícil navegar entre suas versões de pacotes e dependências, embora eu ache que o sistema de pacotes CRAN do R seja muito mais robusto do que os sistemas de módulos de outras linguagens, uma vez que todo pacote é revisado pelo menos por uma pessoa antes de ser publicado. Contudo, muitos dos motivos mencionados fizeram alguns chegarem à conclusão de que "o R não pode ser usado em produção", o que sei que não é verdade, pois tenho muitos scripts de R em produção. Acho que a forma mais fácil de fazer isso é usando o Docker, sobre o qual falaremos a seguir.

Docker

O Docker foi descrito na seção "Contêineres (Incluindo o Docker)", no Capítulo 2, e acho que é uma ferramenta útil para a análise de dados em geral. Esta seção fala especificamente sobre seu uso com o R, pois acho que essa é a melhor maneira de usar o R na produção.

O Docker lida com os aparentes pontos fracos do uso de uma linguagem de código aberto na produção, visto que ele nos permite identificar o ambiente exato em que o R está sendo executado. Não precisamos nos preocupar com as atualizações ou as dependências de pacotes, pois o código que estamos executando com um ambiente Docker fica em uma sandbox, seguro e isolado da vanguarda do desenvolvimento de software. O uso do Docker também significa que podemos compartilhar os resultados do código em R com pessoas que não usam o R, e elas podem aproveitar essas informações sem a necessidade de conhecer o R em si.

O Docker também é bastante usado na GCP como um mecanismo para fornecer soluções de código personalizado. Na Vertex AI do Google, temos a opção de usar suas soluções predefinidas e fornecer nosso código personalizado através de um contêiner Docker, que pode executar R, Python, Visual Basic ou qualquer outra linguagem adequada a um contêiner Docker. O que funciona bem com R deve funcionar bem com qualquer linguagem de análise de dados. Assim, investir em aprender Docker nunca será um desperdício.

O uso do R em Docker foi bastante auxiliado pelo projeto Rocker, uma iniciativa de código aberto que fornece muitas imagens úteis com o R pré-instalado. As imagens incluem uma versão específica do R: as imagens com o RStudio são a R IDE mais popular pré-instalada; as imagens com o tidyverse, como mencionado na seção "Tidy Data", no Capítulo 4; e também as imagens para GPU com bibliotecas de aprendizado de máquina, como o TensorFlow e o PyTorch instalados.

O uso de Docker é um componente essencial ao usar o R na produção, com um exemplo apresentado na próxima seção.

Exemplo 5-3. Usando o Docker para executar um script de R

```
FROM rocker/tidyverse:4.1.0
RUN apt-get -y update \
 && apt-get install -y git-core \
        libssl1.1 \
        libssh-dev \
        openssh-client

## Install packages from CRAN
RUN install2.r --error \
 -r 'http://cran.rstudio.com' \
 remotes \
 gargle \
 googleAuthR \
 googleAnalyticsR \
 ## install Github packages
 && installGithub.r cloudyr/bigQueryR \
 ## clean up
 && rm -rf /tmp/downloaded_packages/ /tmp/*.rds

COPY [".", "/usr/local/src/myscripts"]

WORKDIR /usr/local/src/myscripts

ENTRYPOINT ["Rscript", "scripts/run-report.R"]
```

O Exemplo 5-3 apresenta um arquivo Docker para ser executado em R. Ele parte do pressuposto de que temos um script independente de R sendo executado no diretório com um script para nosso relatório em `scripts/runreport.R`. Todas as bibliotecas e as dependências dos sistemas estão instaladas, então o script e quaisquer outros arquivos na mesma pasta (como os arquivos de configuração) podem ser carregados para uma imagem de contêiner independente. O comando `ENTRYPOINT` é executado por padrão quando o contêiner é executado — nesse caso, o script de R.

A imagem Docker costuma ser criada e enviada ao Google Artifact Registry, permanecendo disponível para aplicações futuras. Isso pode ser uma etapa do Cloud Build ou um DAG do Cloud Composer. Se quisermos executar nosso script de R em resposta às solicitações de HTTP, como com Cloud Run, precisaremos ter alguma maneira do nosso código em R responder a essa solicitação. Em geral, isso é feito com o pacote de R `plumber`, que inclui uma sintaxe para fazer nosso código em R responder e solicitar dados do HTTP.

R em Produção

Existem várias maneiras de trabalhar com o R em produção na GCP. Eu lhe darei um exemplo que inclui o R em um agendamento em batch do Cloud Composer usando a imagem Docker exibida no Exemplo 5-3.

Tomemos o exemplo de DAG escrito em Python que chamará uma imagem Docker. Ele usará o KubernetesPodOperator do Airflow para inicializar a imagem Docker e executá-la. No Exemplo 5-4, o código em R inclui um script para baixar dados de GA4 e enviá-los para o BigQuery. Um arquivo de autenticação é mantido em segurança em um segredo Kubernetes, visto que não é uma boa ideia embuti-lo nesses contêineres Docker, o que faria com que fosse disponibilizado para qualquer um que o executasse.

Exemplo 5-4. Usando a imagem Docker em R no DAG do Airflow

```
import datetime
import os
import logging
from airflow import DAG
from airflow.providers.cncf.kubernetes.operators.kubernetes_pod import(
        KubernetesPodOperator)
from airflow.kubernetes.secret import Secret
from airflow.providers.google.cloud.operators.bigquery import BigQueryCheckOperator
from airflow.utils.dates import days_ago

start = days_ago(2)

default_args = {
 'start_date': start,
 'email': 'me@email.com',
 'email_on_failure': True,
 'email_on_retry': False,
 # Se uma tarefa falhar, tente executá-la novamente depois de esperar pelo menos 50 minutos
 'retries': 3,
 'retry_delay': datetime.timedelta(minutes=50),
 'project_id': 'ga4-upload'
}

schedule_interval = '17 04 * * *'

dag = DAG('ga4-datalake',
   default_args=default_args,
   schedule_interval=schedule_interval)

# um segredo Kubernetes usado para armazenar um arquivo de autenticação
secret_file = Secret(
```

```
    'volume',
    '/var/secrets/google',
    'arjo-ga-auth',
    'ga4-import.json'
)

# https://cloud.google.com/composer/docs/how-to/using/using-kubernetes-pod-operator
arjoga = KubernetesPodOperator(
  task_id='ga4import',
  name='gaimport',
  image='gcr.io/your-project/ga4-import:main',
  arguments=['{{ ds }}'],
  startup_timeout_seconds=600,
  image_pull_policy='Always',
  secrets=[secret_file],
  env_vars={'GA_AUTH':'/var/secrets/google/ga4-import.json'},
  dag=dag
)
```

Perceba que essa imagem Docker também poderia ser usada em outros sistemas, como o Cloud Build, o que demonstra um dos aspectos mais poderosos do uso dos scripts em R no Docker: podemos usá-los em outros sistemas, até em outras nuvens, com facilidade.

Resumo

É impossível nos aprofundar em todas as possibilidades da modelagem de dados em apenas um capítulo deste livro. Assim, procurei apresentar os pontos de partida que começam com nossos dados de GA4 e convidá-lo a avançar. Essa parte dos pipelines de dados é um mosaico de possibilidades, e podemos construir toda uma carreira refinando os modelos, as ferramentas e as estruturas que queremos usar. Neste capítulo, busquei escolher as tecnologias que podem ser acionadas mais rápido para obter resultados com os dados do GA4, os quais, visto que estão no BigQuery, possuem uma rota facilitada de resultados através do BigQuery ML. Se precisarmos de algo além do BigQuery ML, as APIs de aprendizado de máquina nos abrem um rico conjunto de novas possibilidades. Além disso, a breve visão geral da Vertex AI do Google nos mostra que o limite máximo da nossa modelagem podem ser modelos bem sofisticados com os quais os cientistas de dados ficarão felizes de trabalhar. Agora, iremos nos aprofundar mais na ativação de dados.

## CAPÍTULO 6

Ativação de Dados

A ativação de dados é o fim empresarial do projeto, em que esperamos gerar retorno no investimento, impacto e valor. Ao falarmos sobre ativação de dados neste capítulo, adotaremos diversas aplicações, mas a definição mais comum é quando conseguimos usar os dados para fornecer informações para a tomada de decisões de negócios ou mudar o comportamento do usuário. Sem essa habilidade de fazer mudanças, nosso projeto de dados não exercerá nenhuma influência e poderá muito bem não se concretizar. Nosso projeto de dados pode gerar influência de diversas formas: pode ser um insight único que o CEO tem em mente ao alocar orçamentos, um rastreador de métricas que analistas de dados usam para decidir no que trabalhar em seguida ou um recurso de autoatualização de site que ajusta os preços ou o conteúdo automaticamente. Tudo isso pode ser encarado como ativação de dados, mas algumas dessas coisas serão mais difíceis de medir ou terão menos impacto do que outras.

Por causa disso, a ativação de dados pode ser vista como extremamente importante se queremos que nossos projetos de dados se estendam além dos motivos educacionais ou da prova de conceito. Devemos, pelo menos, descrever como ativaremos nossos dados ao analisar o projeto, de modo que essa será a prioridade na próxima seção.

As integrações de ativação de dados do GA4 muito provavelmente são o principal motivo de usar o GA4 em vez de outras soluções analíticas, em especial se usarmos outros serviços de marketing digital do Google no nosso negócio online, como o Google Ads. Esse é um dos principais diferenciadores do produto e uma das principais razões de o Google Analytics ser oferecido gratuitamente: o Google sabe que quanto mais nosso negócio conseguir medir o desempenho das campanhas de marketing digital, maior será a probabilidade de aumentarmos o orçamento nos serviços do Google Ads. A maioria desses recursos de ativação de dados é habilitada via Audiences, onde podemos segmentar os usuários em recipientes e exportar esses atributos para serviços como Google Optimize, Search Ads ou Google Ads.

A Importância da Ativação de Dados

Às vezes, a ativação de dados pode ser negligenciada e ofuscada pela modelagem de dados, mas agora a vejo como o aspecto mais importante — um modelo ruim com boa ativação é melhor do que um bom modelo com má ativação. Uma pista de que talvez não estejamos dando a devida consideração à ativação de dados é quando começamos a pensar nela só depois da etapa da modelagem de dados ou se supomos que um painel será o resultado final sem questionar essa suposição. Esta seção apresentará alguns conceitos que nos ajudarão a decidir o que é melhor para nossos projetos.

Como enfatizado no Capítulo 2, quando planejamos nossos projetos de dados, devemos ter uma ideia clara de quão benéfico esse projeto teoricamente será, e isso costuma se resumir aos cálculos de quanto valor a fase adicional de ativação de dados acrescentará ao negócio. Em geral isso vem da economia de custos ou do faturamento adicional. Algumas técnicas para calcular esses números incluem as seguintes:

Economia de tempo por eficiência

Um objetivo comum é ajudar a automatizar determinada ação que nossos colegas estão realizando e que poderia ser otimizada por meio de um serviço automatizado. Um exemplo é colocar todas as métricas em um só lugar para que o usuário só precise fazer o login nesse lugar para obter as informações de que necessita, em vez de gastar horas a cada semana entrando em cada serviço, baixando os dados e agregando-os sozinho em uma planilha. Então, podemos chegar a um número de redução de custos calculando quantas horas foram economizadas em um mês multiplicadas pelo salário médio por hora desse usuário.

Aumentando o desempenho do ROI dos custos de marketing

Com o foco de marketing digital do GA4, uma necessidade comum é aumentar os índices de conversão ou de cliques melhorando o site ou a experiência de marketing através de uma relevância aprimorada desse cliente. Se esse aumento nos índices puder ser atribuído ao projeto, poderemos trabalhar um aumento ou faturamento gradual dados os volumes costumeiros de tráfego mensal.

Diminuindo os custos do marketing

Uma estratégia de ativação similar poderia ser focar o mesmo número de clientes com mais eficiência para gastar menos para atrair o mesmo número. Uma técnica comum é personalizar as palavras-chave focadas através de busca paga ou segmentar esses usuários geograficamente e excluir os clientes que achamos que nunca comprarão (talvez eles já sejam clientes). Então, podemos atribuir os custos graduais reduzidos por mês ao projeto de dados.

Reduzindo a perda de clientes atuais

Alguns projetos de dados são justificados pelo aumento da satisfação do cliente, de modo que podemos aumentar o número de compradores recorrentes e diminuir as perdas. Podemos fazer isso personalizando ou identificando padrões irritantes de vendas dos clientes atuais. Dizem que o custo de adquirir novos clientes pode ser dez vezes maior do que o valor de manter um cliente atual, de modo que podemos atribuir esse custo ou aumento gradual no faturamento a compradores recorrentes no nosso projeto.

Atraindo novos clientes

A maioria dos negócios também precisa atrair regularmente novos clientes. Assim, descobrir novos segmentos de clientes a partir da base atual pode ser de grande valor, em especial para as start-ups em crescimento. Criar públicos parecidos que identificam possíveis clientes similares aos nossos clientes atuais ou buscas de palavras-chave para usuários que estão procurando produtos similares pode ser uma motivação para o projeto de dados. A pesquisa da concorrência pode entrar aqui. Então, podemos atribuir qualquer aumento de novos clientes ao projeto de dados.

Em muitos casos, o quanto de valor que podemos acrescentar por meio da ativação de dados não passará de uma estimativa, mas ter um valor aproximado ainda é importante para podermos comparar nossas expectativas com a realidade e, obviamente, obtermos a aprovação para o orçamento de que precisamos para o projeto. Também é de ajuda determinar de que recursos precisaremos e quais dados são necessários, e veremos que é nesse ponto que faremos muita da intermediação entre o negócio e as áreas técnicas da nossa empresa.

Podemos chegar à conclusão de que um painel é o melhor canal de ativação, mas a seção "Visualização", mais adiante, considera algumas ressalvas a essa suposição, para nos certificarmos de que os painéis terão o desempenho esperado.

Audiences do GA4 e Google Marketing Platform

Um dos grandes motivos pelos quais o Google Analytics é a solução preferida de muitas empresas é sua estreita integração com o Google Ads e o resto da Google Marketing Platform. O GA4 está em uma posição única por causa de suas capacidades de integração versus outras plataformas analíticas, visto que o Google Ads é, para muitos, o canal mais importante para o marketing digital.

A GMP inclui as seguintes soluções e funções:

GA4
  O assunto deste livro. Medição e análise de sites e aplicativos de dispositivos móveis.

Data Studio
  Uma ferramenta online e gratuita de visualização de dados que pode se integrar com muitos serviços do Google, incluindo o Google Analytics e o BigQuery. Costuma ser usada para criar uma camada de apresentação com base nos dados do GA4 em combinação com outras fontes.

Optimize
  Uma ferramenta de testes A/B e personalização para o site. Essa ferramenta pode alterar qual conteúdo os navegadores da web veem, então registra sua atividade para ver se nossos objetivos, tais como, os índices de conversão, melhoraram com sua modelagem estatística.

Surveys
  Cria ferramentas de pesquisas online que aparecem no site para coletarmos dados qualitativos dos usuários e suplementar os dados quantitativos da nossa análise.

Tag Manager
  Abordado neste livro na seção "Coletando Eventos do GA4 com o GTM", no Capítulo 3. Ele é um contêiner de JavaScript no qual inserimos nosso site para controlar todas as outras tags de JavaScript a partir de um local centralizado sem a necessidade de atualizar o site toda vez. Inclui gatilhos úteis e variáveis que costumam ser usadas para o rastreio analítico, como o rastreio de rolagem e cliques.

Campaign Manager 360
  Uma ferramenta centralizada de gestão de mídia digital usada por publicitários e agências para controlar quando e onde apresentar anúncios digitais.

Display & Video 360
  Usado por negócios que querem fazer propagandas em vídeos e redes de visualização. Ajuda os usuários a elaborar anúncios, comprá-los e otimizar o desempenho das campanhas.

Search Ads 360
  Usado por negócios que querem anunciar palavras-chave em motores de busca, incluindo o Google Ads, o Bing e MSN.

Todas essas plataformas poderiam ser consideradas canais de ativação de dados, à parte do GA4 e do Surveys, que são mais canais de ingestão de dados. O principal ponto de venda da GMP é que os públicos podem ser criados no GA4, então, exportados (se dermos o consentimento) para outros serviços.

Isso significa que os dados que coletamos no GA4, como as preferências do usuário, podem ser usados para influenciar quais mídias eles verão em outros canais, como vídeos ou buscas. A próxima seção aborda como configurar esses públicos no GA4.

Audience name	Description	Users ⑦	% change	Created on ↓
✨ I/O 22	Users who are predicted to generate the most rev...	1,803	-	Apr 18, 2022
✨ I/O 2022	Users who are predicted to generate the most rev...	3,101	-	Apr 11, 2022
Test Audience		1,969	-	Apr 8, 2022
Session Start and more than ...		34,768	↑238.8%	Mar 21, 2022
Session Start >>> Viewed App...		5,150	↑15.0%	Feb 1, 2022
testaudtrigger		< 10 Users	-	Jan 19, 2022
✨ Predicted 28-day top spenders	Users who are predicted to generate the most rev...	4,729	↑36.0%	Jan 12, 2022
Untitled audience		< 10 Users	-	Oct 21, 2021
(Session Start >>> Viewed Ap...		18,552	↑9.6%	Sep 30, 2021
Add to Cart		8,777	↑31.8%	Sep 15, 2021
✨ Likely 7-day purchasers	Users who are likely to make a purchase in the ne...	7,268	↑8.8%	Aug 24, 2021
✨ Likely 7-day churning users	Active users who are likely to not visit your proper...	799	↓38.3%	Aug 20, 2021
Android Viewers	Those that have viewed Android products	1,592	↑18.8%	Nov 4, 2020
Campus Collection Category ...	Those that have viewed the campus collection ca...	1,263	↑20.3%	Nov 4, 2020
Engaged Users	Users that have viewed > 5 pages	19,853	↑22.1%	Oct 5, 2020
Added to cart & no purchase	Added an item to the cart but did not purchase	8,527	↑31.3%	Sep 17, 2020
Purchasers	Users that have made a purchase	1,960	↑9.1%	Sep 17, 2020
Users in San Francisco	Users in San Francisco	1,204	↑28.8%	Jul 31, 2020
Recently active users	Users that have been active in the past 7 days	66,593	↑16.0%	Jul 31, 2020
All Users	All users	88,631	↑15.1%	Oct 19, 2019

Figura 6-1. Uma lista de Audiences do GA4 obtida na conta de demonstração do GA4 para a Google Merchandise Store

Os Audiences são um recurso do GA4 que nos permite combinar as métricas, as propriedades do usuário e as dimensões que coletamos em recipientes ou segmentos agrupados com valores similares. Seu uso primário é auxiliar na análise, como identificar todas as pessoas que compraram ou visualizaram determinado conteúdo. Podemos acrescentar diversos critérios para criar públicos bem específicos. Esses públicos ganham bastante poder ao serem expandidos para outros serviços, visto que podem ser usados para personalizar o conteúdo ou o comportamento no site para apenas um subconjunto de usuários.

Podemos ver alguns Audiences usados nesses exemplos por meio da conta de demonstração do GA4 para a Google Merchandise Store, encontrada no menu em Configure → Audiences. São listados diversos com vários critérios, que podemos ver na Figura 6-1. A partir desse ponto, podemos ter uma ideia dos vários públicos possíveis.

Inclusos na Figura 6-1 estão diversos públicos nos quais nos concentraremos:

Session Start and more than two page views
    Este é um exemplo de público criado contando os parâmetros de evento. Usando públicos personalizados, procuramos incluir usuários que têm um evento `session_start` (por exemplo, a chegada no site) e, posteriormente, eventos `page_view`, em que Event count > 2. Esse é mais ou menos um segmento de engajamento avançado. A Figura 6-2 apresenta uma possível configuração para esse Audience. Ele é fácil de configurar para três ou mais `page_views` — basta alterar o valor da condição Event count. Também podemos usar qualquer evento além de `page_view`, como um evento de compra ou personalizado.

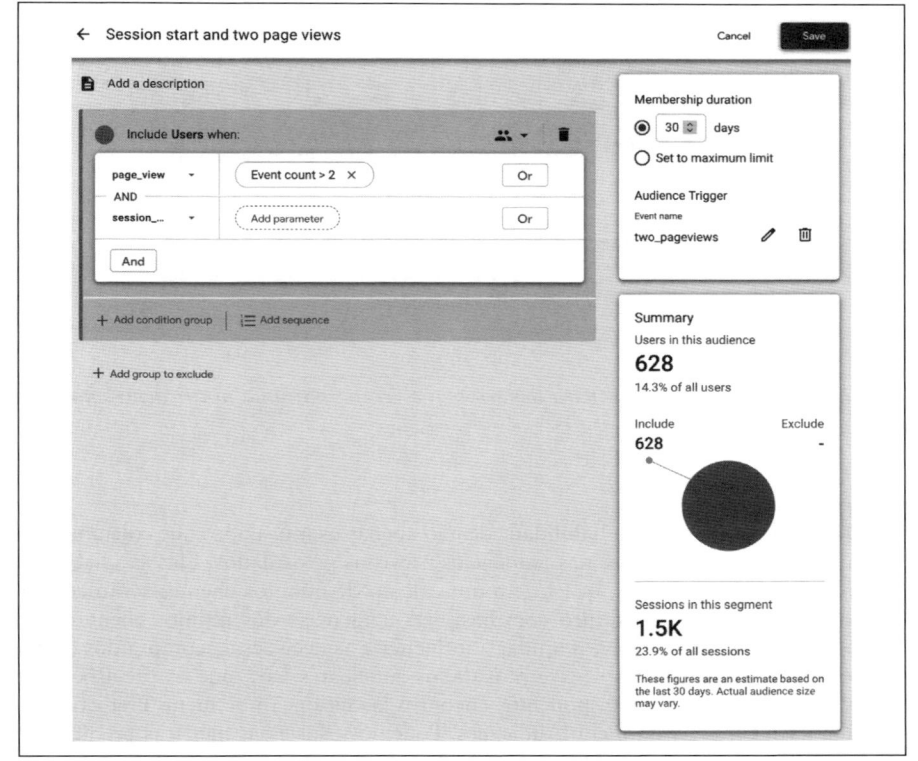

Figura 6-2. Uma configuração para os eventos `session_start` com dois eventos `page_view` adicionais

Perceba que também podemos ativar um evento adicional quando um usuário se torna membro desse público; isso pode ser usado em segmentos adicionais ou para outros fins de medição.

Added to cart and no purchase

Este é um exemplo de segmento que inclui um conjunto de usuários, mas exclui outro. A Google Merchandise Store está interessada no segmento de usuários que pensavam comprar, mas que acabaram não comprando. Um bom alvo para publicidade? Para fazer isso, incluímos todos os usuários que colocaram algo no carrinho, mas excluímos todos os usuários que fizeram uma compra. Outro exemplo desse tipo de público é exibido na Figura 6-3, desta vez para os usuários que receberam uma notificação da web, mas não abriram. O Audience pode incluir ou excluir de acordo com qualquer evento que estamos coletando. Isso também pode incluir limites de tempo da janela, como se não leram a mensagem dentro de 5 minutos ou 30 dias.

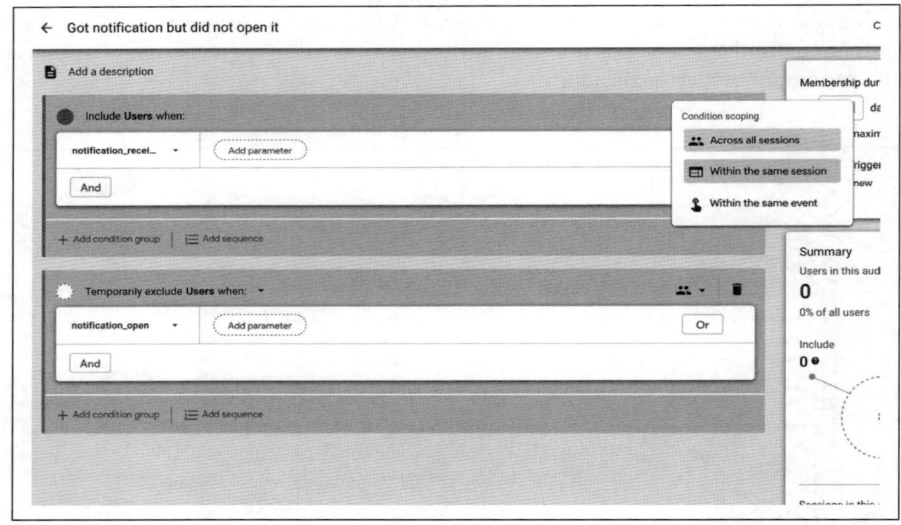

Figura 6-3. Uma configuração para usuários que receberam uma notificação, mas não a abriram

Predicted customer

O GA4 possui uma nova habilidade de não apenas usar os dados que coletamos, mas também de agir com base nas tendências previstas pelos dados. Elas são habilitadas com métricas preditivas, que fazem um cálculo de quantos clientes serão convertidos ou comprarão no futuro com base nas tendências dos últimos clientes. É um recurso poderoso e pode nos ajudar a influenciar as decisões de compra dos clientes. Podemos usá-las apenas se tivermos dados suficientes para que as previsões sejam exatas, mas ao fazer isso, podemos encontrá-las na opção de menu Predictive, exibida na Figura 6-4 do menu Audiences. Podemos usar essas métricas preditivas em um Audience, dando-nos um segmento de usuários que poderão realizar essa ação. Elas podem ser usadas para focar ou excluir esses clientes da atividade de marketing digital. Vários desses Audiences estão disponíveis em modelos predefinidos, como os exibidos na Figura 6-4.

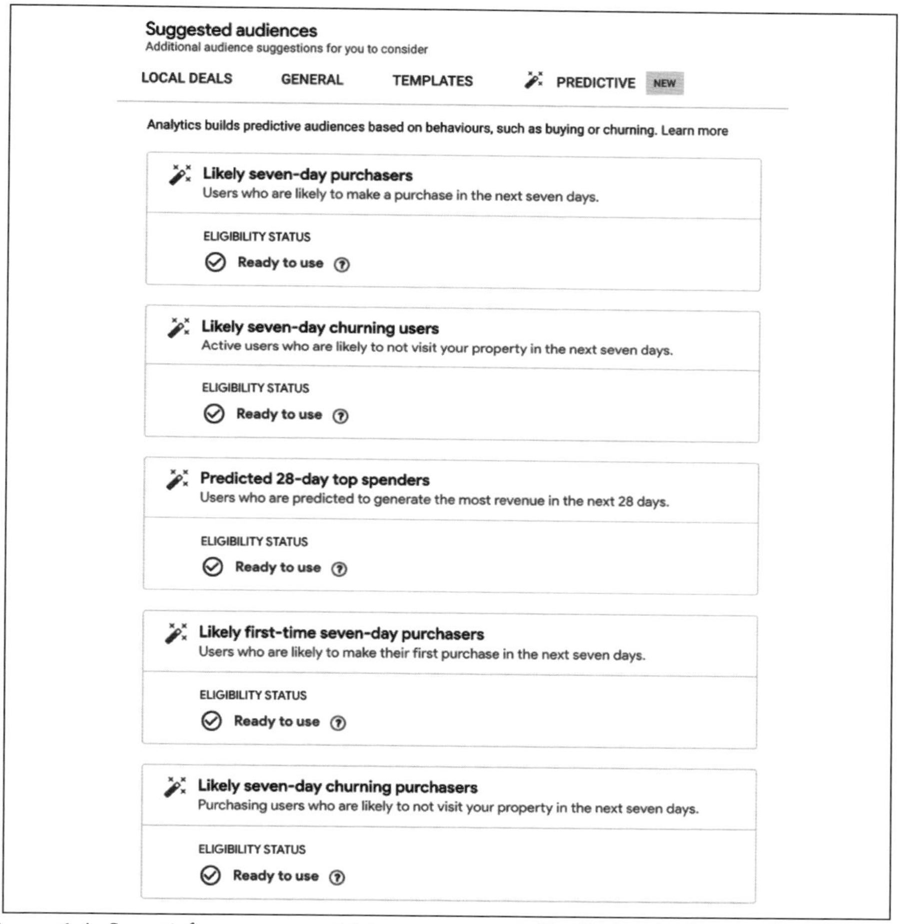

Figura 6-4. Se satisfizermos os critérios, veremos os Predictive Audiences disponíveis na configuração do GA4

Depois de configurar nosso Audience no GA4, a ativação acontece exportando esse Audience para o serviço da GMP escolhido. Um desses é o Google Optimize, que analisaremos a seguir.

Google Optimize

O Google Optimize é uma ferramenta de testes de sites, no qual podemos usar diversos conteúdos para vários usuários e ver quais terão um desempenho melhor. Ele nos permite testar hipóteses sobre como nosso site funciona melhor. Por exemplo, talvez suspeitemos que o botão vermelho "Colocar no Carrinho" do site esteja confundindo os clientes que não estão acostumados a ver um botão que realiza essa função nessa cor. Talvez trocar a cor do botão para verde resultará em mais conversões, mas não queremos acidentalmente reduzir nosso faturamento se estivermos errados. Usar uma ferramenta de testes A/B, como o Google Optimize, significa que podemos testar essas duas variações lado a lado apresentando uma variação (A) para alguns clientes e a outra variação (B) para outros clientes. Ao comparar o desempenho das duas, teremos dados sobre qual seria a melhor opção. O Google Optimize nos permite alterar a aparência do site temporariamente para testar essas variações e fazer um visitante ver sempre a mesma variação. Essas capacidades também nos permitem oferecer certo conteúdo a determinados públicos ou segmentos, incluindo nossos públicos do Google Analytics definidos no GA4.

Anteriormente, podíamos exportar nossos segmentos do Google Analytics ao usar o Universal Analytics, mas precisávamos ser clientes pagantes do Optimize 360. O GA4 eliminou essa barreira, liberando a todos a personalização, a experimentação e as alterações instantâneas de sites com base nos Audiences definidos no GA4.

Depois de vincular nossas contas do Google Optimize e do GA4, precisaremos instalar outro trecho de código JavaScript para controlar o conteúdo que o Google Optimize exibirá no site e vincular nossa conta do GA4.

Uma vez instalado e vinculado, nossos Audiences do GA4 começarão a aparecer no Google Optimize. Depois de criar o conteúdo do site, teremos a opção de escolher quem o verá, então poderemos selecionar nossos Audiences do GA4, como visto na Figura 6-5.

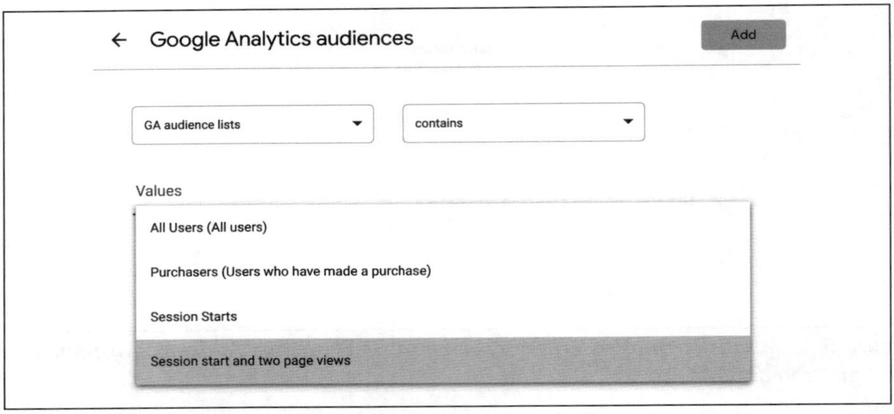

Figura 6-5. Selecionando um público do GA4 no Google Optimize

Eu apliquei uma de várias escolhas que temos para a ativação do Optimize. Isso inclui executar testes A/B, alterar o conteúdo e redirecionar os usuários para outra página. Mas minha escolha foi exibir um banner na parte de cima do site para demonstrar que o segmento funcionou, caso decida visitar o meu blog (fica a dica). Se fizer isso, você verá algo parecido com a Figura 6-6.

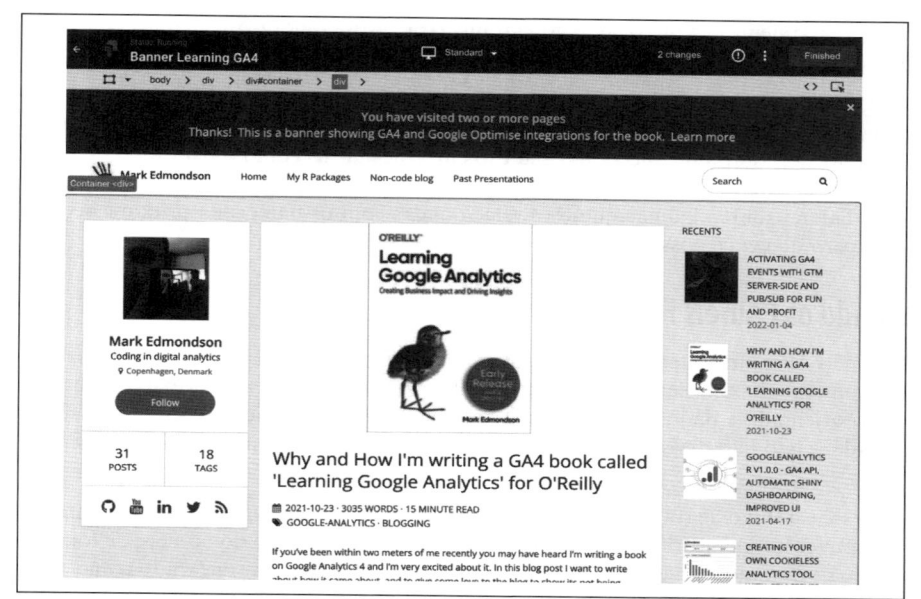

Figura 6-6. Configurando um banner para o site que será ativado quando o segmento do Audience do GA4 for atendido

Na época em que estou escrevendo este livro, ele ainda está em beta, de modo que pode demorar um ou dois dias para que as mudanças sejam vistas no site.

O objetivo dessa prova de conceito foi inspirá-lo a aproveitar a integração do Google Optimize e do GA4 para um caso de uso mais pertinente ao seu site. Poder alterar nosso site através de eventos do GA4 de uma maneira relativamente fácil incentiva a experimentação com as jornadas dos usuários no nosso site e é um bom exemplo de ativação de dados: nossos dados mudarão o comportamento dos usuários.

A seguir, analisaremos algumas ferramentas de visualização de dados, visto que costuma ser a primeira etapa da estrada da ativação de dados.

Visualização

A visualização de dados é o processo de mapear ou extrair informações dos dados nas quais poderemos nos basear para tomar decisões, monitorar ou prever tendências para os usuários do painel. Trata-se de uma vasta área com muitos manuais excelentes que abrangem o básico. Assim, esta seção se concentrará mais em como o GA4 a torna possível e algumas ferramentas que talvez você deseje usar ao longo da jornada.

No início da minha carreira, fui um criador entusiástico de painéis, mas então entrei em uma fase que chamo de *Inverno dos Painéis*, na qual comecei a dizer a todos que, na verdade, os painéis eram inúteis. Minha revolta se devia mais ao uso para monitoramento dos belos painéis em que havia passado tanto tempo montando. Desde que começaram a ser usados diariamente, as métricas logo caíram para zero, embora o trabalho para criá-los ainda esteja esgotando muitos profissionais de dados.

Já me retratei um pouco da minha recomendação de nunca usar painéis para a ativação de dados — acho que eles são um bom ponto de partida se administrados corretamente. Mas também gostaria de questionar seu uso e não aceitá-los como o padrão, o que parece prevalecer em quase todos os negócios, em especial quando falamos sobre ativação de dados. Falarei sobre algumas questões relacionadas com os painéis na próxima seção, na qual espero que você possa aprender com alguns dos meus erros.

Fazendo os Painéis Funcionarem

Os painéis têm uma suposição subjacente: o visualizador do painel verificará os dados e terá um insight que será acompanhado e usado para fornecer informações para uma decisão orientada a dados na empresa. Não é fácil fazer com que essa suposição se torne realidade, e isso não deve ser presumido. Algumas coisas se fazem necessárias para isso:

Os dados certos devem ser enviados ao painel
Esse é o fluxo de trabalho técnico de fazer os dados chegarem ao painel para início de conversa. Pode variar de simples a complicado, dependendo do número de fontes nas quais os dados são coletados. Isso costuma ser ingenuamente encarado como a única grande tarefa de ativação de dados, mas continue lendo para ver mais considerações.

Os dados são relevantes quando estão sendo visualizados
Um projeto comum de painel começa com a análise, junto com o usuário pretendido, sobre como o painel será usado. Contudo, na maioria dos negócios, isso não é estático. Assim, a conclusão a que chegamos no início pode se tornar irrelevante quando o projeto tiver terminado. Isso costuma acontecer com a frequência de logins no painel, que diminui bastante com o passar do tempo. Uma possível solução é tornar o painel mais interativo ou moldá-lo como uma ferramenta de análise, de modo que haja algum elemento de autoatendimento que o usuário final poderá realizar para manter os dados relevantes.

Os dados são apresentados de forma clara, de modo que o usuário possa entendê-los com facilidade
Esse é um campo profundo e complexo que se baseia no design, em UX e na psicologia das interpretações de dados. É muito comum que duas pessoas vejam o mesmo dado e tirem conclusões diferentes por se basearem no seu próprio contexto de visualização. Manter os painéis focados e simples deve ser uma força motivadora no caso da maioria, mas isso às vezes bate de frente com o ponto anterior, de que os usuários devem manter o painel relevante para todos os casos inserindo vários pontos de dados na tela de uma só vez.

O usuário pode confiar nos dados
Não é preciso muito esforço para que os usuários finais deixem de acreditar que podem confiar nos dados, mesmo que tudo esteja perfeito de um ponto de vista técnico. Bastam alguns intervalos, erros de processamento ou inserções incorretas dos dados para inutilizar todo o projeto. Em alguns casos, os dados talvez só apresentem respostas que os usuários não gostam. Isso só pode ser resolvido com bastante comunicação e tornando os pipelines de dados mais robustos.

O usuário tem espaço suficiente para agir com base nos dados
Um analista de dados talvez tenha o painel perfeito, mas se não puder influenciar seu chefe ou outros stakeholders no que se refere às conclusões às quais eles podem chegar com base neles, esse painel não exercerá nenhum efeito no balanço final da empresa. Escolher os stakeholders certos para criar os produtos de dados é um requisito de análise essencial.

Se conseguir se conscientizar de que todos esses critérios podem ser atendidos, você provavelmente poderá criar seu painel com segurança, mas ainda assim procure revisá-lo periodicamente para manter tudo relevante. Para as nossas necessidades de visualização de dados, consideraremos as opções no próprio GA4. Depois veremos algumas opções mais avançadas que ele oferece, incluindo o Google Data Studio, o Looker e outros provedores.

Opções de Painel do GA4

O GA4 vem com suas próprias visualizações quando entramos na ferramenta e, para alguns, essa pode ser a única maneira de interagir com seus dados. Eu costumo gastar talvez 20% do meu tempo trabalhando com os dados do GA4 nesses relatórios, os quais costumo usar apenas para verificar se os dados estão chegando para coleta. De outra forma, eu trabalho com os fluxos de dados via API, exportações do BigQuery ou as diversas integrações do GA4.

Acho que o fato de que as pessoas tradicionalmente se baseiam na interface da web do Universal Analytics explica parte da relutância de passar para o GA4, visto que muitos usuários do Google Analytics aprenderam de forma inconsciente os métodos por vezes complexos de obtermos os dados necessários. Com a folha em branco que o GA4 apresenta, essas rotas precisam ser reaprendidas, e nos dias iniciais do GA4, alguns desses relatórios estavam simplesmente indisponíveis (estou falando com você, relatórios das Landing Pages! Agora implementados, graças a Deus). Aprender como usar uma interface de relatórios do GA4 totalmente nova com rotas desconhecidas resultou em frustração inicial e na sensação de que o GA4 não era igual ao Universal Analytics. Uma solução para essa estranheza dos novos usuários comerciais talvez fosse trocar por completo para o Data Studio ou outras ferramentas de visualização, e importar os dados do GA4 para eles, dando acesso à WebUI do GA4 apenas aos usuários mais técnicos. No entanto, isso significaria perder várias inovações da interface web do GA4 que não podiam ser usadas no Universal Analytics.

Existem dois modelos diferentes de relatórios na interface web do GA4 que podem causar confusão ao serem comparados. É útil pensar neles como dois recipientes diferentes de apresentação de dados, com regras de interpretação diferentes. Os Standard Reports são acessados na aba Reports, ao passo que as explorações são acessadas na aba Explore. Os Standard Reports fornecem agregados gerais para relatórios simples, mas deixam a desejar em segmentação ou filtragem. Os Exploration Reports têm mais recursos de análises, como segmentação, filtros, funis e caminhos, mas ainda têm problemas de amostragem. Leia online sobre essas diferenças em "Diferenças de Dados Entre os Relatórios e Explorações".

Reports do GA4
A seção "Reports" do GA4 nos oferece visões gerais de alto nível que agregam os dados de eventos que estamos enviando em uma tendência diária, por exemplo, como exibido na Figura 6-7. Eles são diferentes dos Exploration Reports.

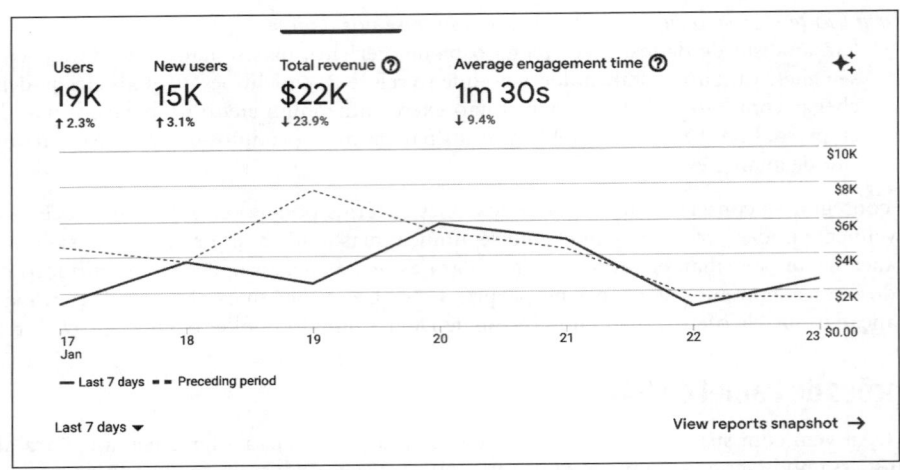

Figura 6-7. Os Standard Reports do GA4 apresentam atualizações e tendências em tempo real para os dados de eventos do GA4

Os relatórios exibidos na seção Reports podem ser personalizados com a seção Library, na parte inferior da barra de menu. Ao longo do tempo, devem aparecer novos relatórios que poderemos personalizar para os usuários finais que entram. Na prática, isso deveria nos ajudar a limitar os Reports apenas aos relevantes para a pessoa que está entrando. Uma crítica válida do Universal Analytics era o grande número de relatórios apresentados para um usuário no primeiro login, uma experiência que deixava os novos usuários confusos. Limitar a quantidade de relatórios que um usuário pode ver abrange parte da mesma funcionalidade que os Views do Universal Analytics, restringindo o acesso a alguns relatórios de dados. Por padrão, devemos escolher entre os seguintes relatórios:

Relatórios em tempo real
Esses dados são adequados às ações nas quais estamos trabalhando naquele dia, e queremos ver o impacto delas no nosso site nos últimos 30 minutos. Poderia ser uma postagem nas redes sociais, um lançamento de marketing ou uma implantação da configuração de rastreamento. O conjunto de dados em tempo real é muito mais rico do que no Universal Analytics. Podemos incluir comparações imediatas se nossa campanha é voltada a determinado grupo ou clicar nas snapshots de usuário para ver o comportamento de determinado usuário. Esses dados também estão disponíveis na Data API em tempo real.

Relatórios de aquisição
Esses dados têm a ver com como os usuários chegaram no site. A principal diferença do Universal Analytics é que temos as aquisições de usuário e de tráfego, que correspondem aos canais de primeiro e último toques com os quais um usuário chegou. Também podemos inserir uma dimensão secundária aos nossos relatórios, incluindo a Landing Page (a primeira página vista na sessão), tal como exibido na Figura 6-8.

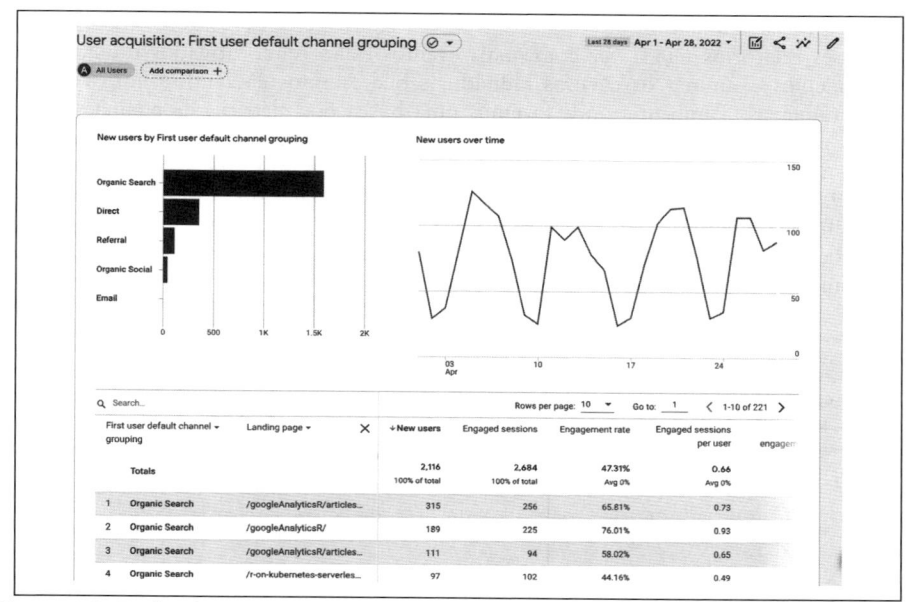

*Figura 6-8. Exibindo como os usuários chegaram primeiro ao meu blog — a busca orgâ-
nica foi boazinha comigo!*

O GA4 também nos permite escolher a conversão para qual determinada sessão contribuiu
mudando a lista suspensa das colunas "Event Count" ou "Conversions", como visto na
Figura 6-9.

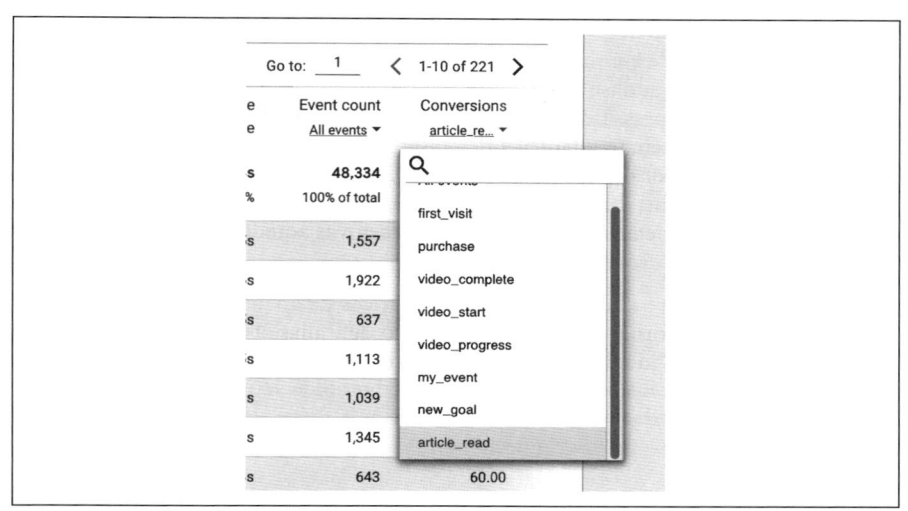

*Figura 6-9. Escolhendo os eventos ou as conversões de objetivos para os quais esse canal
contribuiu*

Relatórios de engajamento
Esses relatórios têm a ver com quais eventos estão sendo ativados no site. Aqui, podemos examinar os eventos individuais que estamos enviando, junto com seus parâmetros. Também é onde fazemos uma busca por métricas de página similares ao relatório All Pages no Universal Analytics. Podemos ver o quanto uma página contribuiu para determinado objetivo seguindo o mesmo procedimento da Figura 6-9. Os eventos são os pontos de entrada mais granulares do GA4. Um relatório útil inclui a comparação das condições dos usuários que visualizaram certo evento, como `googleanalytics_viewers`, que implementei para os visualizadores do meu blog, como na Figura 6-10.

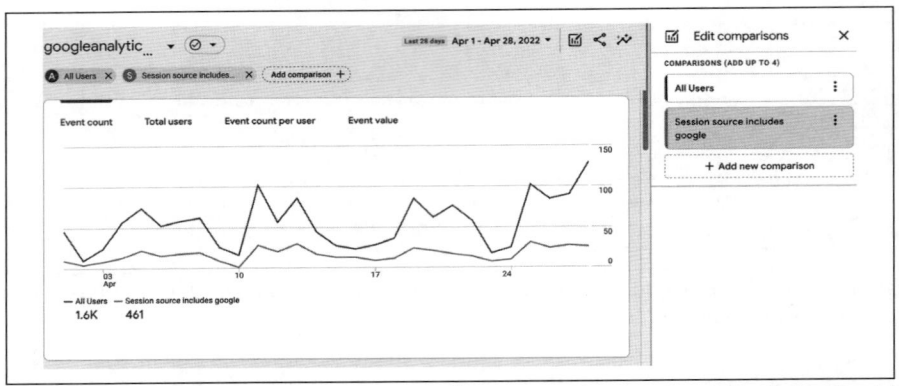

Figura 6-10. Comparação dos Audiences "All Users" e "Session Source includes Google" com uma métrica que conta quantos eventos `googleanalytics_viewers` estiveram presentes para cada

Relatórios de monetização
No caso dos sites de e-commerce, o faturamento e outras métricas estarão disponíveis. Os índices de análise de produtos, como adicionar ao carrinho, carrinho para visualização e compras, ficam aqui, mas provavelmente desejaremos usar o módulo Explore para apresentar relatórios de coisas como funis e jornadas do usuário, reservando esse relatório para totais e índices gerais. Ademais, se você for um editor que faz propagandas, também encontrará os números de anúncio por página nessa seção. Também podemos ver algumas métricas novas aqui, como o valor de vida útil.

Relatórios de retenção
Os relatórios de retenção servem para as métricas de análise de coorte, como usuários novos, que retornaram e voltaram dentro de 7 dias, 14 dias etc. Na screenshot da conta GA4 do Google Test, exibida na Figura 6-11, também podemos vê-lo indicando picos de tráfego para nos ajudar a saber onde seria bom implementar uma análise mais profunda.

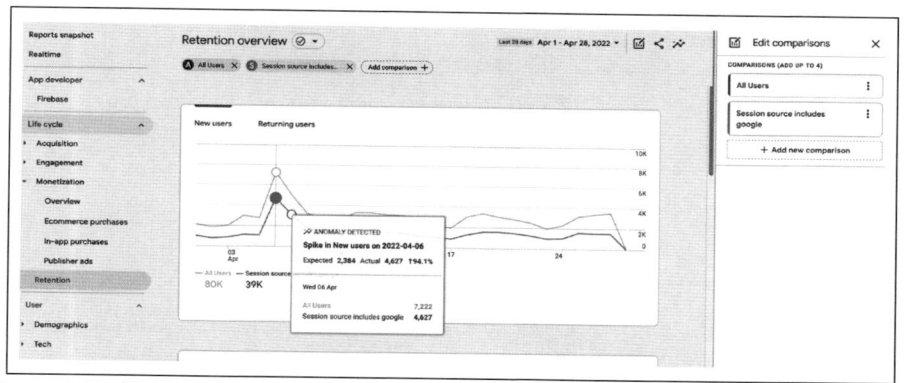

Figura 6-11. Um pico anômalo encontrado nos dados de mercadoria na conta de demonstração GA4 da Google Merchandise Store

Relatórios demográficos
Esses relatórios incluem detalhes sobre nossos usuários, como seu país de origem e configurações de idioma. Se escolhemos usar as opções demográficas mais avançadas oferecidas pelo Search Ads 360, também poderemos ver os cálculos de idade, interesses e sexo aqui.

Relatórios tecnológicos
Eles abrangem os detalhes técnicos dos dispositivos que os usuários usam para navegar o site ou o aplicativo, como desktop ou celular, navegador e resolução de tela.

Relatório Firebase
O Firebase possui vários relatórios úteis para monitorar nosso aplicativo de dispositivos móveis, como o índice de falhas dos usuários e a versão do aplicativo.

O GA4 possui um recurso Library Collection que podemos usar para fazer uma lista personalizada dos relatórios que queremos ver com mais frequência. Por exemplo, no caso do meu blog, eu me preocupo mais com a origem do tráfego por página inicial, as buscas com integrações de console Search e as métricas de engajamento.

Usando a funcionalidade Library, posso criar uma seção personalizada chamada "My Blog" nos Reports do GA4, como podemos ver na Figura 6-12. Os relatórios disponíveis estão listados à direita, e basta arrastar os que gostaria de ver quando entrar para a esquerda. Existem vários tipos de relatórios, como os de visão geral com estatísticas resumidas ou detalhes que listam mais dimensões. Depois de escolher os relatórios que quero e nomear a seção personalizada, ela aparecerá no lado esquerdo da principal interface web do GA4, na seção Reports.

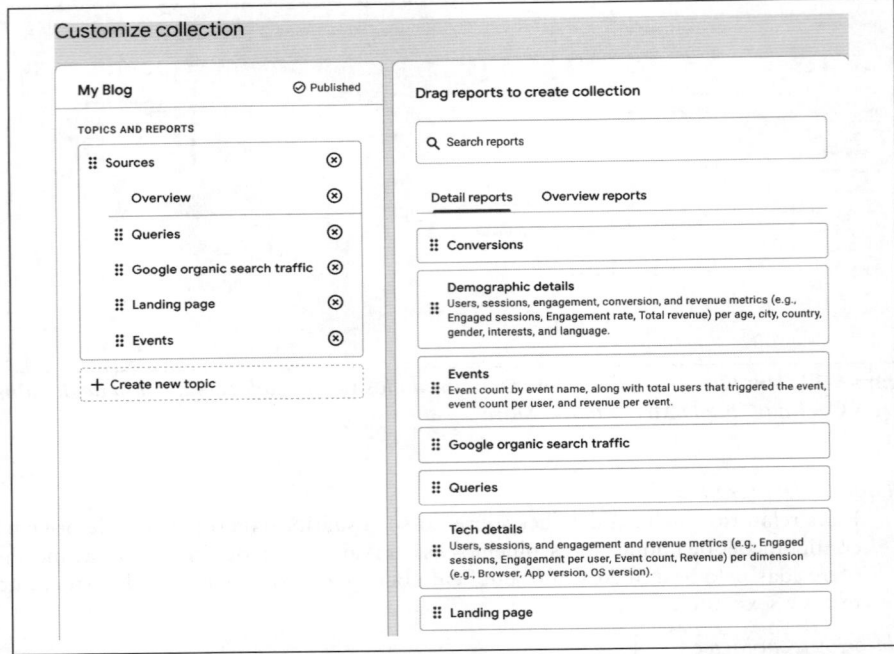

Figura 6-12. Uma coleção personalizada dos relatórios do GA4 para o meu blog

Os Reports são bons para obtermos as visões gerais do desempenho do site, mas às vezes queremos explorar mais a fundo e manipular mais dados. Se você não conseguir os insights que desejava com os Reports do GA4, considere passar para o módulo Exploration, que abordaremos na próxima seção.

Explorations do GA4

Os Explorations do GA4 podem ser acessados entrando no GA4 por meio do menu Explore, à direita superior. Eles são mais apropriados para relatórios de exploração ad hoc e usam ferramentas do tipo classificação, pesquisa, filtros e segmentos. Também podemos usá-los para criar os Audiences do GA4 usados em outros serviços da GMP, como discutido na seção "Audiences do GA4 e Google Marketing Platform", vista anteriormente. O fluxo de trabalho intencionado para o seu uso é mais ou menos o seguinte:

1. Criar uma Exploration: crie ou selecione um relatório ou modelo Exploration já existente, como os relatórios que vêm por padrão. Esse é o contexto para o caso de uso que queremos analisar. Podemos ver a tela inicial na Figura 6-13.

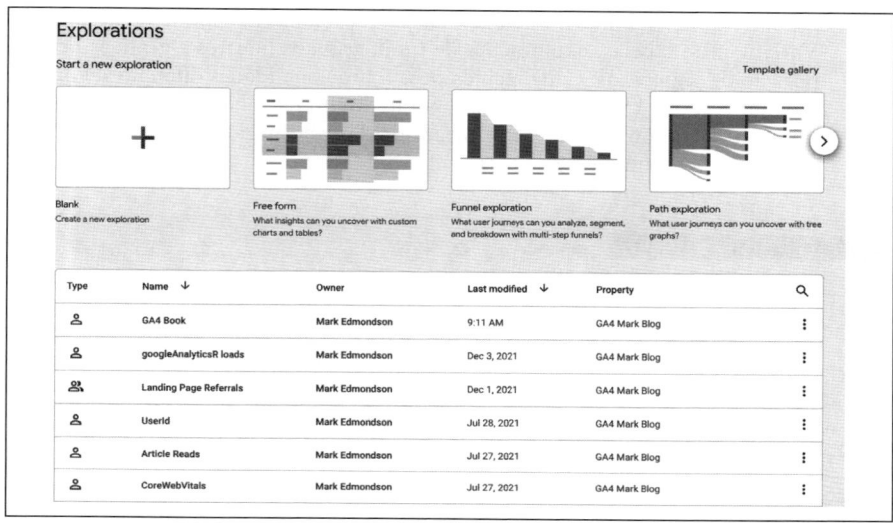

Figura 6-13. O início do nosso fluxo de trabalho Exploration envolve selecionar ou criar um na tela inicial

2. Selecionar as Variables: na seção Variables, clique no botão + para adicionar ou remover os segmentos, as dimensões e as métricas relevantes das quais você acha que precisará. Isso o ajudará a se concentrar apenas naqueles que requisitou, evitando a sobrecarga de informações, tal como podemos ver na Figura 6-14. Esses campos sempre poderão ser alterados posteriormente, se necessário.

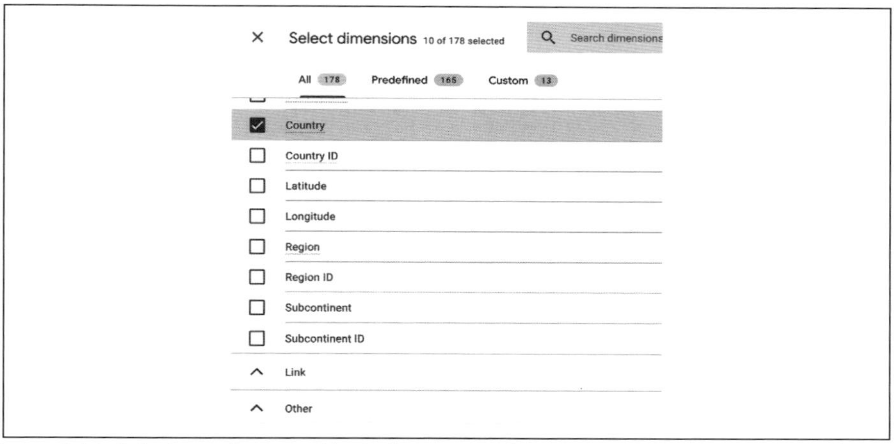

Figura 6-14. Selecionando as variáveis das quais achamos que precisaremos na exploração

3. Escolher uma Technique: escolha a técnica de análise na coluna da aba seguinte. Variam entre tabelas, explorações de funil, gráficos lineares e gráficos de sobreposição de segmentos. Cada técnica possui funcionalidades diferentes. Por exemplo, na Figura 6-15, ao clicar com o botão direito na sobreposição de segmentos, podemos fazer uma análise mais profunda desses usuários ou criar um Audience ou segmento secundário com base neles.

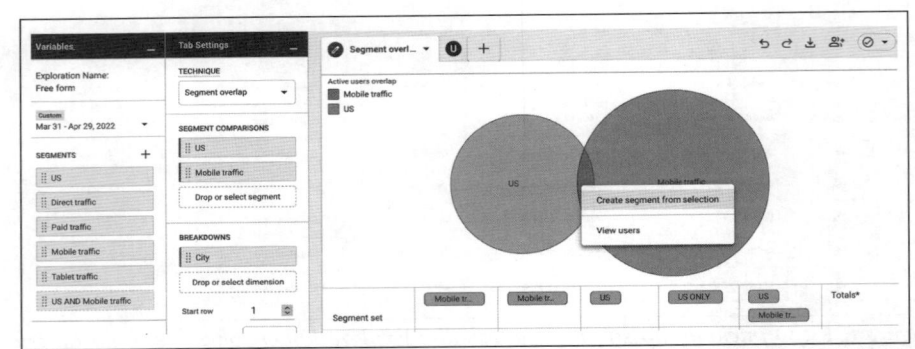

Figura 6-15. O módulo Explore inclui diversos relatórios com diferentes funcionalidades; neste exemplo, usamos a técnica de sobreposição de segmentos para ver quais usuários são dos EUA e usam dispositivos móveis

4. Aplicar campos de dados: aplique segmentos, filtros e campos ao relatório. Mantendo seu caso de uso em mente, insira as dimensões e as métricas apropriadas na técnica de visualização, como visto na Figura 6-16.

Figura 6-16. Selecionando os campos apropriados para o relatório de exploração

5. Iterar e analisar: repita os passos para incluir mais campos, segmentos e filtros para obter as informações necessárias. Quando estiver pronto, terá a opção de compartilhar os dados com outro usuário do GA4 ou exportá-los em PDF ou Google Sheets.

O âmago da nossa análise depende de várias técnicas de Exploration, as quais esperamos ser uma lista crescente de ferramentas, todas com interatividade ao clicarmos com o botão direito para nos ajudar com o "fluxo" da nossa análise. Como serão o maior fator da extração de insight dos dados de GA4, segue-se um breve tour das técnicas (na data em que estou escrevendo isso) e dos recursos que podemos usar:

Exploração livre

Costuma ser um bom lugar para se começar, visto que inclui uma tabela tradicional e opções de gráficos, como de linha, dispersão, barras e relatórios geográficos. Usar os gráficos de linha ativará os recursos de série temporal, como a detecção de anomalias para destacar quando nossas medidas detectaram atividades incomuns. Um exemplo foi exibido anteriormente na Figura 6-16.

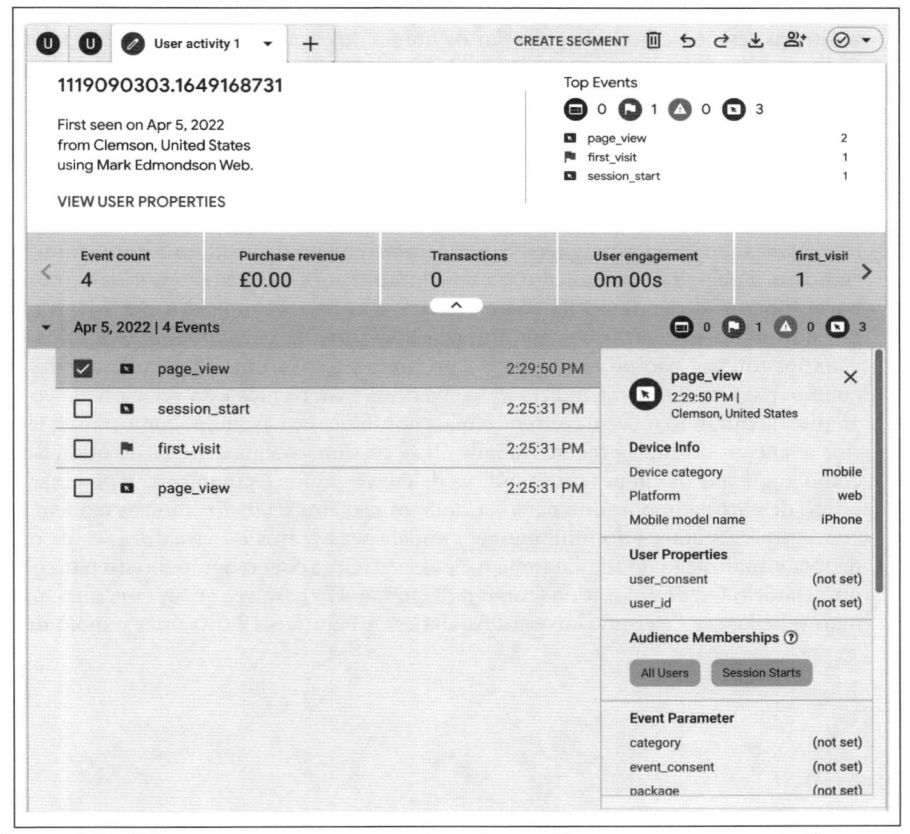

Figura 6-17. Selecionar eventos nos permite criar rapidamente segmentos similares e Audiences para usuários que têm comportamentos semelhantes

Exploração de usuário

Esse relatório nos permite analisar `cookieIds` mais a fundo e nos oferece um bom nível de detalhes, um exemplo visto na Figura 6-17. Podemos usá-lo para explorar usuários em um segmento específico para ver quais eventos eles ativaram. A partir desse ponto, também podemos excluir os dados do usuário, se necessário. Um bom caso de uso é segmentar os usuários e encontrar um exemplo típico de comportamento que queremos focar, como as pessoas que deixaram de fazer uma compra depois de clicar em certo banner interno. Podemos encontrar todos os usuários similares e criar um Audience para focá-los, talvez em um teste A/B via Google Optimize, como visto na seção correspondente neste capítulo.

Segment Builder

Essa técnica nos permite visualizar diagramas de Venn dos segmentos e nos ajuda a criar segmentos secundários. A Figura 6-15 mostra um exemplo disso.

Exploração de caminho

Isso nos permite responder perguntas relacionadas ao fluxo do usuário, como "Para onde os usuários foram depois de visualizarem a página?". Como o GA4 é baseado em eventos, isso pode ser ampliado para "Quais eventos aconteceram depois desse clique/visualização/compra etc.?". O "depois" pode estar na mesma sessão ou em múltiplas sessões, e podemos mesclar os nomes dos eventos e os títulos das páginas. Por exemplo, o banner que usei como exemplo na Figura 6-6 possui um link para minha postagem sobre a escrita deste livro — as pessoas estão clicando nele? Posso examinar o fluxo de quantas visualizações essa página teve, tal como exibido na Figura 6-18.

Exploração de funil

Os funis são uma técnica comum no marketing digital na qual imaginamos os usuários avançando entre as páginas, como de uma página de produto a colocar no carrinho até a página de pagamento e a conclusão. Supõe-se que os usuários entram na parte superior do funil (ou na página inicial) e avançam em passos previsíveis até o fim do funil. Concentrar-nos em otimizar essa jornada para minimizar a saída dos usuários (ou sua não progressão até o próximo passo) é uma técnica de otimização comum para melhorar os índices de conversão. Essa técnica está relacionada com a análise de caminho, mas se concentra mais nos índices e nas saídas conforme os usuários avançam no funil predeterminado. Isso costuma ser uma fonte de otimização, como aumentar os cliques ou os índices de conversão de e-commerce, e pode ser um ponto de partida importante para ver onde os projetos de dados futuros tendem a se concentrar. As etapas do funil também podem ser eventos ou visualizações de página. Na visualização do funil, também é possível clicar com o botão direito para obter um relatório User Exploration (como na Figura 6-17) para ver quem saiu, algo muito mais difícil de se fazer no Universal Analytics. A Figura 6-19 traz um exemplo disso.

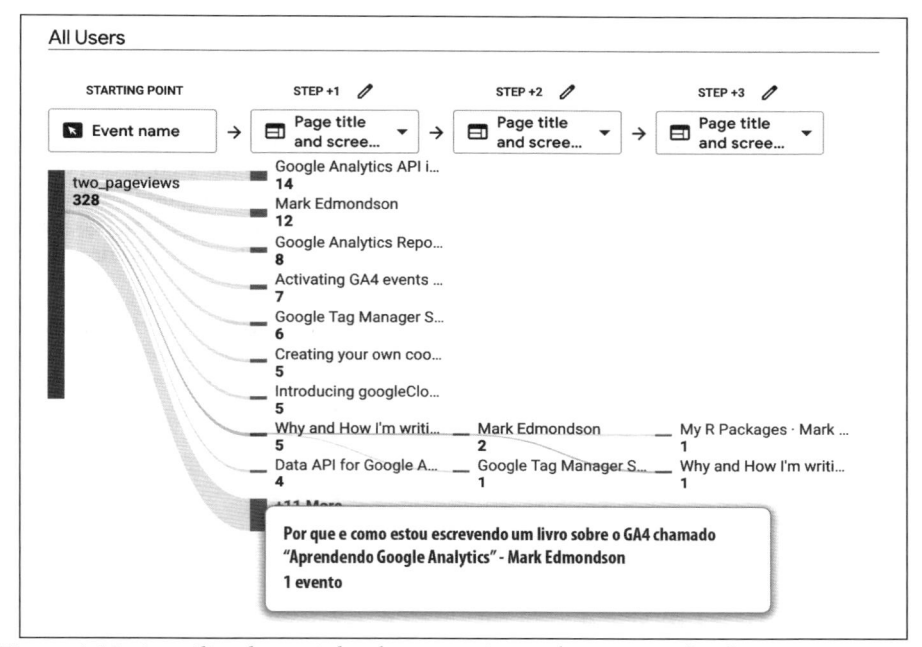

Figura 6-18. *A análise de caminho de quais páginas foram visitadas depois que o evento* two_pageviews *foi ativado*

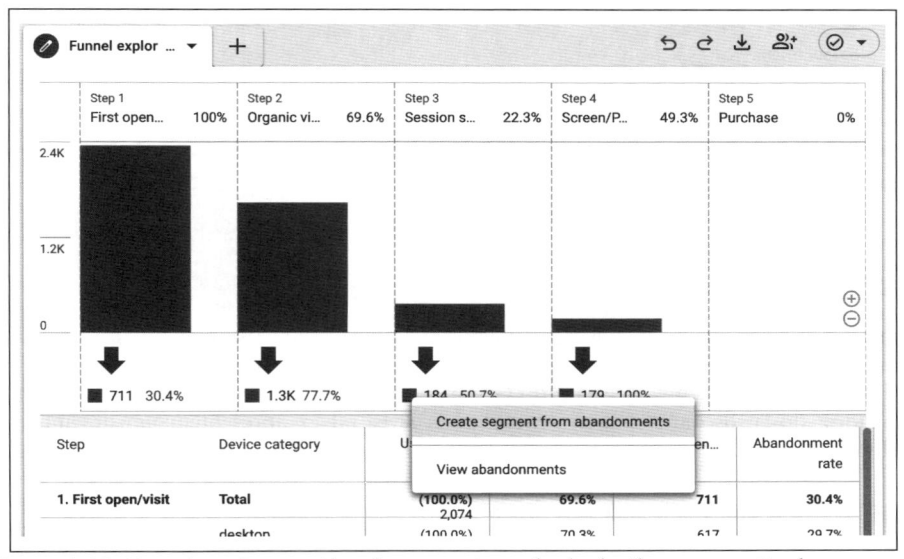

Figura 6-19. *Examinando as saídas durante a jornada do funil com a opção de nos aprofundarmos em quais usuários não passaram para a próxima etapa do funil*

Exploração de coorte

As coortes se concentram mais no agrupamento dos usuários do que na frequência com que eles visitam ou voltam para o site. Isso pode nos ajudar a medir a "aderência" no nosso site e pode ser um KPI no caso de sites de editoras que dependem da renda dos anúncios para obter renda. Podemos dividir as coortes por segmentos e outras dimensões, e decidir os critérios para quando um usuário é contado pela primeira vez como visitante. Por exemplo, como eu tenho um evento que é ativado para visualizadores do meu conteúdo do Google Analytics, posso comparar essa coorte para ver se eles voltam com tanta frequência quanto aqueles que visualizam meu conteúdo sobre BigQuery (Figura 6-20).

Esta seção abordou as diversas opções de visualização disponíveis na interface do GA4. Contudo, talvez não queiramos usar os relatórios do GA4 se já temos ferramentas e fluxos de trabalhos de visualização, talvez não desejemos conceder acesso ao GA4 ou prefiramos que os usuários empresariais estejam em um ambiente mais controlado. No caso dessas necessidades de visualização, olharemos além do GA4, examinando outras ferramentas de visualização que você talvez use, com a primeira delas sendo o Google Data Studio.

Each cell is the sum of **Active users** for users who had **Any event**, in that month after googleanalytics_viewer — Based on device data only

	MONTH 0	MONTH 1	MONTH 2	MONTH 3	MONTH 4	MONTH 5	MONTH 6
All Users Active users	5,469	334	98	62	23	15	6
Oct 1 - Oct 31, 2021 1,052 users	1,052	71	20	23	13	8	6
Nov 1 - Nov 30, 2021 911 users	911	63	30	20	13	9	
Dec 1 - Dec 31, 2021 565 users	565	63	19	11	3		
Jan 1 - Jan 31, 2022 1,516 users	1,516	97	40	22			
Feb 1 - Feb 28, 2022 607 users	607	61	16				
Mar 1 - Mar 31, 2022 586 users	586	51					
Apr 1 - Apr 29, 2022 554 users	554						

Figura 6-20. Quantos usuários que ativaram o evento `googleanalytics_viewer` *voltaram ao site nos meses seguintes?*

Data Studio

Poderíamos dizer que muitos usuários menos experientes que costumavam acessar o Universal Analytics estão usando agora o Data Studio vinculado ao GA4. Os usuários avançados talvez ainda usem a interface do GA4 para configurações e análises avançadas, mas a maioria dos usos para análises empresariais leves talvez apresentem um desempenho melhor no Data Studio.

O Data Studio Pode Fazer Tudo?

Podemos realizar um projeto de dados inteiro usando as capacidades do Data Studio: podemos conectá-lo às fontes de dados para ingestão, armazenar os dados nas tabelas do Data Studio e fazer alguma modelagem com suas métricas conjuntas ou calculadas. Para os projetos pequenos, é de longe a forma mais rápida de trabalhar. No entanto, sugiro não realizar projetos complexos apenas no Data Studio. Em determinado ponto, usaremos uma ferramenta cujo desempenho não é otimizado para o trabalho que estamos realizando com nossos dados (por exemplo, a modelagem) e seria melhor usar outra, como o SQL do BigQuery para fazer a mesma coisa. De outra forma, acabaríamos perdendo tempo e recursos. Princípio orientador: é melhor reservar o Data Studio para a função mais apropriada dele — visualização — e deixar as transformações, as combinações etc. para outras ferramentas.

Com o GA4, temos duas opções de fonte de dados para o Data Studio: a Data API ou as exportações de dados brutos de BigQuery do GA4. A Data API é mais rápida de configurar e nos dá acesso aos mesmos dados usados nos Standard Reports, mas é mais difícil para criar relatórios avançados, como funis e segmentações. O BigQuery nos dá acesso a quaisquer dados de que precisemos, mas pode envolver códigos em SQL complicados de se livrar deles.

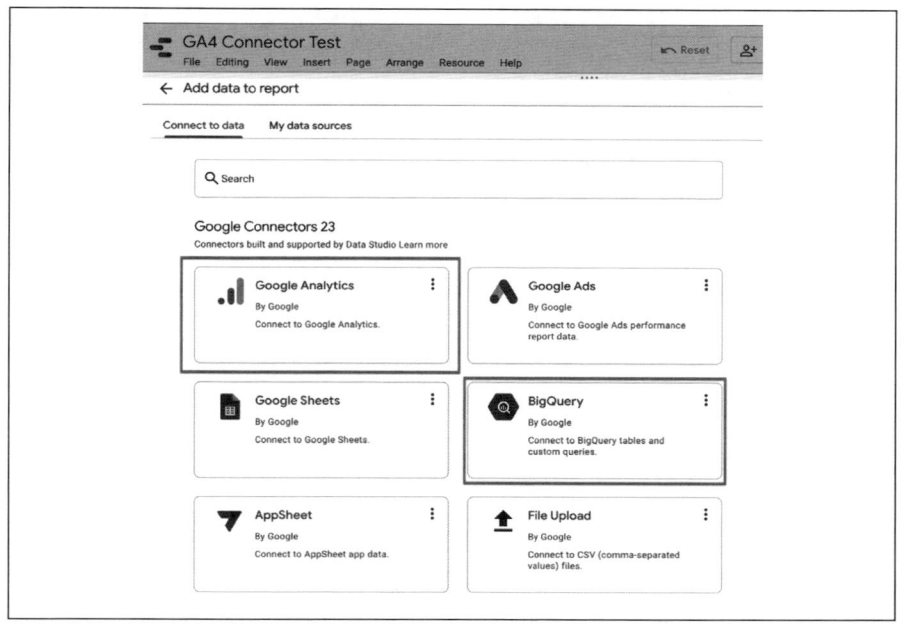

Figura 6-21. Podemos usar o conector do Google Analytics, à esquerda superior, via API ou, se nossa exportação de dados de BigQuery do GA4 estiver ativa (e é isso o que recomendo!), também podemos conectar usando o conector do BigQuery, à direita no centro

Eu diria que o melhor uso do Data Studio é como ferramenta de análise, que é fácil o suficiente de usar para os analistas operarem por conta própria sem a necessidade de criarmos painéis predefinidos. Talvez possamos usá-los para começar com modelos, mas acho que o principal objetivo do Data Studio é que quase todos que dedicam algum tempo a ele deverão fazer um gráfico linear relativamente rápido se tiverem, digamos, habilidades suficientes para usar a suíte do Microsoft Office. Para tornar isso o mais fácil possível, esses analistas precisam fazer a conexão com tabelas limpas, organizadas, agregadas e úteis, o que enfatizaria que deveriam ser o foco da engenharia de dados. Trabalhar para tornar essas tabelas o mais úteis possível para que outros possam fazer sua análise personalizada com base nelas deve gerar mais valor do que tentar criar um painel perfeito para cada usuário.

Ao conectar com o Data Studio, temos duas opções: conector direto do Google Analytics, que usa a Data API, ou o conector do BigQuery para usar as exportações de dados brutos do GA4. No Data Studio, clique no menu "Resource" e depois em "Add data to report", que apresentará uma lista das possíveis fontes de dados, como na Figura 6-21.

Ambos têm suporte para facilitar a apresentação das métricas de que precisamos e são equivalentes em alto nível. Veja isso na Figura 6-22, onde comparo duas tabelas chamadas Event name e Event count, e mostro que elas apresentam os mesmos números, embora uma tabela venha do conector do Google Analytics e outra do BigQuery.

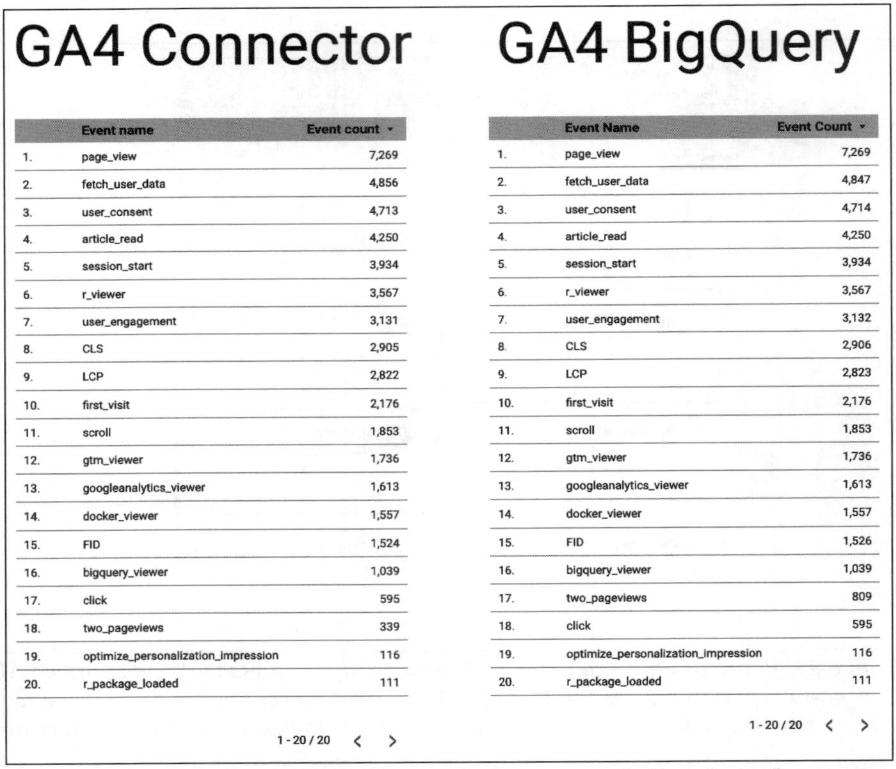

GA4 Connector

	Event name	Event count ▾
1.	page_view	7,269
2.	fetch_user_data	4,856
3.	user_consent	4,713
4.	article_read	4,250
5.	session_start	3,934
6.	r_viewer	3,567
7.	user_engagement	3,131
8.	CLS	2,905
9.	LCP	2,822
10.	first_visit	2,176
11.	scroll	1,853
12.	gtm_viewer	1,736
13.	googleanalytics_viewer	1,613
14.	docker_viewer	1,557
15.	FID	1,524
16.	bigquery_viewer	1,039
17.	click	595
18.	two_pageviews	339
19.	optimize_personalization_impression	116
20.	r_package_loaded	111

1 - 20 / 20 ‹ ›

GA4 BigQuery

	Event Name	Event Count ▾
1.	page_view	7,269
2.	fetch_user_data	4,847
3.	user_consent	4,714
4.	article_read	4,250
5.	session_start	3,934
6.	r_viewer	3,567
7.	user_engagement	3,132
8.	CLS	2,906
9.	LCP	2,823
10.	first_visit	2,176
11.	scroll	1,853
12.	gtm_viewer	1,736
13.	googleanalytics_viewer	1,613
14.	docker_viewer	1,557
15.	FID	1,526
16.	bigquery_viewer	1,039
17.	two_pageviews	809
18.	click	595
19.	optimize_personalization_impression	116
20.	r_package_loaded	111

1 - 20 / 20 ‹ ›

Figura 6-22. Conectando o Data Studio através do conector do Google Analytics versus a tabela do BigQuery

O Data Studio é popular, de modo que já existem muitos modelos na galeria do Data Studio para GA4 que podemos usar ou nos quais podemos basear nossos designs. Como um exemplo aleatório, o painel de Data Bloo, exibido na Figura 6-23, nos permite trocar entre o GA4 e o Universal Analytics, e exibe dados do exemplo Google Merchandise Store.

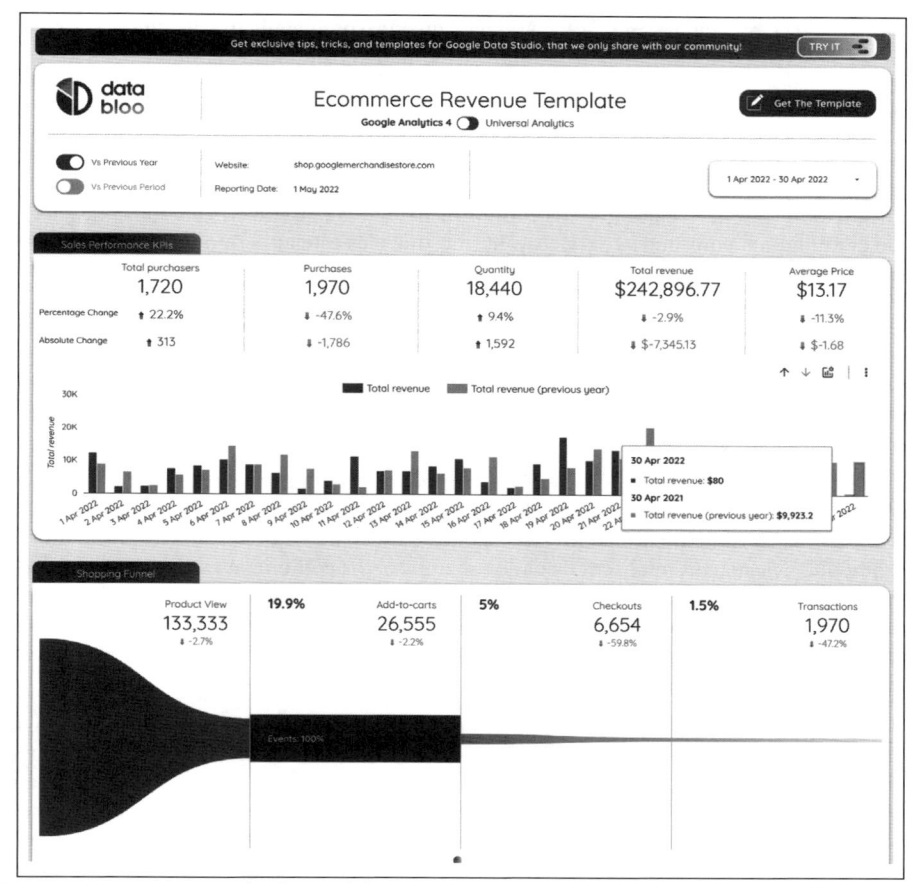

Figura 6-23. Um exemplo do modelo Data Studio do GA4 para GA4 de Data Bloo

O Data Studio é a melhor opção para muitas pessoas porque é gratuito, poderoso e possui bastante integração nativa com o GA4 e outros conectores, tanto dentro como fora da suíte do Google. Não obstante, talvez comecemos a sentir seus limites se estivermos procurando transformações de dados, gestão de usuário ou interatividade mais complexas com outros serviços de dados. Nesse caso, talvez precisemos de uma solução que cuide do funil do processamento de dados; o Looker é uma opção, e é sobre ele que falaremos na próxima seção.

Looker

O Looker é muito mais do que uma ferramenta de visualização — ele é o que conhecemos como uma ferramenta de inteligência empresarial (BI) mais genérica. O Looker faz a definição dos dados em todos os conjuntos de dados e procura combiná-los em uma única fonte confiável com nossa lógica empresarial no topo. Ele vem com sua própria linguagem, a LookML, que é parecida com o SQL. A ideia é que nossos engenheiros de dados trabalhem com a LookML para combinar os conjuntos de dados, organizar os dados e estabelecer uma convenção de nomenclatura que poderá ser exposta posteriormente via aplicações de Looker, incluindo aplicativo, visualização, importações do Data Studio etc.

O Looker faz bastante trabalho em termos de ativação de dados, visto que ele pode transformar nossos dados ou modelos brutos em conjuntos de dados prontos para os usuários do negócio. O Looker "examina" os conjuntos de dados existentes, como no BigQuery, e pode combiná-los com outros serviços, mesmo que eles estejam em outros provedores de nuvem, fora do Google, ou nos próprios conjuntos de dados locais. O Looker executa o SQL por nós com esses serviços e fornece um local centralizado para toda a lógica do negócio. A execução do SQL do Looker não precisa ser exposta aos usuários finais, de modo que eles poderão realizar buscas complexas, como agregações e combinações, em vários conjuntos de dados usando a interface de "clicar e arrastar" do Looker. Todavia, tudo isso tem um custo, fazendo com que o Looker seja encarado como uma ferramenta empresarial em comparação com o Data Studio.

Há integrações entre o Data Studio e o Looker que nos permitem conectar os conjuntos de dados do Data Studio aos do Looker de acordo com as regras empresariais aplicadas. Isso é útil, pois nos permite manter a governança dos dados que o Looker oferece, mas também permite que os usuários analisem os dados sozinhos e os combinem facilmente com dados sem governança por meio do Data Studio. Isso possibilita ter o melhor dos dois mundos, mantendo a análise dos dados democrática e fácil de usar através do autoatendimento do Data Studio, mas ainda mantendo os padrões nos dados para evitar conclusões incorretas que poderiam afetar o desempenho do negócio.

O Looker possui uma integração existente com o GA4 que espelha bastante a funcionalidade que o Universal Analytics tinha, entre outras. Como o Looker oferece a linguagem de lógica empresarial do LookML, ele pode ser usado para elaborar o SQL ocasionalmente complicado e necessário para criar funis, sessões e tendências a partir de uma exportação bruta de BigQuery do GA4. Podemos ver alguma integração dos relatórios que ele consegue criar na Figura 6-24, e leia mais sobre a integração do Looker com o GA4 em Looker Marketplace online [conteúdo em inglês].

Mesmo que não usemos as visualizações do Looker, pode ser bom conectá-lo à sua modelagem preexistente via "blocos Looker" — cuja visão geral detalhada pode ser encontrada no perfil GitHub do Looker.

Isso criará tabelas agregadas a partir das exportações brutas do GA4, poupando-nos o trabalho de recriá-las sozinhos. Como exemplo, ele calcula as páginas iniciais/finais, a que canal digital a sessão de um usuário pertence e utiliza o BigQuery ML (veja a seção "BigQuery ML" no Capítulo 5) para fazer alguma modelagem de propensão de compras. Tenha em mente, porém, que isso gera tabelas adicionais, podendo dobrar o tamanho dos dados do GA4, com o dobro dos custos associados.

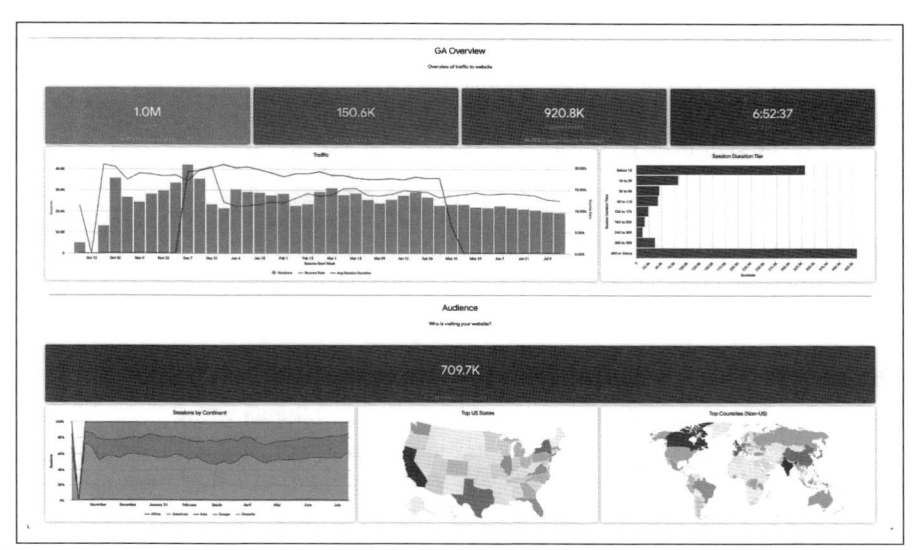

Figura 6-24. O Looker conecta o conjunto de dados BigQuery do GA4 e usa sua linguagem LookML para criar pontos de dados úteis

Se estivermos usando o Looker, provavelmente tentaremos conectar outros conjuntos de dados, de modo que pode ser útil combiná-los na `userId` do GA4 ou outro campo personalizado.

O Google é o proprietário do Data Studio e do Looker, mas não são as únicas opções de ferramentas de visualização que temos, como veremos na próxima seção.

Outras Ferramentas de Visualização de Terceiros

Existem muitas outras ferramentas de visualização por aí que não são baseadas no Google, as quais podemos usar como preferirmos. Se você estiver procurando outra ferramenta de visualização, recomendo que considere os seguintes pontos:

- O painel conecta através da Data API, das exportações de BigQuery do GA4 ou de uploads manuais de dados? Eu prefiro a Data API para relatórios simples ou em tempo real e as exportações de BigQuery para os relatórios mais complexos, como os de funil, mas tendo em mente que os custos técnicos de criar o SQL para modelar esses relatórios talvez não sejam baixos. Vejo pouco motivo para contar com as exportações manuais de dados.

- Já estamos usando a ferramenta de visualização para outras funções empresariais? Esse pode ser um motivo convincente para importar para uma ferramenta existente, para a qual todos já receberam treinamento, em vez de insistir em usar uma ferramenta nova.

- Nossa ferramenta de visualização inclui a gestão de usuários do Google e a distribuição de relatórios?

De todas as ferramentas de visualização existentes, as ferramentas mais comuns de terceiros são o Tableau e o Power BI. Ambos são boas opções, e eu diria que se você já estiver usando um deles para outras tarefas de visualização das suas pilhas de dados existentes, então continue; contudo, se estiver querendo começar do zero, então manter tudo em uma pilha do Google será mais fácil, visto que as integrações entre os serviços são boas (por exemplo, podemos explorar as tabelas do BigQuery no Data Studio a partir da interface do BigQuery).

Independentemente da ferramenta de visualização usada, possuir conjuntos de dados bons e limpos para conectar tornará as coisas dez vezes mais fácil para os usuários, e é sobre isso que falaremos na próxima seção.

Tabelas Agregadas Resultam em Decisões Orientadas a Dados

Tal como descrito no Capítulo 4, possuir tabelas limpas e agregadas com as quais os usuários do painel poderão conectar possibilitará uma análise de mais autoatendimento para o negócio e é um passo concreto para a empresa para se tornar um negócio orientado a dados. Sugiro que criar fontes de dados fáceis de usar que vão além das exportações de dados brutos deva estar entre os primeiros passos ao criar dados mais influentes no nosso trabalho diário. Criar um processo de análise que seja o mais simples possível com uma baixa barreira de entrada é um dos sonhos que as ferramentas de visualização de dados oferecem, mas esse sonho é tão bom quanto a qualidade dos dados com os quais nossos funcionários trabalham.

Quanto mais trabalharmos com dados brutos para criar tabelas limpas, talvez usando algumas técnicas descritas no Capítulo 5, menor será o gargalo do funil de insight de dados. Na minha mente, um fluxo de visualização de dados bem-sucedido para a ativação de dados envolveria o seguinte:

- Uma lista crescente de casos de uso que possa ser preenchida por tabelas agregadas, organizadas, combinadas, filtradas, novas e existentes, prontas para consumo.

- Uma ferramenta de análise e visualização para a qual a maioria do nosso pessoal recebeu treinamento suficiente para realizar análises personalizadas sozinho. Procure fazer com que todos os membros atinjam o nível mínimo de competência para que os membros-chave das análises não se tornem gargalos.

- Reuniões regulares entre departamentos para discutir suas necessidades de dados, e um arquivo no qual seja possível fazer a busca das visualizações existentes, conjuntos de dados disponíveis e resultados obtidos.

- Um núcleo especial de usuários avançados que cria mais visualizações gerais apropriadas para um público mais amplo.

- Dados que sejam seguros e possuam uma fonte confiável transparente. Incorporar QA, monitoramento e verificações regulares para evitar erros de dados e comunicação ao avançar.

- Visualizações de dados a partir da ferramenta que é usada regularmente nas comunicações internas — talvez até links para visualizações específicas do painel em resposta a consultas cruzadas na empresa.

Uma visualização de dados bem-sucedida exige uma boa gestão dos dados antes que eles cheguem à ferramenta de visualização. Inclusas no formato e no tamanho dos dados com os quais os usuários trabalharão, também devemos considerar preocupações de infraestrutura, como coleta e custo de dados.

Gestão de Cache e Custo

O cache e os custos são conceitos relacionados à visualização de dados. Se bem-sucedidos, esperamos que os painéis gerem várias chamadas ao data warehouse. Grande parte dessas ferramentas armazenará em cache os resultados, o que significa que uma chamada repetida da mesma informação não resultará em uma chamada cobrada ao banco de dados, mas será lida a partir desse cache, com vantagens de velocidade e custo. Entretanto, esse pode não ser o caso para todos os painéis — por exemplo, painéis em tempo real sempre exigirão novas informações e não deverão fazer o cache de dados.

Em relação a isso, devemos considerar cuidadosamente que tipo de tabela chamaremos a partir da ferramenta de visualização de dados. Por exemplo, chamar uma View que executa SELECT* em todas as colunas de uma tabela sairá bem caro se for feito várias vezes por dia e por usuário. Esse custo poderia ser praticamente eliminado se o painel estivesse vinculado a uma tabela que é gerada a cada manhã com os mesmos dados. Parte desse trabalho envolverá criar um pipeline de dados para criar a tabela, como discutido no Capítulo 4, e algumas ferramentas podem incluir opções de configuração para nos ajudar. Por exemplo, o BigQuery tem sua BI Engine, que oferece um cache para ajudar justamente nesses tipos de consulta, ou podemos considerar usar visualizações materializadas, que acrescentam novos dados gradualmente.[1]

Abordamos as duas ativações de dados mais comuns até agora: a criação de Audiences para fazer exportações nos produtos da Google Marketing Suite e a criação de visualizações. Contudo, a ativação de dados mais impactante (mas menos comum) provavelmente seria enviar dados via APIs a vários serviços que conseguem aprimorar os métodos descritos até agora, e possivelmente desbloquear mais aplicativos. Veremos como criá-las na próxima seção.

Criando APIs de Marketing

APIs de marketing é um termo para a ativação de dados que uso para me referir à geração de dados disponíveis para consumo por código programático que não se enquadra nos métodos descritos até então (ou seja, visualizações e Audiences do GA4). Basicamente, esses dois métodos usam APIs para transferir dados entre os serviços. Assim, nossa intenção é ir ainda mais fundo para ter mais controle sobre quais dados podem ser enviados e para onde. As APIs são um método padrão para transferir dados entre inúmeras aplicações de programação, em qualquer linguagem de programação e para diferentes tipos de aplicativos. Estamos analisando a criação de pontos de extremidade da API que, em geral, respondem às solicitações de dados com uma resposta de pacote de dados JSON, como se estivéssemos chamando a Data API do GA4, mas personalizada para nosso negócio.

---

1 Você poderá ler mais sobre as visualizações materializadas na documentação do BigQuery.

Criando Microsserviços

Existem muitas ferramentas na Google Marketing Suite e no Google Cloud que podem nos ajudar a criar APIs de marketing e nos permitem criá-las, aumentar sua escala e monitorá-las com facilidade. Com essas ferramentas, podemos criar serviços personalizados de dados que focam aplicações específicas de dados de interesse do negócio, como retornar o número de assinaturas que um usuário tem se enviássemos uma `userId` à nossa API. Em geral, são chamadas de *microsserviços*, visto que podemos ter muitos serviços independentes disponíveis, o que torna mais fácil mesclá-los e combiná-los segundo nossas necessidades.

Uma estrutura do GTM SS poderia ser chamar um kit de desenvolvimento de uma API de marketing digital para ele, o qual poderíamos usar como plataforma para criar microsserviços. Os clientes na interface criam efetivamente pontos de extremidade URL para usarmos, então sua WebUI fornece o mecanismo de controle de como eles são ativados e quais dados eles processam. Por fim, os modelos e as tags no GTM SS nos permitem enviar esses dados adiante. Na primeira passagem, isso costuma estar relacionado ao GA4, mas não há nada que nos impeça de criar pontos de extremidade de API para os microsserviços. Por exemplo, o GTM SS pode conectar o Firestore, onde nossas informações de usuário podem ficar. Podemos criar um cliente, um gatilho e uma tag que criam um microsserviço que retorna as informações de usuário quando enviamos uma ID de usuário ao ponto de extremidade URL, como `/user- info?userid=12345`. Uma vantagem de usar o GTM SS, em vez de outros sistemas, é que podemos aplicar com mais facilidade o mesmo nível de controle que teríamos com os fluxos de dados de análise da web e será em uma interface familiar para os publicitários digitais que estão usando esses dados.

O Google Cloud possui vários outros serviços para a criação de APIs:

Cloud Functions
> As Cloud Functions podem ser chamadas via gatilhos HTTP, o que na prática quer dizer que podemos executar códigos em resposta a uma chamada HTTP, computar e enviar os dados de volta. Essa costuma ser a forma mais fácil de seguir em frente, visto que só precisamos fazer o upload de alguns códigos com base em suas linguagens suportadas, clicar em publicar e pronto.

Cloud Run
> O Cloud Run é mais flexível, mas exige um pouco mais de trabalho do que as Cloud Functions porque funciona em contêineres Docker. Isso quer dizer que ele pode executar praticamente qualquer código e ambiente, diferentemente das Cloud Functions, que só funcionam nas linguagens suportadas.

App Engine
> A App Engine é um passo mais complicado do que as Cloud Functions ou o Cloud Run, mas nos dá mais controle sobre quais recursos do servidor são dedicados ao nosso código. Se quisermos mais controle sobre os custos e a autoescala, talvez seja a melhor opção. A App Engine também possui mais integrações com outros serviços da GCP porque existe há muito mais tempo.

Cloud Endpoints
> Eles não executam nosso código, mas servem de proxy perante nossa API, o que é útil quando precisamos de funções de gerenciamento da API comuns, como autenticação, chaves da API, monitoramento ou geração de logs.

Firestore
> Ao preenchermos uma API com dados, provavelmente faremos isso coletando dados de uma instância do Firestore em vez do BigQuery. Isso acontece porque o Firestore apresenta um desempenho muito melhor ao retornar dados rapidamente.

Os microsserviços podem ser o segredo para melhorar o desempenho da pilha tecnológica de análise digital. Uma vez que os instalamos, eles poderão ser bastante reutilizados graças à sua natureza independente e sua escala poderá ser ampliada para muitos casos de uso. Alguns exemplos do meu uso de microsserviços no passado incluem a realização de previsões de tendências de dados de busca, a previsão para saber se uma campanha atingiria seus alvos e retornar a qual segmento de público determinado usuário pertence. E como podem ser executados no padrão HTTP universal, podemos chamá-los a partir de qualquer linguagem ou até por meio de planilhas.

As ativações discutidas até agora basearam-se em grande parte na leitura de dados. Mas como fazer nossos dados reagirem aos dados que chegam? Para isso, precisamos considerar os gatilhos baseados em eventos, para o que o GA4 está bem-preparado, dado seu novo modelo de dados, tal como explicado na próxima seção.

Gatilhos de Eventos

Como o GA4 usa eventos no seu sistema de medição, ele pode utilizar gatilhos que têm aplicações que vão além de apenas medir. Podemos, por exemplo, ativar eventos com base em visualizações de página, eventos normais de cliques, compras, ações e se um usuário entra em um Audience, como visto na Figura 6-2, no início do capítulo. Isso abre as portas para poderosas técnicas de ativação de dados, visto que os dados do usuário podem ser enviados a diversas plataformas de ativação, e não apenas às da Google Marketing Suite.

A próxima seção fornece um exemplo de como podemos implementar isso.

Streaming de eventos do GA4 para o Pub/Sub com GTM SS

Para este exemplo, enviaremos um evento send_email de um site para o GTM SS, depois enviaremos esse evento ao Pub/Sub, um sistema de mensagens de eventos sobre o qual falamos em "Pub/Sub", no Capítulo 4. Usaremos o Pub/Sub porque ele não está ligado a nenhum serviço específico, de modo que podemos adaptá-lo rapidamente aos nossos casos de uso apontando-o para diversos aplicativos que reagirão às suas mensagens.

Primeiro, precisaremos de uma tag que enviará nossos eventos GTM para um serviço HTTP. O código do Exemplo 6-1 é genérico o suficiente para dar controle a qualquer URL.

Exemplo 6-1. O código de tag do GTM SS para transformar um evento GTM em uma solicitação HTTP. O exemplo de código foi simplificado; para a produção, seria bom ampliar as informações de logs e/ou incluir uma chave privada para a solicitação HTTP.

```
const getAllEventData = require('getAllEventData');
const log = require("logToConsole");
const JSON = require("JSON");
const sendHttpRequest = require('sendHttpRequest');

log(JSON.stringify(data));
```

```
const postBody = JSON.stringify(getAllEventData());

log('postBody parsed to:', postBody);

const url = data.endpoint + '/' + data.topic_path;

log('Sending event data to:' + url);

const options = {method: 'POST',
                  headers: {'Content-Type':'application/json'}};

// Envia uma solicitação POST
sendHttpRequest(url, (statusCode) => {
  if (statusCode >= 200 && statusCode < 300) {
    data.gtmOnSuccess();
  } else {
    data.gtmOnFailure();
  }
}, options, postBody);
```

A tag do GTM chama dois campos de dados a serem incluídos:

data.endpoint
> Será a URL da nossa Cloud Function executada que nos é dada após a implantação, que se parecerá com algo como *https://europe-west3-projectid.cloudfunctions.net/http-to-pubsub*.

data.topic_path
> É o nome do tópico Pub/Sub que criará.

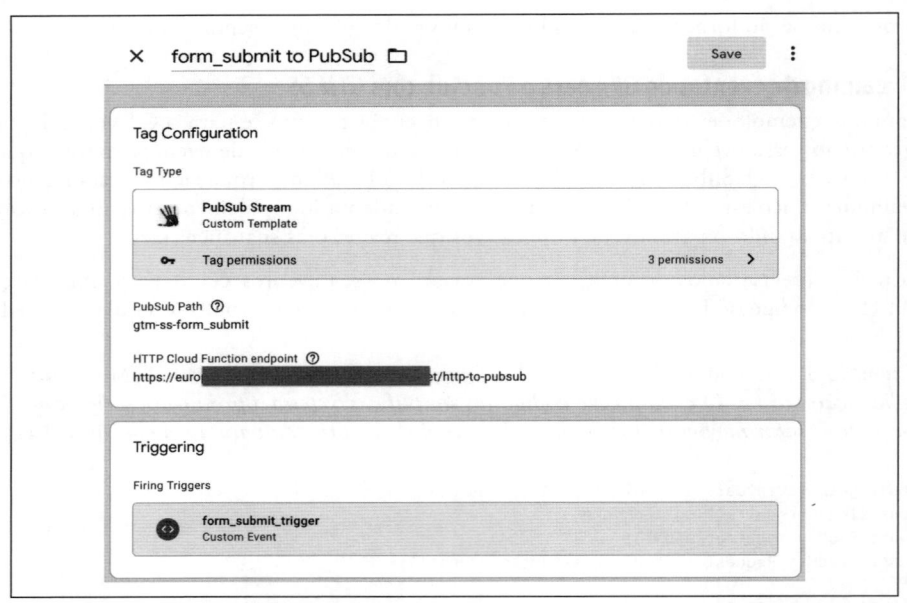

Figura 6-25. A tag no GTM SS para encaminhar os eventos para um ponto de extremidade HTTP

Uma vez implementado, poderemos criar uma tag a partir do modelo que se parecerá um pouco com a Figura 6-25. O screenshot mostra que essa tag foi configurada para ser ativada com um `form_submit_trigger`, mas esse gatilho pode ser qualquer coisa que desejarmos, seguindo-se as regras normais do GTM.

A URL para a qual queremos encaminhar pode ser uma Cloud Function que executa o código exibido no Exemplo 6-2.

Exemplo 6-2. Um código Python em uma Cloud Function para receber a solicitação HTTP com os dados do GA4 e encaminhá-lo para um tópico Pub/Sub. Os logs `print()` podem representar um custo significativo com grandes volumes de dados, os quais podemos escolher remover.

```python
import os, json
from google.cloud import pubsub_v1 # google-cloud-pubsub==2.8.0

def http_to_pubsub(request):
    request_json = request.get_json()

    print('Request json: {}'.format(request_json))

    if request_json:
        res = trigger(json.dumps(request_json).encode('utf-8'), request.path)
        return res
    else:
        return 'No data found', 204


def trigger(data, topic_name):
  publisher = pubsub_v1.PublisherClient()

  topic_name = 'projects/{project_id}/topics{topic}'.format(
    project_id=os.getenv('GCP_PROJECT'),
    topic=topic_name,
  )

  print ('Publishing message to topic {}'.format(topic_name))

  # cria um tópico, se necessário
  try:
    future = publisher.publish(topic_name, data)
    future_return = future.result()
    print('Published message {}'.format(future_return))

    return future_return

  except Exception as e:
    print('Topic {} does not exist? Attempting to create it'.format(topic_name))
    print('Error: {}'.format(e))

    publisher.create_topic(name=topic_name)
    print ('Topic created ' + topic_name)

    return 'Topic Created', 201
```

Implante o código fazendo o seguinte:

```
gcloud functions deploy http-to-pubsub \
        --entry-point=http_to_pubsub \
        --runtime=python37 \
        --region=europe-west3 \
        --trigger-http \
        --allow-unauthenticated
```

Uma vez executado, veremos uma URL gerada que podemos inserir no gatilho GTM SS que vimos na Figura 6-25.

Com a execução desses dois códigos genéricos, teremos a opção de transmitir os eventos do GA4 para um tópico Pub/Sub e fazer o que quisermos com eles: isso é poderoso! Os scripts enviarão os dados para onde queremos, mas se você quiser que os eventos leiam os dados também, então recomendo usar o Firestore, que será abordado na próxima seção.

Integrações de Firestore

O Firestore é bem adequado como back-end para nossas APIs de marketing, pois ele apresentará um alto desempenho ao retornar os dados quando tivermos uma chave na qual armazenar os dados. A natureza do Firestore é que, em geral, fornecemos uma ID, então os dados sob essa ID podem ser retornados.

A forma como inserimos os dados no Firestore dependerá da sua fonte. Talvez estejamos importando dados no nível da ID de usuário a partir dos nossos sistemas CRM. Nesse caso, precisaremos configurar importações agendadas para preencher o banco de dados do Firestore. Outras importações de dados, como as informações de produtos, poderão estar em sistemas diferentes, exigindo a criação de um pipeline de dados.

Um exemplo de dados que podemos usar para preencher é exibido na Figura 6-26.

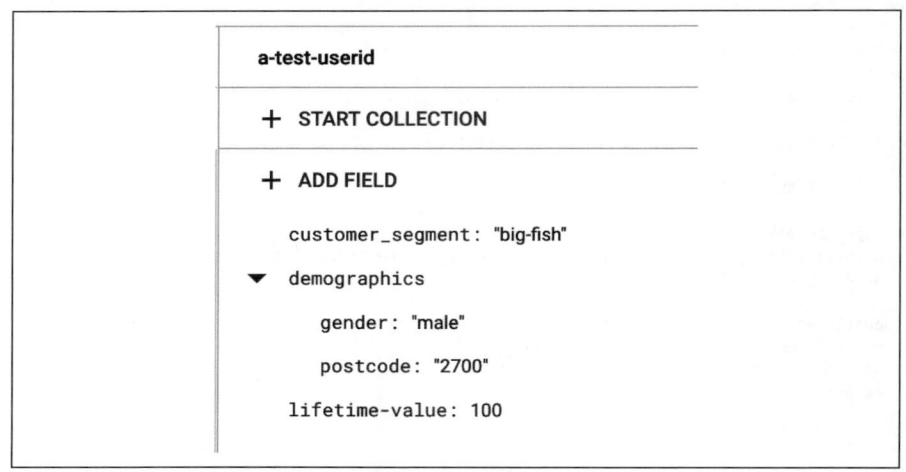

Figura 6-26. Exemplo de dados em uma instância do Firestore

O código de aplicação para nossa API de marketing provavelmente precisará lidar com o seguinte:

1. Receber uma chamada HTTP no ponto de extremidade com uma `userId` inclusa. Por exemplo, `https://myendpoint.com/getdata?userid=a-test-userid`.
2. Processar a `userId` e usá-la para recuperar um documento do Firestore. No Python, podemos fazer isso com `doc_ref = db.collection(u'my- crmdata'). document(u'a-test-user-id').get()`.
3. Retornar os dados do Firestore no corpo da resposta HTTP.

No GTM SS, temos uma integração suave com o Firestore através da sua variável Firestore Lookup, encontrada na lista de variáveis padrão disponíveis no GTM SS. Podemos usar essa variável para inserir documentos do Firestore diretamente nas tags e nos clientes. A API modelo do GTM SS também suporta gravações em um banco de dados do Firestore, como exibido na Figura 6-27.

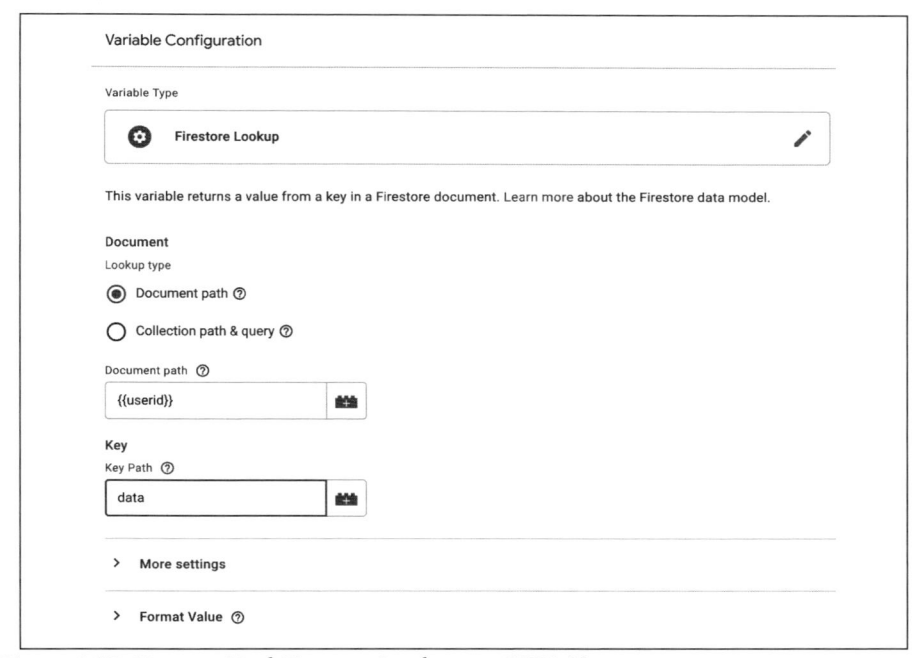

Figura 6-27. Uma variável Firestore Lookup no GTM SS

Incluir o Firestore no nosso portfólio de marketing nos permitirá ótimas aplicações, e o GTM SS nos oferece um gateway familiar para utilizá-las. Provavelmente, também teremos dados no BigQuery que desejamos que apareçam no Firestore — a próxima seção abordará algumas técnicas que podemos usar para criar esse pipeline de dados.

Importando o BigQuery para o Firestore

Já falamos bastante sobre as habilidades de análise e modelagem de dados do BigQuery, e sobre a velocidade de acesso a dados e a habilidade de trabalhar com dados aninhados e desestruturados do Firestore. Uma necessidade comum que as pessoas têm é exportar os resultados de uma tabela do BigQuery para o Firestore.

O Firestore e o BigQuery usam abordagens diferentes para armazenar dados, mas poderemos criar uma exportação se pudermos escolher qual coluna da tabela do BigQuery deverá ser a chave para o Firestore: uma `userId` costuma ser escolhida. A solução exibida no Exemplo 6-3 oferece um DAG do Cloud Composer que ativa um trabalho de Dataflow. Não precisamos saber os detalhes desse trabalho, visto que ele é independente no Docker; em vez disso, passamos a coluna apropriada que gostaríamos que a chave do Firestore mapeasse a partir da coluna do BigQuery e passamos a tabela BigQuery que, muito provavelmente, criamos em um passo anterior.[2]

Exemplo 6-3. Um DAG do Cloud Composer para criar uma tabela BigQuery e enviá-la para o Firestore via Dataflow. Nesse caso, supõe-se que o SQL do BigQuery para criar a tabela BigQuery com uma coluna que contém uma `userId` esteja em um arquivo chamado ./create_segment_table.sql.

```python
import datetime
from airflow import DAG
from airflow.utils.dates import days_ago
from airflow.contrib.operators.bigquery_operator import BigQueryOperator
from airflow.contrib.operators.gcp_container_operator import GKEPodOperator

default_args = {
    'start_date': days_ago(1),
    'email_on_failure': False,
    'email_on_retry': False,
    'email': 'my@email.com',
    # Se uma tarefa falhar, tente novamente depois de aguardar pelo menos 5 minutos
    'retries': 0,
    'execution_timeout': datetime.timedelta(minutes=240),
    'retry_delay': datetime.timedelta(minutes=1),
    'project_id': 'your-project'
}

PROJECTID='your-project'
DATASETID='api_tests'
SOURCE_TABLEID='your-crm-data'
DESTINATION_TABLEID='your-firestore-data'
TEMP_BUCKET='gs://my-bucket/bq_to_ds/'

dag = DAG('bq-to-ds-data-name),
          default_args=default_args,
          schedule_interval='30 07 * * *')
# na produção, o sql deve filtrar as partições atualizadas também, p.ex. {{ ds_nodash }}
create_segment_table = BigQueryOperator(
    task_id='create_segment_table',
    use_legacy_sql=False,
    write_disposition="WRITE_TRUNCATE",
    create_disposition='CREATE_IF_NEEDED',
    allow_large_results=True,
```

---

[2] O código original do Dataflow foi criado por Yu Ishikawa, que podemos ver no seu perfil do GitHub.

```
    destination_dataset_table='{}.{}.{}'.format(PROJECTID,
                                    DATASETID, DESTINATION_TABLEID),
    sql='./create_segment_table.sql',
    params={
        'project_id': PROJECTID,
        'dataset_id': DATASETID,
        'table_id': SOURCE_TABLEID
    },
    dag=dag
)

submit_bq_to_ds_job = GKEPodOperator(
    task_id='submit_bq_to_ds_job',
    name='bq-to-ds',
    image='gcr.io/your-project/data-activation',
    arguments=['--project=%s' % PROJECTID,
               '--inputBigQueryDataset=%s' % DATASETID,
               '--inputBigQueryTable=%s' % DESTINATION_TABLEID,
               '--keyColumn=%s' % 'userId', # deve estar em ids do BigQuery (dif. caixa alta/baixa)
               '--outputDatastoreNamespace=%s' % DESTINATION_TABLEID,
               '--outputDatastoreKind=DataActivation',
               '--tempLocation=%s' % TEMP_BUCKET,
               '--gcpTempLocation=%s' % TEMP_BUCKET,
               '--runner=DataflowRunner',
               '--numWorkers=1'],
    dag=dag
)

create_segment_table >> submit_bq_to_ds_job
```

Talvez você prefira importar do BigQuery para o Firestore de outras formas, visto que esse exemplo só funcionará com um servidor pago do Airflow, como o Cloud Composer. Krisjan Oldekamp mostra como fazer isso usando Google Workflows. Leia mais sobre isso no site Stacktonic [conteúdo em inglês], que funciona com dados menores. Tenho certeza de que surgirão métodos mais diretos, visto que essa é uma orientação útil que o processamento do marketing digital poderá adotar.

Resumo

Neste capítulo, analisamos várias formas de ativar os dados do GA4 depois de coletá-los, armazená-los e modelá-los. O GA4 possui muitos recursos nativos que poderão nos dar resultados rápidos: os recursos do Audience, que podem exportar para muitos outros produtos na Google Marketing Suite, e as ferramentas de visualização e análise na WebUI do GA4. No entanto, não para por aí, pois sua estrutura de eventos torna as integrações com outros sistemas mais fácil do que nunca, permitindo-nos enviar dados via BigQuery ou fluxos em tempo real via GTM. Isso nos abre as portas para praticamente qualquer outro produto de ativação de dados que existe. O ponto principal deste capítulo é destacar a ativação de dados ao formular nosso caso de uso e não a encarar como algo a ser considerado depois. Acertar nesse ponto nos dará resultados concretos que poderemos compartilhar com nossos colegas e nos ajudarão a obter mais orçamento para projetos futuros.

Até agora, os capítulos abordaram muita teoria do que talvez precisemos, mas só poderemos entender o valor se ela for colocada em prática. No próximo capítulo, começaremos a analisar exemplos de casos de uso, colocando em prática algumas técnicas sobre as quais conversamos nos capítulos anteriores.

## CAPÍTULO 7

Caso de Uso: Compras Preditivas

O caso de uso deste capítulo servirá como um simples exemplo para acostumá-lo com a estrutura compartilhada com casos de uso mais complexos que veremos nos capítulos seguintes. Usaremos apenas uma plataforma para criá-lo: o GA4. Contudo, as mesmas funções de dados se aplicam para os casos de uso mais complicados que veremos depois, e mostraremos que é possível trocar essas funções de dados caso isso atenda melhor às nossas necessidades.

Nesse cenário, suponhamos que somos uma editora de livros que quer fazer propaganda do seu incrível novo guia do Google Analytics. Temos uma configuração personalizada do GA4, na qual as categorias dos livros pelas quais nossos clientes navegam são registradas, e o comportamento de compra de milhares de transações está disponível. Também estamos realizando várias campanhas do Google Ads, adaptadas a cada categoria, mas como os temas com os quais nossos esforços de marketing estão competindo são amplos, estamos obtendo várias impressões de clientes que procuram apenas informações gerais. Assim, estamos gastamos dinheiro em campanhas que não focam os clientes em potencial, resultando em mais gastos do que gostaríamos. Também temos uma teoria de que talvez estejamos gastando dinheiro fazendo propaganda para pessoas que já comprariam o livro, e gostaríamos de ver se poderíamos parar de fazer propaganda para esses clientes, gastando mais do nosso orçamento em impressões de clientes que talvez precisem ser convencidos de que esse é realmente o livro para eles. Usando o GA4, configuraremos um Audience para esses usuários com uma probabilidade de +90% de compra e pararemos de fazer propaganda para eles, esperando que isso torne a campanha mais eficiente no geral.

Com essa esperança no coração, procuramos nosso chefe para ver se ele aprovará os recursos para colocar o plano em ação. Queremos ver uma melhora rápida com o mínimo de recursos necessários para obter a aprovação para planos futuros ainda mais ambiciosos. Nosso chefe pedirá o caso de negócio, que é o que abordaremos na próxima seção.

Criando o Caso de Negócio

A compra preditiva usa a modelagem para prever se um usuário comprará algo no futuro. Isso pode ser usado para alterar o conteúdo de um site ou uma estratégia de publicidade para os usuários. Por exemplo, se a probabilidade de um usuário fazer uma compra estiver acima de 90%, talvez desejemos diminuir a publicidade para esse usuário, pois o trabalho de convencê-lo a comprar está praticamente concluído. Por outro lado, se a previsão for a de que um usuário será perdido nos próximos sete dias, poderemos abrir mão dele, considerando-o como uma causa perdida. Executar tal política significa que poderemos voltar nossa alocação de recursos apenas para os usuários que poderão ou não fazer a compra. Isso deverá aumentar nosso ROI e nosso faturamento de vendas. Essa é uma descrição genérica, mas para o nosso caso de negócio, precisaremos calcular os verdadeiros números envolvidos. Essa avaliação de valor é o primeiro passo para exibir o valor do nosso caso de uso.

Calculando o Valor

Primeiro, analisaremos o faturamento hipotético das campanhas do Google Ads para as quais queremos habilitar as conversões preditivas; os valores atuais são fornecidos no Exemplo 7-1.

Exemplo 7-1. Valores contábeis do Google Ads para esse caso de uso

```
Orçamento mensal do Google Ads: US$10.000
Custo por clique: US$0,50
Cliques por mês: 20.000
Índice de conversão: 10%
Valor médio de pedidos: US$500
Pedidos: 2000

Faturamento Mensal: 2000 pedidos * US$500 = US$1.000.000
ROI Mensal: US$1.000.000 / US$10.000 = 100
```

Propomos que teremos as mesmas conversões no caso de usuários cuja probabilidade de conversão está acima de 90% se não fizermos propaganda para eles. Nossa suposição é que a publicidade não mudará seu comportamento, visto que eles já tomaram a decisão de comprar. Essa é a suposição que precisaremos confirmar analisando os resultados do projeto.

Gostaríamos de concentrar nosso orçamento de US$10 mil nos usuários restantes, cuja chance de conversão é menor do que 90%. Calculamos que investir mais nesses usuários resultará em um aumento de 10% de cliques no caso deles.

Supondo que nossa conversão e nosso valor médio de pedidos permaneçam os mesmos, isso deverá resultar em um aumento de US$90 mil por mês de faturamento para o mesmo custo com o Google Ads, dando-nos um ROI mensal de 109, como exibido no Exemplo 7-2.

Exemplo 7-2. Valores contábeis quando o caso de uso é executado

```
Orçamento mensal do Google Ads: US$10.000
Custo por clique: US$0,50
Cliques por mês: 20.000
Índice de conversão: 10%
Valor médio de pedidos: US$500
Pedidos: 200 (os 10% mais que já comprarão) + (1800 * 10% de aumento) = 2180

Faturamento Mensal: 2180 pedidos * US$500 = US$1.090.000
ROI Mensal: US$1.090.000 / US$10.000 = 109

Aumento esperado: US$90.000 por mês
```

Isso nos dá um valor para o aumento de custo que esperamos obter, o qual agora subtraímos do custo de fazê-lo para ver se vale a pena.

Calculando os Recursos

Como estamos usando as integrações nativas do GA4, o total de recursos necessários deverá ser mínimo. Precisaremos de tempo de configuração para configurar o GA4 e as exportações dos Audiences para o Google Ads, mas não será necessário nenhum serviço de terceiros nem haverá nenhum custo de execução da GCP. Essa é uma grande vantagem de executar as integrações nativas do GA4 caso elas se adéquem bem ao nosso caso de uso.

Nosso GA4 precisará ser configurado para o rastreio de e-commerce e as opções de consentimento deverão ser coletadas para evitar rastrear usuários que optaram por não permitir. Partamos do pressuposto de que isso já foi feito na nossa implementação analítica inicial do GA4. O trabalho de criar o Predictive Audience e exportá-lo para o Google Ads deverá estar bem no âmbito dos nossos analistas digitais atuais, que estão acostumados a trabalhar em projetos similares.

Arquitetura de Dados

Os fluxos de dados são básicos nesse caso, visto que só precisamos do GA4 e do Google Ads — veja a Figura 7-1. O diagrama é simples, mas ele rapidamente se torna mais complexo quando mais fontes de dados são envolvidas.

Casos de uso que aproveitam as integrações nativas do GA4 são, muito provavelmente, mais fáceis para nossas implementações analíticas. Uma boa base é habilitar todas elas, se possível, o que nos deixará em boas condições para realizar casos de uso mais avançados posteriormente. Esse nível básico envolve adequar os Audiences para todos os serviços da Google Marketing Suite, como o Google Ads, o Google Optimize e o Search Ads 360.

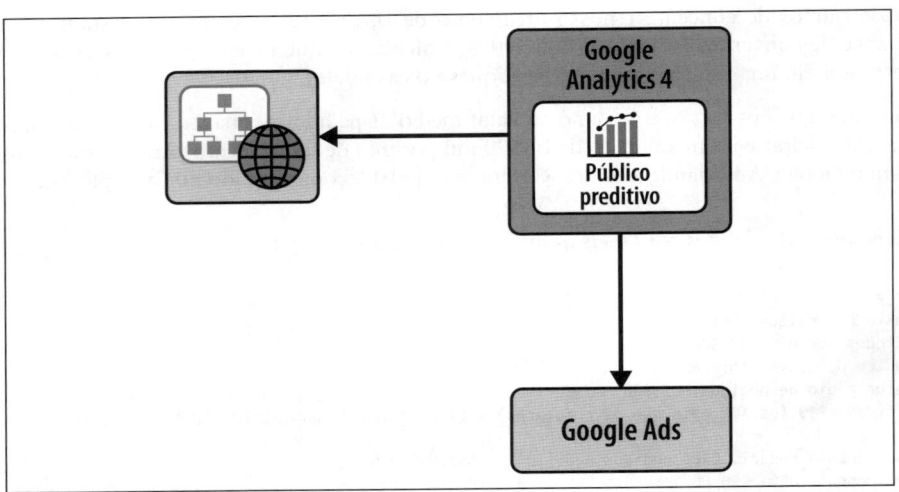

Figura 7-1. A arquitetura de dados para o caso de uso dos Predictive Audiences: os dados do site são enviados ao GA4, que cria o público preditivo que, então, é exportado para o Google Ads

Para analisar esse caso de uso, primeiro verificaremos se nossos fluxos do GA4 atenderam os requisitos da coleta de dados.

Ingestão de Dados: Configuração do GA4

Esta seção analisa quais dados precisamos habilitar para que o caso de uso seja bem-sucedido, com as considerações descritas no Capítulo 3. Para esse caso simples, precisaremos nos preocupar apenas com a configuração do GA4. Abordaremos alguns requisitos extras relacionados aos Predictive Audiences nos parágrafos que se seguem.

Para habilitar os Predictive Audiences, precisaremos de uma métrica preditiva para trabalhar nos fluxos de dados do GA4. Os arquivos de ajuda do Google explicam como habilitá-los.

Os requisitos mais importantes são listados a seguir:

- Precisamos de compradores suficientes para ativar o modelo. Para esse caso, precisaremos de, pelo menos, mil conversões e mil visitantes que não converteram nos últimos sete dias, e esses usuários deverão ser visitantes que voltaram.

- Precisaremos enviar os eventos recomendados de e-commerce (veja a seção "Eventos recomendados" no Capítulo 3), incluindo o evento purchase ou in_app_purchase para os aplicativos móveis.

- Precisaremos habilitar a configuração de benchmark do compartilhamento de dados no GA4 para que o modelo possa usar os dados agregados e anônimos compartilhados a partir de outras propriedades (eles, por sua vez, se beneficiarão dos nossos dados anônimos).

- Precisaremos usar a maior quantidade possível de eventos recomendados pelo GA na propriedade do GA4, pois eles podem impactar o modelo para aumentar a acurácia.

- Precisaremos conectar o Google Ads à conta do GA4, o que é necessário para exportar o Audience para usá-lo com nossa equipe de Google Ads e possibilitar a publicidade personalizada.

- Precisaremos habilitar o Google Signals (veja a seção "Google Signals" no Capítulo 3) nas nossas configurações do GA4 para vincular os dados de usuário entre o GA4 e o Google Ads.

Como estamos trabalhando com dados de segmentação, também devemos considerar a privacidade do usuário. Além disso, talvez precisemos obter o consentimento dos usuários para usar seus dados para novas campanhas de marketing, um consentimento adicional que vai além do uso estatístico. Nesse caso, para criar nosso Audience, precisaremos da métrica preditiva e de uma forma de distinguir quais usuários deram o consentimento para exportar seus dados para o Google Ads.

Podemos fazer isso configurando uma user_property que rastreia as opções de consentimento atuais do usuário. Consulte a seção "Propriedades do Usuário", no Capítulo 3, para ver as instruções de como configurá-las.

Depois disso, as dimensões user_consent e event_consent deverão estar disponíveis para qualificar nossos Audiences.

Talvez precisemos verificar ou habilitar os requisitos da coleta de dados, mas se tivermos uma implementação padrão de e-commerce e volume suficiente, isso talvez já seja suficiente. Se for o seu caso, muito bem! Passe para a próxima função: o armazenamento de dados. Se não, você precisará buscar um projeto de configuração para habilitar a coleta de dados. Perceba que um efeito colateral será a maturação da nossa coleta de dados do GA4 para uso com muitos outros casos, demonstrando que uma abordagem orientada a casos de uso não significa que apenas um caso de negócio será beneficiado a cada vez. Ao trabalharmos em cada vez mais casos de uso, veremos que mais requisitos já estarão satisfeitos, e poderemos riscá-los rapidamente e passar para as outras funções de dados.

Armazenamento de Dados e Design de Privacidade

Agora analisaremos as considerações descritas no Capítulo 4.

O armazenamento de dados para esse caso de uso será no GA4 ou com exportações através da Google Marketing Suite. Essa é outra grande vantagem de se usar as integrações nativas! Os eventos também estarão disponíveis nas exportações de BigQuery do GA4 e na Data API se precisarmos para outros aplicativos. Contudo, mesmo que estejamos usando apenas os padrões do GA4, talvez precisemos considerar a privacidade do usuário.

Embora não armazenemos dados nos próprios sistemas, ainda é importante estarmos cientes dos dados que enviamos ao Google Analytics. Como os dados requisitados estão retornando usuários, os cookies serão um fator, de modo que precisaremos pelo menos de um cookie de consentimento em algumas regiões. Os dados enviados serão de natureza pseudônima vinculados a uma cookieId. Regras recentes na Europa também podem exigir que nos certifiquemos de que não estamos enviando endereços IP ou outros dados identificáveis a cidadãos norte-americanos relativos aos europeus, ao passo que a legislação dos EUA talvez tenha outras exigências de privacidade, como nos certificar de que temos consentimento. A privacidade de dados é uma questão em constante evolução. Assim, considere-a no design do seu caso de uso se quiser evitar riscos legais no futuro.

Como a aplicação inclui a segmentação, precisaremos do consentimento de marketing para processar os dados. Para garantir que nosso público nos deu seu consentimento, precisaremos coletá-lo em um evento de usuário e incluí-lo nos Audiences.

Se recorrermos ao benchmarking para aprimorar nossos modelos, os dados anônimos serão compartilhados, mas também poderemos considerar se isso é coberto pelas permissões legais nos dados entre as regiões, como UE e EUA.

Se estivermos confortáveis com nosso design de privacidade, poderemos passar para a etapa de enviar os dados para a fase de modelagem de dados.

Modelagem de Dados — Exportando os Públicos para o Google Ads

Agora iremos considerar os processos de dados descritos no Capítulo 5.

A modelagem de dados desse exemplo é feita pelo recurso Predictive Measures do GA4 e é bem obscuro no sentido de que podemos fazer pouco para influenciar suas previsões. O que ganhamos em conveniência, perdemos em configuração.

Se tivermos uma necessidade maior de personalização, como usar várias fontes de dados ou exportar para outra plataforma, precisaremos começar a trocar essa função — a modelagem de dados costuma ser a primeira etapa em que começamos a aprimorar além dos padrões.

Tenha uma Conta de Depuração do GA4

Como as medidas preditivas não alterarão nada antes de as enviarmos para o Google Ads, podemos testar como elas ficarão na nossa propriedade principal do GA4. Para outros casos de uso, talvez precisemos enviar os dados para uma propriedade de depuração do GA4 primeiro, e é uma boa ideia ter uma disponível para testar e garantir a qualidade.

Para esse caso de uso, usaremos o recurso Predictive Audiences já existente no GA4, que disponibiliza alguma configuração.

Quando nos tornarmos elegíveis para os Predictive Audiences, eles começarão a aparecer no menu Audiences. Selecionar um público nos levará para a tela de configuração, onde poderemos inserir critérios adicionais, como o status de consentimento do usuário — veja a Figura 7-2. Começamos com uma base, usando o Audience "Likely seven-day purchasers".

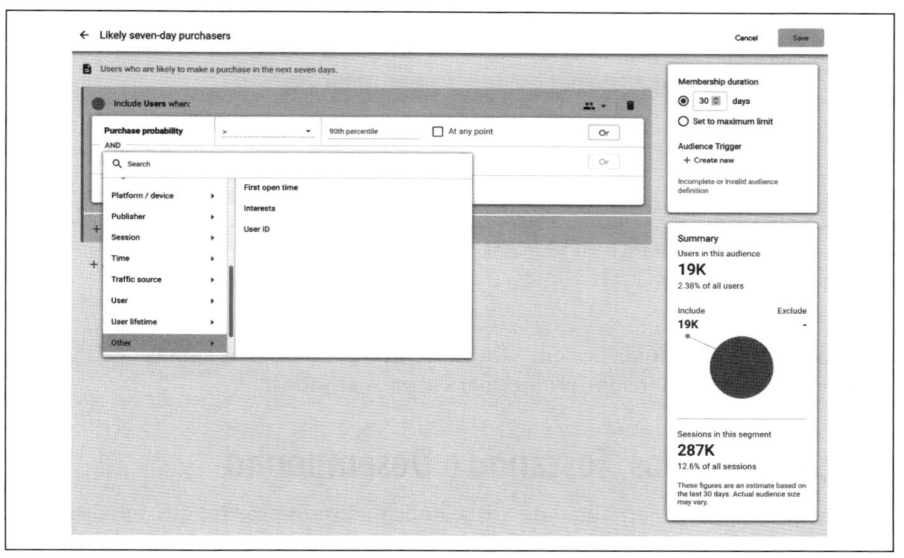

Figura 7-2. Personalizando um Predictive Audience

Clicando para configurar a previsão, podemos estabelecer limites, que podemos tirar do nosso design de caso de uso. Talvez queiramos criar alguns Audiences com limites diferentes para testar e ver qual apresenta resultados melhores; por exemplo, + 80%versus +95%. Podemos obter uma estimativa total de quantos usuários seriam afetados se essa configuração estivesse ativa nos últimos 28 dias, o que pode ser útil para avaliar a eficácia. O exemplo da Figura 7-3 mostra que cerca de 32 mil compradores estariam no grupo para o qual queremos parar de fazer propaganda.

Talvez também queiramos criar um evento para quando os usuários entram no nosso segmento para reagir em outros sistemas. Por exemplo, no BigQuery, poderemos segmentar todos os usuários que provavelmente comprarão nos próximos sete dias, exportar essa lista e vinculá-la ao sistema CRM, enviando-lhes e-mails, por exemplo, com um programa de fidelidade.

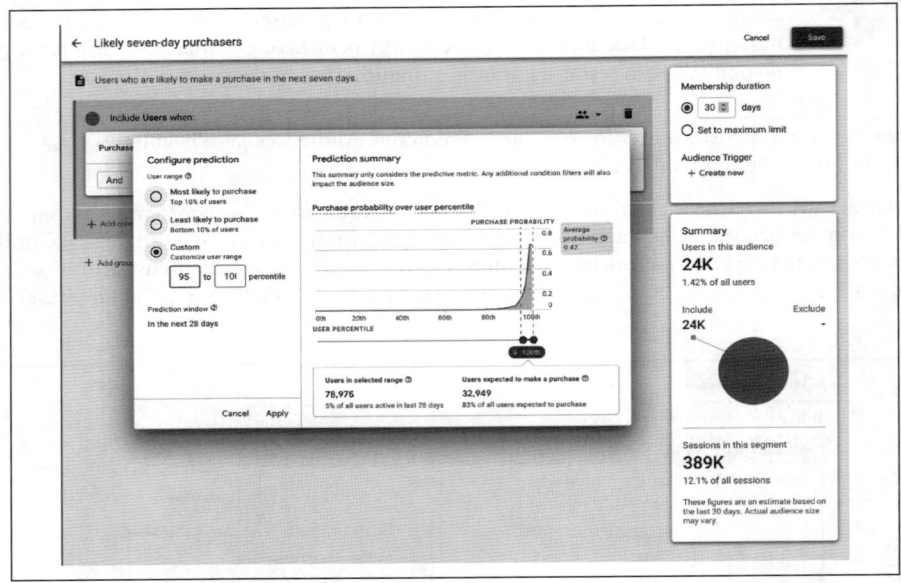

Figura 7-3. Configuração de um Audience que exibe prováveis compradores nos próximos sete dias

Agora podemos criar o Audience que será exportado para todas as contas do Google Ads dentro de 24 horas, e estaremos prontos para sermos ativados.

Ativação de Dados: Testando o Desempenho

Agora passamos para a parte final da ativação de dados do projeto, que foi vista no Capítulo 6. Nessa etapa, podemos passar o projeto para a equipe do Google Ads, que, assim esperamos, também fez parte da avaliação do projeto, ajudando a definir os Audiences que achariam mais úteis na execução.

Depois de exportar os Predictive Audiences para o Google Ads, qualquer especialista do Google Ads poderia usá-los para criar campanhas relevantes e usar esses Audiences (ou segmentos de dados, como são chamados agora no Google Ads).

Na nossa etapa piloto, seria uma boa ideia fazer testes A/B das campanhas para medir se há alguma melhora relativa. Há algumas suposições no caso de uso sobre o comportamento dos clientes quando eles são expostos a anúncios que podem não ser válidos.

Se não houver efeito, não será um fracasso total! Essa é uma informação valiosa sobre como nossos clientes interagem com o site — por exemplo, isso pode provar que os melhores 10% dos nossos conversores realmente dependem do empurrãozinho final da nossa publicidade para vender.

Procure relatar o impacto das suas métricas de negócios, nesse caso, o ROI — ele atingiu o alvo que você estava esperando? Se não, quais suposições do seu alvo não eram válidas?

Comparemos isso com nossas expectativas antes do projeto no Exemplo 7-3. Vemos que a suposição de que os melhores 10% ainda comprariam não estava exatamente correta, pois tivemos uma queda de 10% e obtivemos apenas um aumento de 5% usando as métricas preditivas para focar o orçamento no segmento "90% ou menos" em vez dos 10% que esperávamos. Isso fez com que o aumento real caísse de US\$90 mil por mês para US\$35 mil por mês.

Exemplo 7-3. Valores contábeis (reais) quando o caso de uso é executado

```
Orçamento mensal do Google Ads: US$10.000
Custo por clique: US$0,50
Cliques por mês: 20.000
Índice de conversão: 10%
Valor médio de pedidos: US$500
Pedidos: 180 (os 9% mais que já comprarão) + (1800 * 5% de aumento) = 2070

Faturamento Mensal: 2070 pedidos * US$500 = US$1.035.000
ROI Mensal: US$1.035.000 / US$10.000 = 103,5

Aumento real: US$35.000 por mês
```

Gerar apenas US\$35 mil de renda extra por mês em vez dos US\$90 mil antecipados pode ser encarado como um desastre, mas o fato de que agora temos os números reais da nossa abordagem nos dá uma vantagem que nos diferencia dos concorrentes que não fizeram o mesmo ou, pior, que estão fazendo o mesmo, mas não mediram corretamente. Agora, para os nossos casos de uso futuros, teremos a experiência que nos permitirá fazer cálculos melhores e identificar quais casos de uso valem a pena dar prosseguimento no futuro. Também é provável que nossa atividade cause efeitos colaterais inesperados. Talvez os segmentos dos Predictive Audiences que criamos seja útil para que nossos desenvolvedores web façam testes A/B em cópias do site voltadas a clientes leais.

Uma conclusão da nossa investigação poderia ser de que precisamos alterar as porcentagens das exclusões preditivas; por exemplo, de 50% a 99% talvez fosse um intervalo melhor. Também podemos concluir que os dados que estamos obtendo do GA4 não são suficientes para fazer predições precisas, e precisaremos elaborar um caso de negócio para importar dados adicionais para o nosso modelo. O principal aqui é que aprendemos algo para nos basear no futuro, e isso representa uma vantagem competitiva em relação aos negócios que não realizaram o mesmo experimento.

Resumo

Os públicos e as métricas preditivos só estarão disponíveis quando atingirmos certos limites e com os dados que temos no GA4. Talvez possamos aprimorar a modelagem incluindo mais pontos de dados, como dados primários. Falaremos sobre isso no próximo capítulo de caso de uso, o Capítulo 8.

Talvez queiramos ter mais controle da parte de modelagem do processo. Nesse caso, precisaremos começar a pensar em exportar os dados e criar nosso próprio modelo (no BigQuery ML ou em outro aplicativo), mas ao criar nossa modelagem, poderemos usar os mesmos dados para coletar e ativar com base nesse caso de uso. Para isso, a análise adicional do caso de uso deverá incluir como modelamos e armazenamos nossos dados, mas ela deverá ser mais informativa do que se começássemos do zero.

Usar nosso modelo poderá ser melhor do ponto de vista da privacidade; por exemplo, se quiséssemos usar mais dados próprios no modelo que deverá permanecer na região da UE. No Google Cloud, podemos especificar onde os dados serão processados, o que não é possível fazer no GA4. Por esse motivo, talvez seja melhor processar nossos dados do modelo localmente.

Uma alternativa seria mudar o método de ativação de dados. Talvez queiramos exportar Audiences para o Google Optimize e alterar o conteúdo do site para os usuários cuja previsão é de que comprarão versus aqueles que não comprarão. Nesse caso, podemos manter o processo de coleta, armazenamento e modelagem de dados, e duplicar o Audience em outro serviço de terceiros, enviando uma mensagem consistente para esses usuários, tanto dentro como fora do site.

Dessa forma, de caso a caso, poderemos rastrear nossa maturidade digital ao longo do tempo. Acho que a maior lição dos projetos são quais lacunas podemos ver e enviar para o próximo projeto. Dessa forma, começaremos a introduzir uma vantagem competitiva ao ir além das implementações padrão.

Agora que estabelecemos o fluxo de trabalho geral, o próximo capítulo se baseará nisso para apresentar um exemplo mais complexo, usando mais fontes de dados.

## CAPÍTULO 8

Caso de Uso: Segmentação de Público

Este caso de uso segue o mesmo formato dos recursos Predictive Audiences do GA4, apresentados no Capítulo 7, expandindo-se para um exemplo mais complexo.

Nesse cenário, iremos supor que nossa empresa de edição de livros teve bastante sucesso ao usar os Predictive Audiences, obtendo um aumento de faturamento em resultado disso. Agora fomos convidados a elaborar uma proposta orçamentária para explorar se uma segmentação mais inteligente beneficiaria o negócio. Para ajudar com isso, teremos acesso ao banco de dados de CRM interno com um grande histórico de compras, além da profissão dos clientes, informada no momento de inscrição. Queremos ver se podemos usar esses dados adicionais para aumentar a relevância dos anúncios dos livros que eles veem. Esperamos que se um cliente for, digamos, um médico, ele gostaria de anúncios sobre livros de medicina, resultando em mais conversões. Replicando essa personalização para vários profissionais, antecipamos um aumento geral de conversões e, assim, no faturamento da editora.

Para este caso de uso, criaremos a segmentação dos usuários usando os dados de CRM e os disponibilizaremos para os dados de eventos do GA4 conforme são transmitidos. Armazenaremos os dados na GCP e combinaremos os dados usando o BigQuery; usaremos o Firestore e o GTM SS para nos ajudar a mesclar os dados com os eventos do GA4, se relevantes, então os ativaremos criando Audiences do GA4 para usar na Google Marketing Suite. Entretanto, como sempre, começaremos com o caso de negócio para justificar o projeto.

Criando o Caso de Negócio

O objetivo geral é segmentar os clientes para criar experiências melhores para eles. Gostaríamos de obter mais eficiência nos custos do Google Ads, que será nosso canal de ativação de dados. Um plano futuro seria usar o mesmo segmento para outros canais, como o Google Optimize. Nosso caso de negócio é reduzir os custos e aumentar a conversão para obter vendas mais altas em resultado de personalizar melhor nossas mensagens aos clientes.

Calculando o Valor

O cálculo do valor é semelhante ao que fizemos no capítulo anterior, na seção "Calculando o Valor", do Capítulo 7 — como lembrete, terminamos o capítulo com o faturamento e os custos exibidos no Exemplo 8-1.

Exemplo 8-1. Valores contábeis (reais) quando o caso de uso dos públicos preditivos é executado

```
Orçamento mensal do Google Ads: US$10.000
Custo por clique: US$0,50
Cliques por mês: 20.000
Índice de conversão: 10%
Valor médio de pedidos: US$500
Pedidos: 180 (os 9% mais que já comprarão) + (1800 * 5% de aumento) = 2070

Faturamento Mensal: 2070 pedidos * US$500 = US$1.035.000
ROI Mensal: US$1.035.000 / US$10.000 = 103,5

Aumento real: US$35.000 por mês
```

Contudo, desta vez acrescentaremos dimensões extras associadas a cada cliente, como o valor de vida útil e a profissão do cliente. Então usaremos esses dados para criar mais segmentos, fazendo um subconjunto dos Predictive Audiences que criamos no Capítulo 7. Assim, poderemos gerar Audiences para criar para médicos, professores, construtores, escritores etc., que poderão ser usados para anúncios mais específicos, focados nesses clientes.

Dada nossa experiência com os públicos preditivos no Capítulo 7, estaremos mais bem informados quanto aos nossos resultados em potencial. Antes, calculamos um aumento de 10%, mas o aumento real foi apenas de 4%. Digamos que nosso cálculo de aumento quando executamos nossos públicos preditivos tenha sido menos ambicioso; por exemplo, um aumento de 5% para todos os segmentos avaliados, tal como exibido no Exemplo 8-2. Isso significa um aumento gradual estimado no faturamento de US$51.500 por mês.

Exemplo 8-2. Valores contábeis estimados para o caso de uso de segmentação

```
Orçamento mensal do Google Ads: US$10.000
Custo por clique: US$0,50
Cliques por mês: 20.000
Índice de conversão: 10%
Valor médio de pedidos: US$500
Pedidos: 2070 * 5% de aumento da segmentação = 2173

Faturamento Mensal: 2173 pedidos * US$500 = US$1.086.500
ROI Mensal: US$1.086.500 / US$10.000 = 108,65

Aumento estimado: (estimado: US$1.086.500 - agora: US$1.035.000) = US$51.500 por mês
```

Com base nisso, agora podemos calcular o aumento de valor do nosso projeto. Gastaremos recursos para gerar esse aumento — ele vale a pena? Se atingirmos nossas expectativas, veremos um aumento de US$51.500 por mês no faturamento com base nos públicos preditivos, mas teremos mais custos de nuvem. O custo real dependerá da frequência com que treinamos o modelo, dos serviços que usamos, de quantos dados temos e de quaisquer tarefas de monitoramento constantes que as pessoas precisem fazer.

Também haverá custos de implementação. É comum comparar um investimento de custo feito inicial com o tempo necessário para receber de volta o valor desse investimento como uma forma de julgar sua eficácia. Se, digamos, a implementação custar US$200 mil para implementar, então US$51.500 adicionais por mês significarão que receberemos de volta o valor do investimento em apenas quatro meses, o que costuma ser algo bem aceitável.

No entanto, sempre contrairemos alguma dívida técnica ao implementar nossa solução, de modo que devemos incluir o valor para mantê-la em dias ou horas mais o custo de executá-la em si. Em resumo, podemos combinar tudo isso em um limite de custo bruto que a solução deverá compensar dentro de três meses/seis meses/um ano de benefícios graduais para valer a pena. Um exemplo seria esperarmos um lucro dentro de um ano. Assim, não deveria custar mais de US$51.500 × 12 meses = US$618 mil para executá-la.

Se não valer a pena, então essa será uma informação valiosa. Com base nisso, talvez possamos trabalhar no aumento da porcentagem de que precisaremos para que um projeto valha a pena (digamos, 20%) ou limitar os custos de implementação para avaliar corretamente os casos de uso futuros. Com um número aproximado em mente do quanto podemos gastar, analisemos quais recursos de nuvem usaremos.

Calculando os Recursos

Saber quais recursos precisaremos exige experiência com diversos aspectos das tecnologias envolvidas, que é um dos objetivos deste livro. Não obstante, calcular as capacidades versus o custo é uma tarefa importante. Sugiro que elabore primeiro algo que simplesmente funcione dentro do âmbito que você criou e procure não otimizar demais muito cedo. Também procure usar o mínimo de elementos possível, o que significa manter o número de tecnologias baixo. Depois de chegarmos a uma solução que funciona, poderemos tentar otimizar seus custos e recursos. Passaremos direto para uma solução sugerida usando os recursos descritos até agora neste livro:

GA4

Precisaremos configurar o GA4 para fornecer uma `userId` para vincular a atividade da web às importações CRM do BigQuery. Em geral, fazemos isso na tela ou no formulário de login que nos permite vincular (depois de recebermos consentimento) duas fontes de dados. Para este exemplo, iremos supor que a CRM e o GA4 estão coletando uma `userId` comum gerada pelo sistema de gestão de conteúdo de sites (CMS) quando o usuário faz login. Os dados do nosso exemplo possuem o seguinte formato: "CRM12345". Iremos supor também que temos uma boa porcentagem de usuários que entram para fazer uma compra quando o login é obrigatório.

A userId do GA4 para Vincular sua CRM

Se uma `userId` através da área de login não estiver disponível para o nosso site, obter esse conjunto de dados pode exigir uma estratégia de site totalmente nova. Nos tempos modernos, no ápice das restrições de cookies e privacidade de usuário, o valor dos dados confiáveis de perfil do usuário sempre aumentará. Obter esses dados com os usuários exigirá fazer com que as pessoas confiem na nossa marca, incentivando-as a nos fornecerem seus dados.

BigQuery

Precisaremos vincular o BigQuery (veja "BigQuery" no Capítulo 4) à propriedade do GA4. Isso conterá as exportações de BigQuery do GA4 mais o banco de dados de CRM adicional importado de outros sistemas. Um dos requisitos-chave para esse caso de uso é uma maneira de vincular os dados de usuário na nossa CRM com os dados de análise da web no GA4. Leia a seção "Vinculando Conjuntos de Dados", no Capítulo 5, para ver as considerações ao fazer isso. No BigQuery, também podemos estender o caso de uso para usar o BigQuery ML e inserir algumas métricas de aprendizado de máquina nos nossos dados, como o valor previsto de vida útil ou a probabilidade de perder o cliente.

Importações de CRM para o BigQuery

Também precisaremos de alguém familiarizado com o sistema interno de CRM para criar as exportações e agendá-las para a importação no BigQuery. Para facilitar as funções, podemos verificar se elas respondem apenas às exportações no GCS (veja a seção "GCS", no Capítulo 4), ao passo que a função de um engenheiro de nuvem lidaria com a importação desses dados no BigQuery. Deve haver uma boa comunicação entre essas funções para nos certificarmos de que as exportações sejam adequadas.

Cloud Composer

Depois de elaborar o SQL para criar a tabela BigQuery dos dados combinados do GA4 e da CRM, usaremos o Cloud Composer (veja a seção "Cloud Composer", do Capítulo 4) para agendar as atualizações diárias. Isso poderia ser trocado por uma consulta agendada no BigQuery, mas também usaremos o Cloud Composer na próxima etapa para enviar os dados para o Firestore, então é mais conveniente manter ambos nos mesmos sistemas.

Firestore

Para usar o BigQuery em tempo real enquanto um usuário navega no site, passaremos os dados do BigQuery para o Firestore para disponibilizá-los imediatamente. Podemos defini-los para fazer isso todos os dias, semanalmente ou de hora em hora, dependendo da frequência com que antecipamos que os dados mudarão. Diariamente servirá para o nosso exemplo.

GTM SS

Com o conector do Firestore, usaremos o GTM SS para enriquecer os fluxos de dados do GA4 com os dados do modelo conforme um usuário navega no site. Isso inserirá os dados de CRM da forma como eles se encontram no momento no Firestore, sendo enviados depois para a IU do GA4, prontos para a exportação via Audiences do GA4, como fizemos no Capítulo 7.

No geral, os custos de execução da nuvem são calculados assim:

- Consultas diárias do BigQuery: US$100 por mês (dependendo do volume de dados)
- Atualizações de leitura/gravação do Firestore: US$100 por mês (dependendo da quantidade de chamadas e atualizações)
- GTM SS: US$120 por mês (com base na configuração padrão da App Engine)
- Cloud Composer: US$350 por mês (pode ser reutilizado para outros projetos)

No geral, parece ficar em torno de US$670 por mês para o volume de dados do nosso exemplo. Isso diferirá para o seu negócio, mas um orçamento mensal ficará entre US$500 e US$1.000. Lembrando do nosso aumento estimado de US$51.500 calculados no Exemplo 8-2, podemos nos sentir confortáveis com a ideia de que teremos um impacto geral positivo no faturamento para o projeto, mesmo se acrescentássemos as taxas de configuração e uma função para que um funcionário cuidasse da solução.

Temos "desconhecidos conhecidos" em relação à quantidade de volume de dados que será transferida entre os sistemas, de modo que procuro arredondar para cima o máximo possível nessa etapa. É raro que esses custos de nuvem sejam proibitivos e precisemos desativar os serviços de nuvem novamente ao medir os resultados. Devemos estar preparados para essa eventualidade, e esses números nos ajudarão a tomar essas decisões. Note aqui que se temos uma exigência para tirar dados da GCP (digamos, para o AWS), esses custos podem se tornar significativos. Tome cuidado também com os custos do Cloud Loggins, que podem acrescentar centenas de dólares à conta mensal — talvez desejemos desativá-los após a fase de desenvolvimento da solução.

Agora que temos uma ideia geral dos custos e do valor do projeto, passemos para a parte de juntar todas as peças (minha parte favorita).

Arquitetura de Dados

Esta seção mostra como os diversos serviços da GCP irão interagir uns com os outros e nos ajudarão a esclarecer exatamente o que precisa ser feito, nos ajudando a informar aos outros stakeholders no que estamos trabalhando. Esses diagramas de arquitetura de dados servirão como o primeiro ponto de chamada para a documentação do serviço, que é essencial se estivermos planejando passar a manutenção do sistema a outra pessoa no futuro. O diagrama da arquitetura de dados da Figura 8-1 representa minhas terceira e quarta iterações do sistema enquanto escrevia este capítulo, quando considerava o caso de uso e as tecnologias sobre as quais queria escrever. Imagino que você terá a mesma experiência ao pensar em possíveis soluções para o seu negócio.

Com a arquitetura de dados em execução, nosso trabalho passa a ser basicamente criar a configuração para habilitar os nós e os limites no diagrama. A primeira prioridade é como os dados fluirão pelo GA4 e pelo sistema CRM.

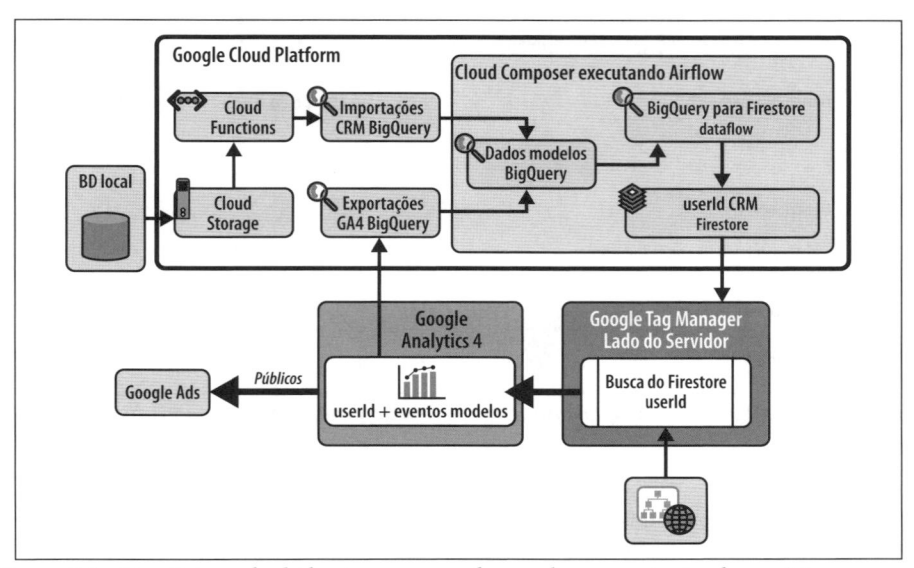

Figura 8-1. Arquitetura de dados para o caso de uso da segmentação de usuários

Ingestão de Dados

Passamos para a configuração de como os dados do GA4 e de CRM serão inseridos no BigQuery, visto que estarão onde combinamos os dois sistemas. Agora que não estamos usando a interface do GA4, um dos primeiros passos será configurar a coleta de dados do GA4 e garantir que os dados corretos apareçam na exportação de BigQuery do GA4.

Configuração da Coleta de Dados do GA4

Como nosso caso de uso trabalhará com jornadas individuais de usuários, precisaremos de uma forma de vincular nossos dados de CRM e a atividade do usuário no site. Isso significa vincular usando uma `userId` e precisaremos ter o nível granular de dados que as exportações de BigQuery do GA4 fornecem.

 Agora estamos trabalhando com dados pseudônimos e dados que podem identificar o usuário, de modo que precisaremos garantir que estamos cumprindo as leis de privacidade. Para habilitar esse vínculo entre os sistemas e usar a identidade e os dados de uma pessoa, recomendo obter o consentimento explícito do usuário que nos permitirá usar seus dados para segmentá-los com um conteúdo mais relevante.

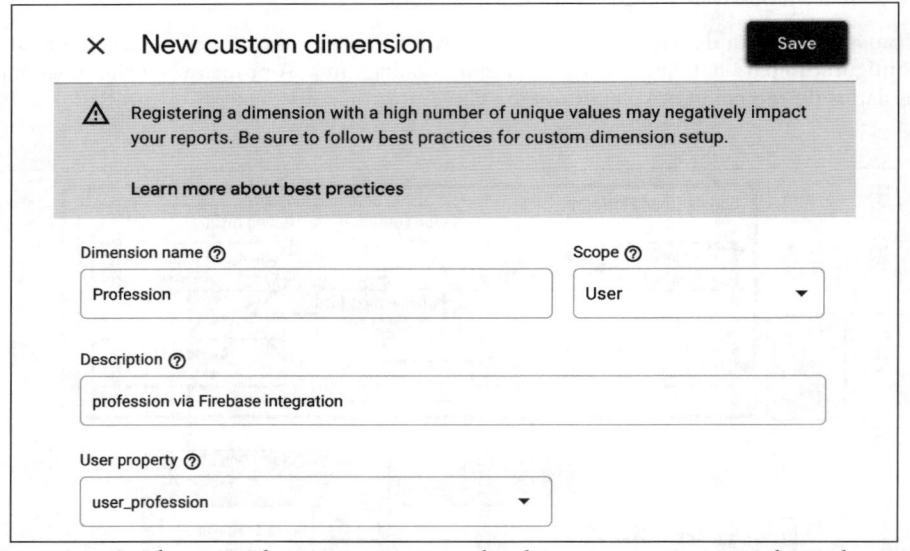

Figura 8-2. Configuração de um campo personalizado para armazenar a profissão do usuário no GA4

Para nosso cenário, partimos do pressuposto de que temos uma área de login do usuário que uma boa proporção dos usuários está usando para os recursos avançados do site. Isso facilitará o uso da variável `user_id` no conjunto de dados do GA4. Talvez tenhamos também algumas `user_properties` adicionais, como o status de consentimento, que precisaremos acrescentar usando a propriedade `profession`, que armazenará o resultado desse caso de uso ao ser importada de volta para o GA4. Falamos sobre como trabalhar com o GA4 acrescentando propriedades de usuários no Capítulo 3 (na seção "Propriedades do Usuário").

Para ver a profissão adicional do usuário nos relatórios do GA4, precisaremos configurar uma Custom Definition no nível User, que será preenchida no GTM no trajeto para o GA4, como visto na Figura 8-2.

Para preencher a `user_id` padrão, os dados precisarão ser enviados do site com `gtag.js` ou dataLayer do Tag Manager, como no Exemplo 8-3. Exibimos o último porque essa é a forma recomendada de implementar o rastreio do GA4, tirado dos exemplos de código da documentação do Google para enviar IDs de usuário.

Exemplo 8-3. Uma dataLayer para enviar dados para o GA4 com IDs de CRM, costumeiramente preenchida quando um usuário entra no site usando um formulário da web

```
dataLayer.push({
  'user_id': 'USER_ID',
  'crm_id': 'USER_ID'
});
```

Preencheremos o campo personalizado `user_profession` mais tarde via GTM SS.

Com a `userId` e os campos personalizados dos dados inseridos que queremos importar no local, devemos ter o suficiente para que a configuração do GA4 colete nossos dados avançados. Mais tarde, na fase de ativação de dados do projeto, voltaremos à configuração do GA4 para criar Audiences.

Agora passaremos para a exportação dos dados para o BigQuery.

Exportações de BigQuery do GA4

As exportações de dados do GA4 já deverão estar ativadas, mas, se não estiverem, consulte a seção "Vinculando o GA4 com o BigQuery", do Capítulo 3, para configurá-las.

Para esse caso de uso, extrairemos os dados de usuário que podemos vincular com nossos dados de CRM para a segmentação. Partimos do pressuposto de que os dados de CRM serão exportados e disponibilizados no GCS regularmente, permitindo-nos usar a Cloud Function como detalhado na seção "Importações do Banco de Dados de CRM via GCS" do Capítulo 3, que carregará os dados no BigQuery conforme os arquivos forem disponibilizados. Os dados enviados serão similares àquele exemplo, com um arquivo de configuração para ativar a Cloud Function, de acordo com o Exemplo 8-4. Esses dados falsos de CRM foram gerados para combinarem com os dados demonstrativos do GA4 para a Google Merchandise Store em alguns casos, sendo incluída uma `cid` que se sobreporá à `user_pseudo_id` de BigQuery do GA4.

Exemplo 8-4. Um arquivo de configuração YAML para usar com o Cloud Storage para a importação de BigQuery da Cloud Function especificada no Capítulo 3

```
project: learning-ga4
datasetid: crm_imports_us
schema:
 fake_crm_transactions:
  fields:
    - name: name
     type: STRING
    - name: job
     type: STRING
    - name: created
     type: STRING
    - name: transactions
     type: STRING
    - name: revenue
     type: STRING
    - name: permission
     type: STRING
    - name: crm_id
     type: STRING
    - name: cid
     type: STRING
```

Então eu gerei os arquivos CSV, como uma exportação de CRM real, e os inseri no recipiente do Cloud Storage a partir do qual o gatilho da Cloud Function foi configurado para importar. Ele importou os dados e os disponibilizou na tabela de BigQuery `learning-ga4:crm_imports_us.fake_crm_transactions`, como visto na Figura 8-3.

Row	name	job	created	transactions	revenue	permission	crm_id	cid
1	Jannette Walsh DVM	Sub	2010-11-23 00:14:58	73	9425.59	TRUE	CRM000040	54318914.1826922613
2	Esther Schmitt	Sub	2007-07-30 20:57:12	167	10036.49	TRUE	CRM000372	6473678.0978223839
3	Stevan Kertzmann	Sub	2010-10-14 17:06:29	65	9286.62	TRUE	CRM001727	45682856.7032608942
4	Mr. Hoy Rosenbaum	Sub	2009-08-17 14:17:20	71	7995.74	TRUE	CRM001920	27591007.2215776243
5	Lainey Schneider-Bailey	Sub	2018-04-23 13:28:43	103	2851.85	TRUE	CRM002273	3681170.7474480108
6	Dr. Jovany Hilll DDS	Sub	2007-04-24 08:18:01	414	5004.34	TRUE	CRM003647	59175216.1880512930
7	Adele Larkin-Murazik	Sub	2011-04-06 06:56:14	384	17003.58	TRUE	CRM004028	70205933.0713603324
8	Sal Blanda	Sub	2011-03-07 00:37:33	70	8854.83	TRUE	CRM004645	49495289.2240771945

Figura 8-3. Dados de CRM falsos no BigQuery gerados para sobreporem as IDs de cookies da Google Merchandise Store

Supomos que o valor `cid` para esse conjunto de dados veio do site quando os usuários fizeram login. O valor `cid` para o cookie do GA4 é lido e inserido no formulário HTML como uma entrada oculta, sendo lido no sistema CRM.

É provável que os usuários sejam associados a muitos valores `cid` se eles limparem os cookies ou usarem navegadores diferentes. Infelizmente, é normal que os dados da web sejam bastante bagunçados. Isso resultará em alguns erros no nosso conjunto de dados, mas o quão problemático será dependerá da frequência com que os usuários fazem login e dos nossos controles de privacidade.

No fim dessa fase em um caso real, devemos ter dois conjuntos de dados no BigQuery. Para ajudá-lo a entender este caso de uso, mesmo que não tenha os mesmos dados, usei como exemplo o conjunto de dados públicos do BigQuery para GA4 para criar conjuntos de dados públicos para este livro:

- O conjunto de dados de exportação de dados do GA4 que tem um nome parecido com `analytics_123456` no seu caso é simulado por meio de um conjunto de dados público de GA4 para a Google Merchandise Store em `bigquery-public-data.ga4_obfuscated_sample_ecommerce.events_*`.

- Para sua importação de dados de CRM em, digamos, um conjunto de dados chamado `crm_data`, eu criei um conjunto de dados modelo com algumas IDs de cookies que se sobrepõem aos dados de amostra. Todos os nomes e profissões foram gerados aleatoriamente (no R com o pacote `charlatan`) e disponibilizados para consulta via `learning-ga4.crm_imports_us.fake_crm_transactions`.

Supondo que seus dados estejam prontos para o uso (ou que você esteja pronto para usar os conjuntos de dados de amostra), passemos para a próxima fase de consideração: como os dados serão armazenados.

Armazenamento de Dados: Transformações dos Conjuntos de Dados

Agora os dados brutos do GA4 e os conjuntos de dados de CRM já deverão ser importados diariamente no BigQuery, mas esses dados dificilmente já estarão em um formato útil. Seria bom criar formatos organizados e agregados de dados, que servirão de "fonte confiável" para os futuros fluxos de dados derivados, como descrito na seção "BigQuery", no Capítulo 4.

Para esse caso de uso, queremos criar um conjunto de dados que possa ser exportado para o Firestore. Isso mesclará os dados de CRM e do GA4 na `userId`, de modo que cada `userId` tenha uma linha de campos online e offline na tabela. Provavelmente haverá idas e vindas ao incluirmos e descartarmos os campos no conjunto de dados, portanto um ambiente de trabalho no qual podemos iterar rapidamente será útil, algo que a WebUI do BigQuery oferece.

Em geral, eu começaria criando uma tabela agregada apenas com os dados de e-commerce do GA4. O Exemplo 8-5 de consulta mostra como executar todos os dias para preencher uma tabela dessas. Usando esse pequeno exemplo, não importa de fato se isso é chamado diretamente dentro da junção depois, mas para os casos de uso da vida real, com muitos dados, será melhor fazer essa consulta preencher uma tabela intermediária que provavelmente nos poupará alguns custos.

Exemplo 8-5. O SQL para inserir dados de transação de um conjunto demonstrativo de dados de GA4 no BigQuery

```
SELECT
 event_date,
 user_pseudo_id AS cid,
 traffic_source.medium,
 ecommerce.transaction_id,
 SUM(ecommerce.total_item_quantity) AS quantity,
 SUM(ecommerce.purchase_revenue_in_usd) AS web_revenue
FROM
 `bigquery-public-data.ga4_obfuscated_sample_ecommerce.events_*`
WHERE
 _table_suffix BETWEEN '20201101' AND '20210131'
GROUP BY
 event_date,
 user_pseudo_id,
 medium,
 transaction_id
HAVING web_revenue > 0
```

A consulta deve estar disponível para execução no nosso console do BigQuery, visto que ela está usando dados públicos. Ao ser executada, devemos ver resultados parecidos com os da Figura 8-4.

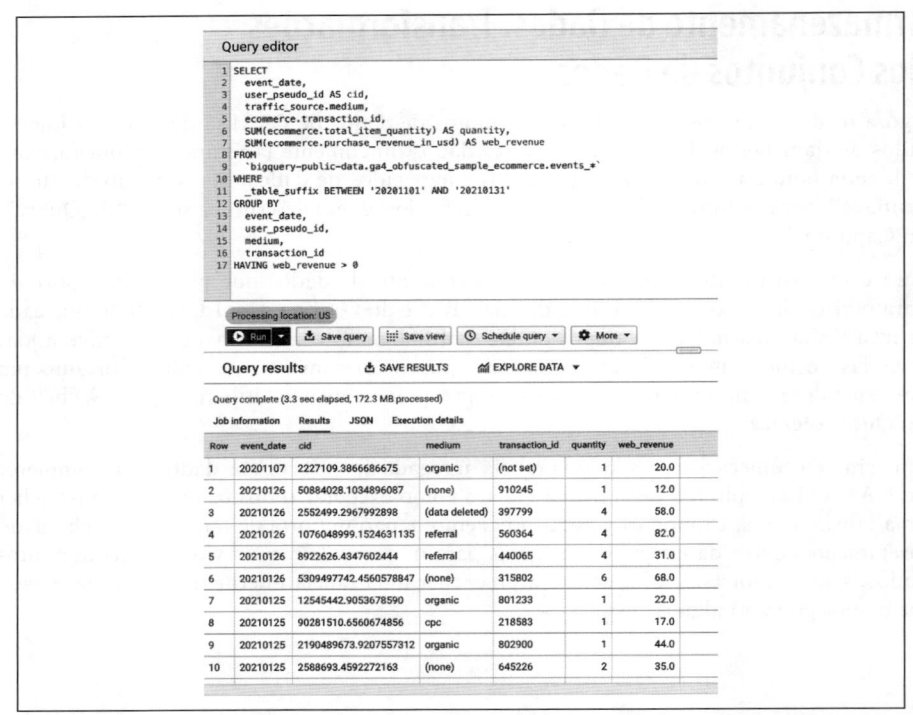

Figura 8-4. Os resultados de uma consulta de transação nos dados públicos do GA4

Com nossos dois conjuntos de dados prontos para combinar, podemos criar a junção e exportar os dados que estão prontos para o Firestore.

Modelagem de Dados

Agora começaremos a terceira fase do nosso projeto de dados coberto no Capítulo 5. Para esse caso de uso, nossa modelagem será uma simples junção entre dois conjuntos de dados, que, embora simples, ajudará a demonstrar que esse tipo de vínculo de conjuntos de dados costuma ser poderoso. Poderíamos facilmente expandir o caso de uso para outros objetivos, visto que, no BigQuery, podemos usar o BigQuery ML para incluir métricas de aprendizado de máquina nos dados, como o valor previsto de vida útil.

Para os nossos objetivos, precisamos incluir a dimensão da profissão obtida no sistema CRM e vinculá-la com o último valor cid do GA4. Um exemplo de como essa junção funcionaria é exibido no Exemplo 8-6.

Exemplo 8-6. O SQL para mesclar os dados de transação do conjunto demonstrativo de dados do GA4 no BigQuery com alguns dados falsos de CRM criados para este livro

```
SELECT crm_id, user_pseudo_id as web_cid, name, job
FROM
 `learning-ga4.crm_imports_us.fake_crm_transactions`
 AS A
INNER JOIN (
 SELECT
  user_pseudo_id
 FROM
  `bigquery-public-data.ga4_obfuscated_sample_ecommerce.events_*`
 WHERE
  _table_suffix BETWEEN '20201101'
  AND '20210131'
 GROUP BY
  user_pseudo_id) AS B
ON
 A.cid = B.user_pseudo_id
ORDER BY name
```

Fazer essa consulta resultaria em algo parecido com a Figura 8-5.

Contudo, esses dados ainda não estão prontos, porque precisamos importá-los para o GA4 de alguma forma, o que faremos com o Firestore.

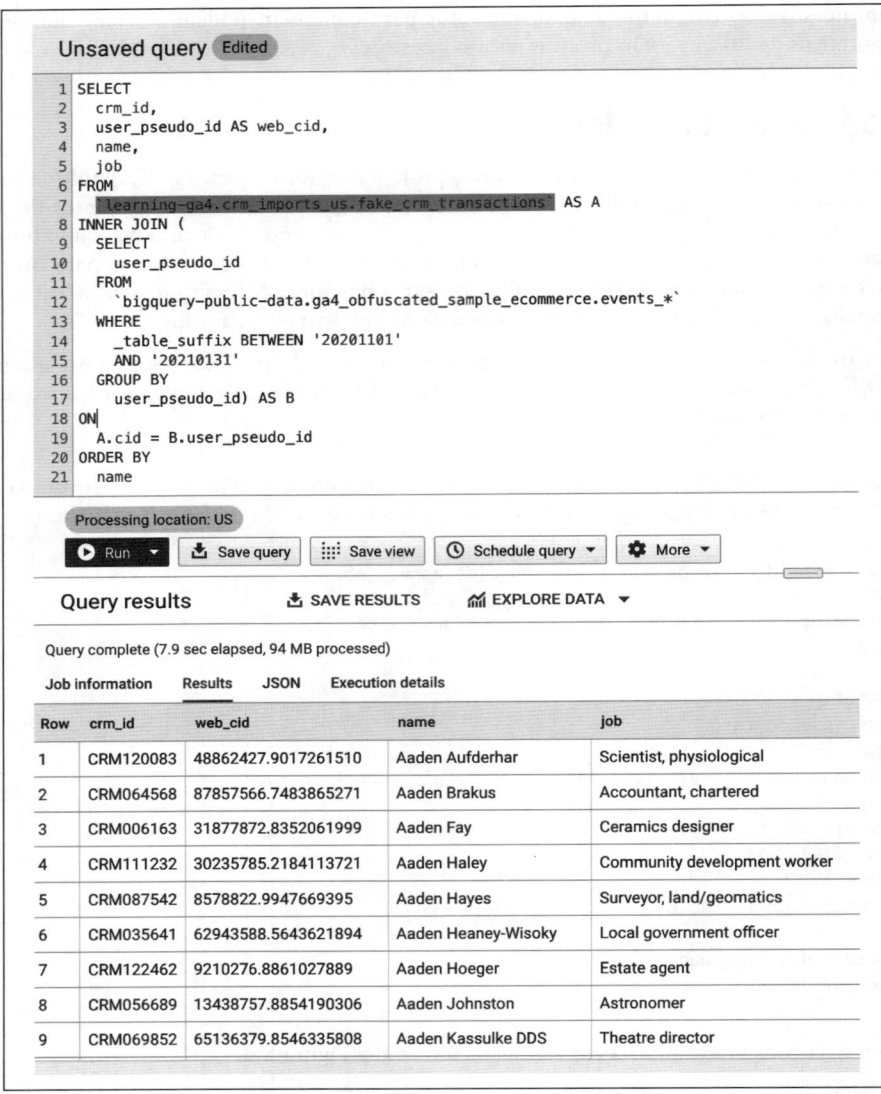

Figura 8-5. Um exemplo que mostra o resultado de juntar os conjuntos demonstrativos de dados do GA4 e de CRM

Ativação de Dados

Agora veremos os passos para ativar os dados combinados, que estão no BigQuery atualmente.

Para ter os dados de CRM onde precisamos, enriquecendo o fluxo de dados do GA4 conforme ele é enviado ao GA4, precisaremos interceptar as chamadas de GA4 enquanto o usuário navega no site. O GTM SS oferece essa funcionalidade por meio de suas variáveis Firestore. Primeiro, precisamos levar os dados para o Firestore para que o GTM possa lê-los.

A tabela de BigQuery foi exportada com a `crm_id` (veja a Figura 8-5), a qual usaremos como uma chave para o Firestore.

A consulta descrita no Exemplo 8-6 será salva no arquivo local `./join-ga4-crm.sql`, o qual o Cloud Composer usará como entrada de sua tarefa inicial. Então, a tabela será enviada para o Firestore usando o DAG do Cloud Composer de BigQuery para Firestore, tal como detalhado no Exemplo 8-7.

Exemplo 8-7. Um DAG do Cloud Composer para criar uma tabela de BigQuery e enviá-la para o Firestore via Dataflow. Nesse caso, supõe-se que o SQL do BigQuery para criar a tabela de BigQuery com uma coluna que contém uma `userId` esteja em um arquivo chamado ./join-ga4-crm.sql.

```python
import datetime
from airflow import DAG
from airflow.utils.dates import days_ago
from airflow.contrib.operators.bigquery_operator import BigQueryOperator
from airflow.contrib.operators.gcp_container_operator import GKEPodOperator

default_args = {
    'start_date': days_ago(1),
    'email_on_failure': False,
    'email_on_retry': False,
    'email': 'my@email.com',
    # Se uma tarefa falhar, tentar mais uma vez depois de esperar pelo menos 5 minutos
    'retries': 0,
    'execution_timeout': datetime.timedelta(minutes=240),
    'retry_delay': datetime.timedelta(minutes=1),
    'project_id': 'your-project'
}

PROJECTID='learning-ga4'
DATASETID='api_tests'
SOURCE_TABLEID='your-crm-data'
DESTINATION_TABLEID='your-firestore-data'
TEMP_BUCKET='gs://my-bucket/bq_to_ds/'

dag = DAG('bq-to-ds-data-name'),
    default_args=default_args,
    schedule_interval='30 07 * * *')
```

```python
# na produção, o sql deve filtrar a partição de data também, p.ex. {{ ds_nodash }}
create_segment_table = BigQueryOperator(
    task_id='create_segment_table',
    use_legacy_sql=False,
    write_disposition="WRITE_TRUNCATE",
    create_disposition='CREATE_IF_NEEDED',
    allow_large_results=True,
    destination_dataset_table='{}.{}.{}'.format(PROJECTID,
                                        DATASETID, DESTINATION_TABLEID),
    sql='./join-ga4-crm.sql',
    params={
        'project_id': PROJECTID,
        'dataset_id': DATASETID,
        'table_id': SOURCE_TABLEID
    },
    dag=dag
)

submit_bq_to_ds_job = GKEPodOperator(
    task_id='submit_bq_to_ds_job',
    name='bq-to-ds',
    image='gcr.io/your-project/data-activation',
    arguments=['--project=%s' % PROJECTID,
        '--inputBigQueryDataset=%s' % DATASETID,
        '--inputBigQueryTable=%s' % DESTINATION_TABLEID,
        '--keyColumn=%s' % 'userId', # deve estar em ids do BigQuery (dif. caixa alta/baixa)
        '--outputDatastoreNamespace=%s' % DESTINATION_TABLEID,
        '--outputDatastoreKind=DataActivation',
        '--tempLocation=%s' % TEMP_BUCKET,
        '--gcpTempLocation=%s' % TEMP_BUCKET,
        '--runner=DataflowRunner',
        '--numWorkers=1'],
    dag=dag
)

create_segment_table >> submit_bq_to_ds_job
```

Na produção, isso é agendado todos os dias para importar os dados, sobrescrevendo valores atualizados ou criando novos campos conforme a necessidade. Então esses dados são disponibilizados para o fluxo em tempo real conforme os usuários navegam no site, enviando os acessos do GA4. Depois que os dados de CRM são importados para o Firestore, devemos ver nossos dados com as chaves CRM, como na Figura 8-6.

Agora temos uma atualização diária da junção do BigQuery com os dados de CRM que são exportados para o Firestore. A última etapa se resume a mesclar esses dados com os fluxos web do GA4 quando um usuário com uma cid reconhecida visita o site, o que faremos com o GTM SS.

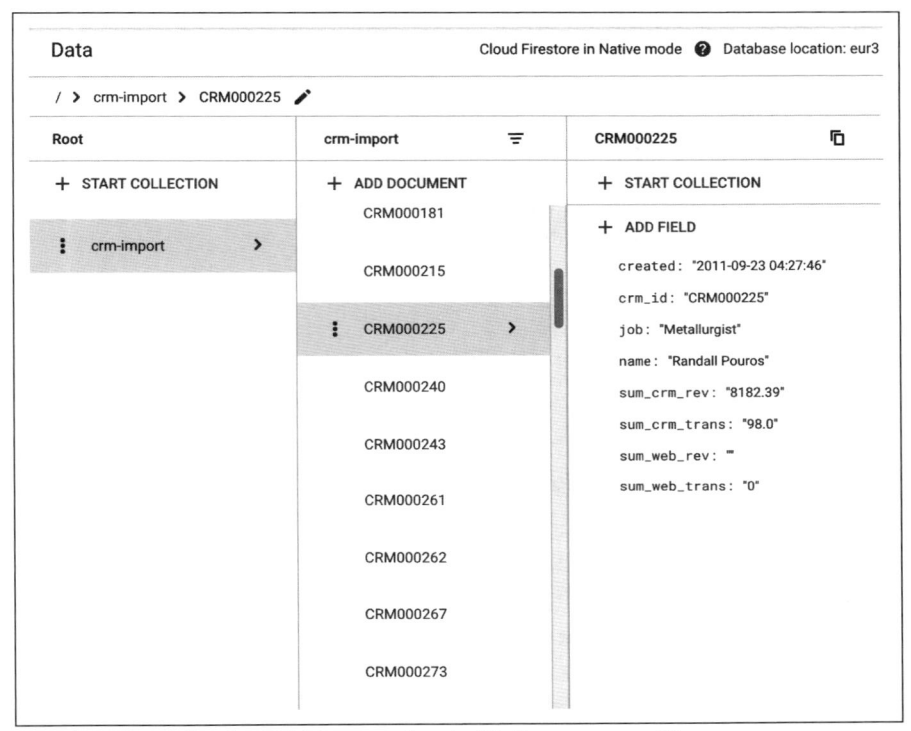

Figura 8-6. Os dados de CRM importados do BigQuery para o Firestore

Configurando Importações do GA4 Via GTM SS

Agora veremos como configurar a instância de GTM SS para coletar dados do Firestore e inseri-los no fluxo do GA4. Não veremos como configurar o GTM SS com os mesmos detalhes apresentados na seção "GTM Server Side" do Capítulo 3, mas partiremos do pressuposto de que estamos lidando com uma instância de App Engine que custa certa de US$120 por mês em custos de nuvem. Perceba que estamos usando o GA4 aqui, mas podemos ampliar este exemplo para também enviar dados para outros serviços de marketing digital a partir dos mesmos eventos.

Uma opção para essa etapa poderia ser importar para o GA4 através do serviço Data Import — mas na época em que este livro estava sendo escrito, ele só estava disponível como processo manual. Poderá ser uma opção mais fácil quando estiver disponível através de uma API ou conector do BigQuery.

Entretanto, como o Data Import não está disponível, e eu também gostaria de considerar aplicativos mais em tempo real, seguiremos com o BigQuery para Firestore para GTM SS. Isso também resulta em mais aplicações em potencial devido à sua natureza em tempo real.

Esse fluxo de dados é facilitado pela nova variável do Firestore, que torna esse fluxo muito mais fácil do que costumava ser: precisamos apenas apontar para a variável do Firestore com o GTM SS e preencher a tag no lado do servidor do GA4 com dados.

Voltando à nossa configuração do GA4 na seção "Ingestão de Dados" deste capítulo, precisamos acrescentar uma User Property chamada `user_profession` à nossa tag do GA4, usando o campo `user_id` como nome do documento.

Ao usar o GTM SS, nosso contêiner web será configurado para enviar eventos do GA4 à nossa URL, *https://gtm.example.com*, por exemplo. Esses eventos do GA4 conterão todos os campos como configurados na tag do GA4, incluindo `user_id`. Primeiro, precisaremos extraí-la em uma variável do GTM para usá-la como o nome do documento e coletá-la no Firestore — essa configuração é exibida na Figura 8-7.

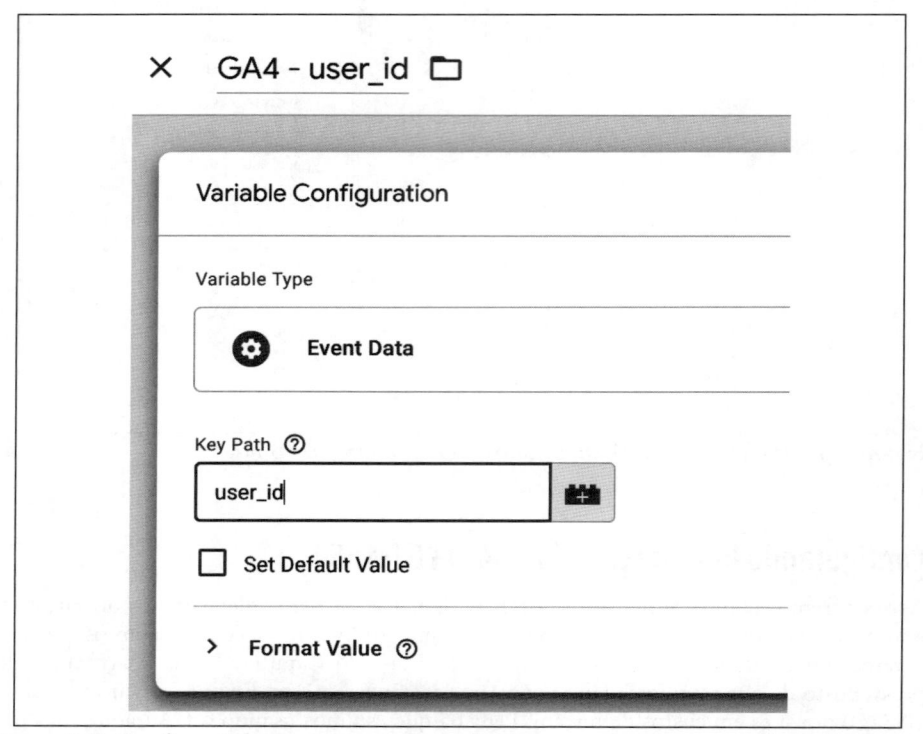

Figura 8-7. Configurando um evento personalizado para extrair a `user_id` que usaremos como o nome do documento para coletar dados no Firestore

Então, configuramos a variável Firestore Lookup para usar essa variável `user_id` (acessada via `{{GA4 user_id}}`) como nosso Document Path para Firestore. Os Document Paths estão no formado *{nome-de-coleta-firestore}/{documento- firestore}*; nesse caso, o `nome-de-coleta-firestore` terá o nome atribuído ao configurar o Firestore e o *documento-firestore* será a ID de CRM que podemos ver na Figura 8-6 que enviamos. Também podemos ver que, dentro desse documento, a key será "job" porque é o nome do campo no documento Firestore. Veja a Figura 8-8 para obter um exemplo dessa configuração.

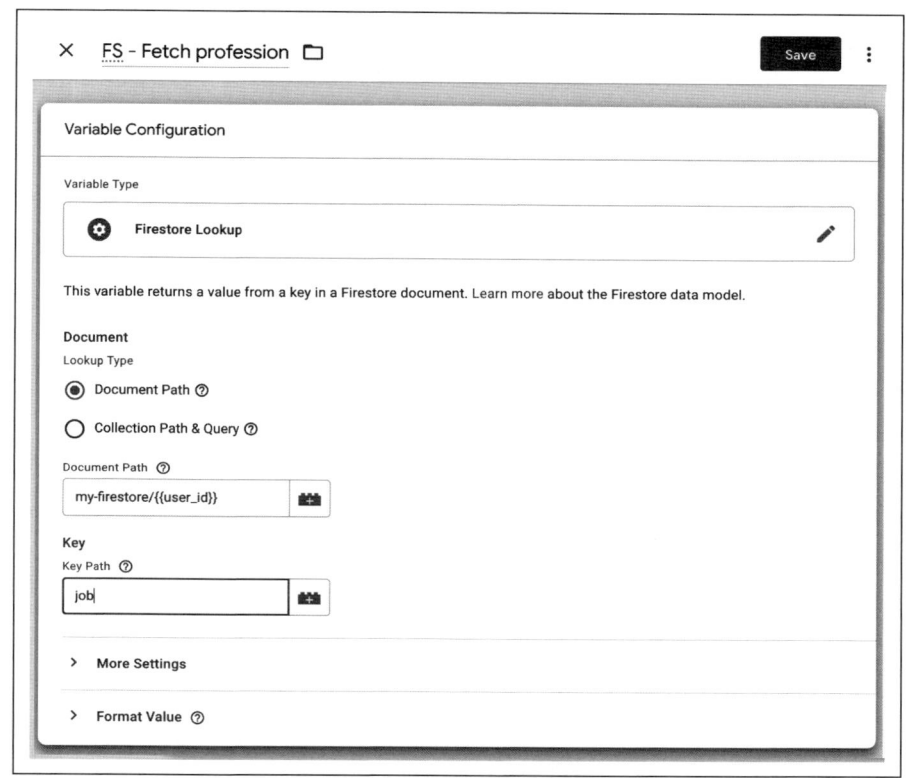

Figura 8-8. Configurando uma variável Firestore Lookup do GTM SS para chamar nossa coleta Firestore que contém os dados de CRM, usando a `user_id` *como sua referência de documento*

Se quiséssemos acessar outros dados no Firestore, repetiríamos o processo para acessar outros valores, como "name" ou "crm_web_rev". Também podemos coletar registros aninhados.

Por fim, criamos uma tag de GA4 que preencherá o evento de GA4 para enviá-lo para nossa conta do GA4. Veja a Figura 8-9. Ela deverá ser configurada para ser ativada nos eventos do GA4 quando enviarmos a `user_id`, como em um Recommended Event `login`.

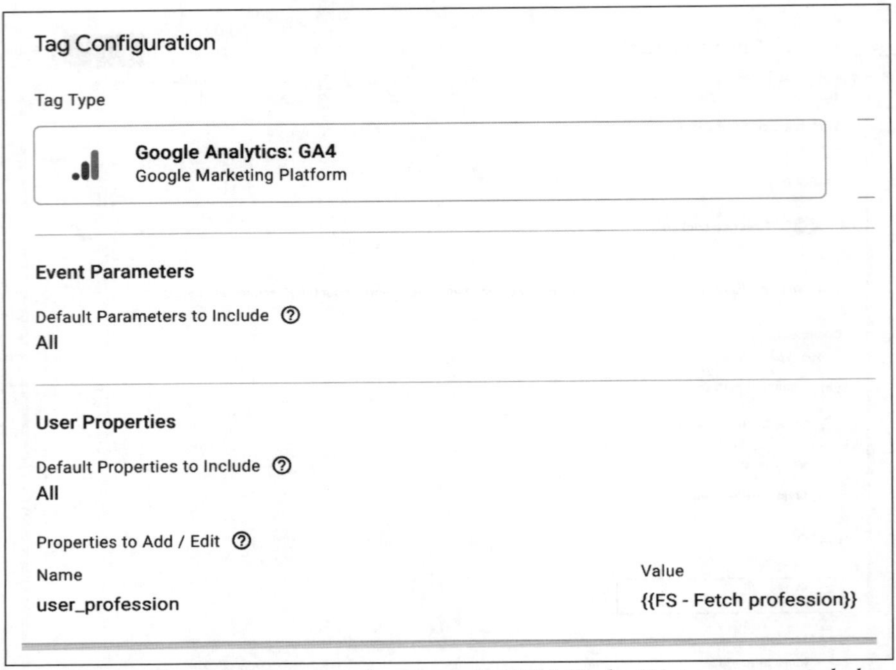

```
Tag Configuration

Tag Type

  ▮▮   Google Analytics: GA4
       Google Marketing Platform


Event Parameters

Default Parameters to Include  ⑦
All


User Properties

Default Properties to Include  ⑦
All

Properties to Add / Edit  ⑦
Name                                              Value
user_profession                                   {{FS - Fetch profession}}
```

Figura 8-9. Configurando uma tag de evento de GTM SS do GA4 com propriedades do usuário inserindo o valor de Firestore

O parâmetro user_profession deve corresponder ao Custom Field configurado anteriormente na Figura 8-2, visto que é o parâmetro de evento que será referenciado para preencher as dimensões personalizadas do GA4 e disponibilizado para Audiences.

Depois que tudo for publicado e testado, deveremos ver nossa dimensão personalizada do GA4 começar a ser preenchida com dados quando um usuário reconhecido entrar com a mesma ID de CRM conforme ela é enviada ao BigQuery e, depois, ao Firestore. Provavelmente precisaremos de algumas semanas de testes para nos certificar de que as IDs de usuário, os agendamentos e as correspondências são adequadas, e verificar a qualidade das configurações. Se tudo estiver bom, depois de algumas semanas, poderemos ter dados disponíveis para começar a trabalhar com os clientes que compartilharam suas profissões conosco e poderemos ativá-los assim como no caso de uso anterior, nos nossos Predictive Audiences.

Exportando Públicos do GA4

Quando conseguirmos ver as profissões dos usuários nos dados do GA4, poderemos começar a usá-las em todos os relatórios, como em Explorations e nos relatórios de tempo real. Elas também estarão disponíveis para Audiences.

Para este exemplo, iremos nos basear nos Predictive Audiences, criados no Capítulo 7, só que, desta vez, criaremos mais Audiences secundários que focarão certas profissões. Digamos que sabemos que médicos, professores e construtores são as principais profissões para nós. Então, começaremos com elas, embora, na vida real, essa lista seja muito maior. Então procuramos criar Audiences de "Médicos que provavelmente comprarão nos próximos sete dias", "Professores que provavelmente comprarão nos próximos sete dias" e "Construtores que provavelmente comprarão nos próximos sete dias" — vemos um exemplo na Figura 8-10.

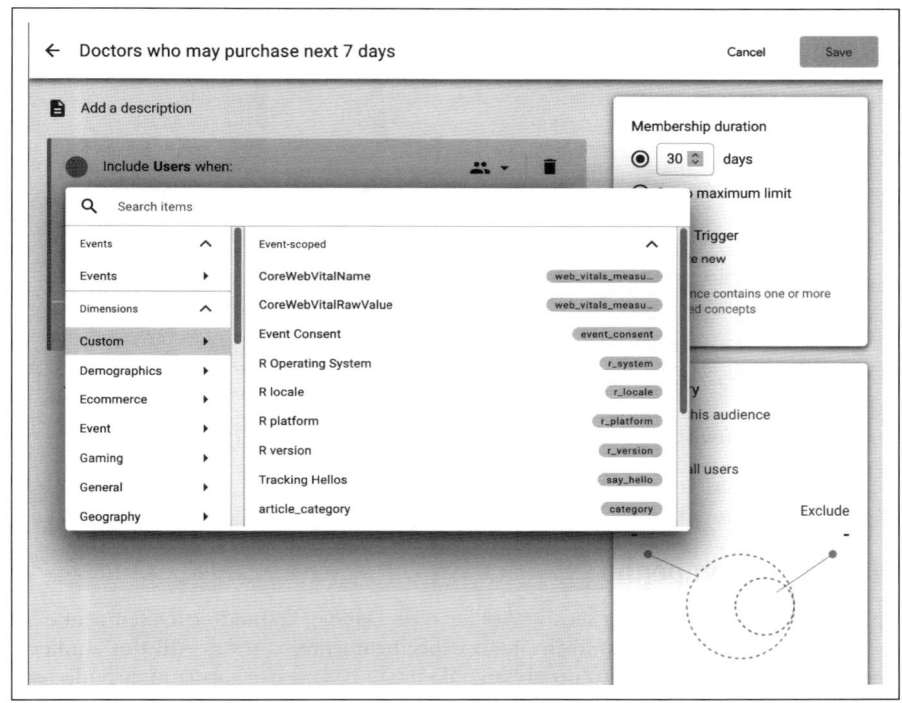

Figura 8-10. Incluindo uma nova dimensão personalizada às definições de Audience que será combinada com o Predictive Audience existente

Esses públicos serão combinados com os Predictive Audiences, como podemos ver novamente na Figura 8-11.

Assim que os Audiences secundários são configurados, eles acumularão usuários com o passar do tempo, e esses Audiences poderão ser exportados para o Google Ads e outros serviços na Google Marketing Suite, como explicado anteriormente. Então seria uma questão de transferir esses Audiences para nossa equipe de marketing do Google Ads, que poderá criar cópias de anúncios segmentados, eliminar ou personalizar campanhas para eles.

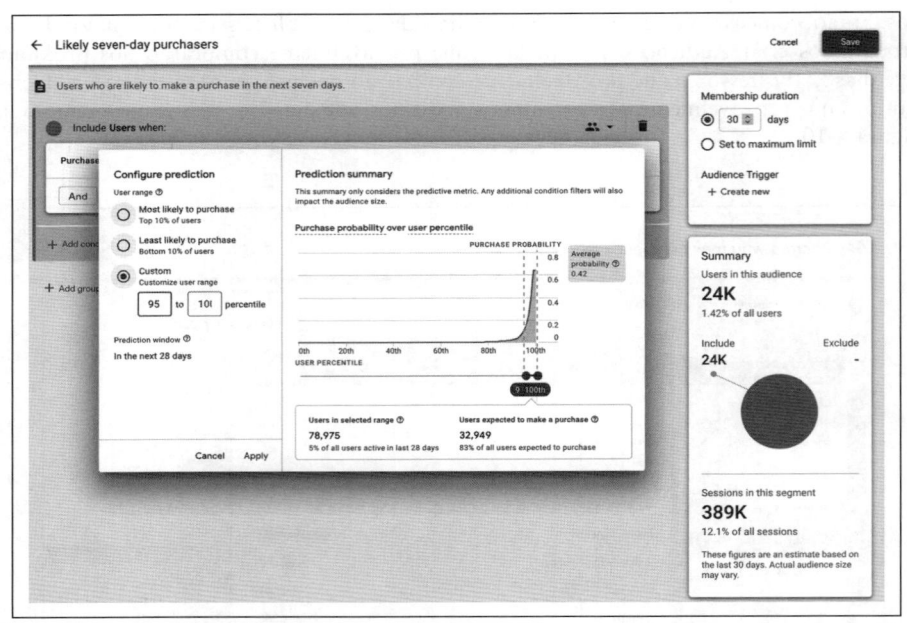

Figura 8-11. Configuração de um Audience que exibe prováveis compradores nos próximos sete dias

Testando o Desempenho

Os princípios mencionados na seção "Ativação de Dados: Testando o Desempenho", do Capítulo 7, se aplicam aqui também, mais especificamente os testes A/B dos Audiences, de modo que obter um aumento progressivo da nossa base será a forma mais poderosa de demonstrar valor para os projetos de dados em geral.

Também devo mencionar que, embora nos concentrar em um caso de negócio do caso de uso seja a melhor forma de entregar um projeto, começaremos a notar muitos benefícios depois de realizar a implementação algumas vezes. A pilha tecnológica apenas desse caso de uso nos dá um bom ponto de partida para muitos outros, que poderão ser colocados online mais rápido, visto que os custos irrecuperáveis da tecnologia necessária para este caso de uso (por exemplo, Cloud Composer, GTM SS, banco de dados do Firestore) já terão sido pagos.

Com mais Audiences, descobriremos muito mais ações e insights durante nosso teste de desempenho, e posso imaginar os possíveis resultados de um ano inteiro de casos de uso de acompanhamento. Por exemplo, por que os médicos respondem menos do que os construtores à segmentação? As previsões de conversão são mais confiáveis para professores do que para os médicos? E assim por diante.

Resumo

Eu analisaria as próximas etapas naturais:

- Podemos acrescentar outras dimensões a partir dos dados de CRM que acharmos que serão de ajuda para nosso negócio/cliente?
- Podemos incluir alguma previsão ou modelagem na etapa do BigQuery usando o BigQuery ML para criar segmentos mais inteligentes (como o valor previsto de vida útil, e não apenas o valor dos próximos sete dias)?
- Podemos ativar os Audiences no Google Optimize para alterar o conteúdo do site para ajudar na conversão?
- Podemos exportar também as métricas do GA4 para o banco de dados de CRM e usá-las em outros canais, como o e-mail? Os clientes poderiam receber as mesmas ofertas de outros canais para uma experiência mais multicanal (e-mail, Google Ads, banners de sites)?

A maioria dessas extensões envolve a atualização das configurações para a pilha tecnológica que utilizamos no caso de uso.

Espero que este capítulo o tenha ajudado a entender vários conceitos aos quais o restante do livro veio nos conduzindo. Cobrimos a elaboração da estratégia e a justificação do caso de uso, a ingestão de dados do GA4 e de um sistema de CRM, a transformação e a modelagem dos dados no BigQuery, e a disponibilização deles para ativação via Firestore e GTM SS, seguindo para a Google Marketing Suite.

O projeto descrito é similar a vários que executei ao longo da minha carreira, e já vi como sua implementação gera grandes benefícios, tanto em termos diretos de valor monetário como em termos de transformação digital e da energia que passa para a empresa. Como mencionado, seria difícil fazer uma cópia exata, visto que cada negócio é diferente. Mas espero que esses componentes genéricos aticem sua criatividade e o ajudem a aplicá-los à sua própria situação.

Este caso de uso trabalhou em um canal de ativação do Google Ads, mas o próximo capítulo analisará outro canal de ativação em um ambiente de tempo real: a criação de um painel de tempo real a partir de dados do GA4.

## CAPÍTULO 9

Caso de Uso: Previsão em Tempo Real

Neste caso de uso, passaremos para os fluxos de dados em tempo real, de modo que veremos como utilizar a Real-Time API do GA4. Também incluiremos algumas ações em tempo real no site usando os Audiences que criamos no Capítulo 8 via Google Optimize.

Nesse cenário, suponhamos que nossa editora de livros já venha usando os públicos preditivos e segmentados que criamos nos capítulos anteriores por seis meses e viu que eles são úteis para aumentar a relevância, de modo que as conversões subiram em determinados setores. A equipe de marketing das redes sociais descobriu isso em uma apresentação interna e perguntou se poderia usar os mesmos segmentos para aprimorar sua atividade diária de postar conteúdo promocional nas contas de redes sociais da marca. Propomos que se a equipe de redes sociais puder ver os efeitos em tempo real do conteúdo e a que Audience eles se enquadram, poderia responder rapidamente com mais conteúdo sequencial da mesma natureza. Como ela costuma postar notícias pontuais, esperar até o dia seguinte pela análise poderia ser tarde demais para agir com base nos dados.

Seria muito mais útil para a equipe de conteúdo saber qual conteúdo é popular antes que ele se torne popular — uma previsão de tendências de engajamento nos ajudará a prever o que se tornará ou não popular. Também poderíamos configurar um processo no qual o conteúdo que um usuário vê nas campanhas de redes sociais também será apresentado no site, personalizado segundo a profissão do usuário. A equipe precisa de uma forma fácil de atualizar esse conteúdo, o que escolhemos fazer por meio de um banner do Google Optimize (veja a seção "Google Optimize", do Capítulo 6) que será ativado na parte superior da página.

Criando o Caso de Negócio

Queremos aumentar o tráfego do site aumentando a relevância do feed de conteúdo nas redes sociais e aumentar as conversões exibindo um banner que enviará o usuário para as páginas promocionais relacionadas a cada campanha de rede social. As previsões das tendências atuais para o conteúdo nos ajudarão a saber que conteúdo priorizar para esse banner.

A atividade das redes sociais é considerada "o topo do funil", quando a maioria dos usuários não é imediatamente convertida, mas ela nos ajudará a manter a marca da editora na mente dos clientes quando eles pensarem em fazer compras mais tarde. Os KPIs da equipe de redes sociais se baseiam amplamente nas impressões e no engajamento com suas postagens, e ela deseja aumentar essas métricas monitorando as tendências no painel.

Uma vez no site, o banner deverá ajudar diretamente a aumentar o índice de conversão, servindo de atalho para as páginas relevantes. O que esperamos em resultado disso são mais conversões. Por exemplo, se determinado procedimento médico para ajudar pessoas afetadas em longo prazo pela COVID-19 estiver nas manchetes do mundo todo, então o conteúdo relacionado a livros de virologia deverá ser mais relevante e atrairá um tráfego não sazonal. Ao enxergar essa tendência, podemos priorizar o conteúdo que promove livros de virologia. Quando alguém da área de medicina acessasse o site (conforme identificado pelos Audiences), então esse livro específico poderia ser destacado no banner, porque é provável que seja isso que ele está procurando.

Recursos Necessários

Como destacado na seção "Fazendo os Painéis Funcionarem", do Capítulo 6, precisamos garantir que ações suficientes sejam permitidas ao usar um painel. Isso insere o papel do ser humano no fluxo de dados, cujo trabalho será reagir aos dados e tomar decisões com base nessa informação. Não faz sentido ter um painel de tempo real a menos que possamos tomar decisões em tempo real.

As principais decisões são analisadas da seguinte forma:

- Qual conteúdo das redes sociais deveria ser priorizado para a publicação?
- Qual conteúdo deveria ser apresentado a cada Audience em um banner ao acessar o site?

Essa função deverá funcionar no Google Optimize, pois será o veículo para criar os banners, para os quais será de ajuda ter algumas habilidades de front-end em HTML. Escolhemos os banners do Google Optimize por serem fáceis de usar e devido à sua velocidade para trocar conteúdo depois de configurados.

Embora a peça mais importante seja escolher a pessoa certa para a função, também lhe daremos suporte usando as seguintes tecnologias:

GA4
A configuração inclui os Audiences criados anteriormente para cada profissão, como fizemos no Capítulo 8. Coletaremos os nomes dos eventos e o nome do Audience na API de tempo real.

Shiny do R
Ele assumirá a função do painel, visto que o R também consegue lidar com a modelagem de previsões, as chamadas das APIs do GA4 em tempo real e a camada de apresentação interativa. Ele é hospedado na GCP. Essa função poderia ser atribuída a qualquer outro sistema de painéis que possui capacidades de previsão.

Google Optimize
Essa é a plataforma usada para criar o banner HTML no site. Ele é vinculado ao GA4 para adequar cada banner a cada Audience importado, como a profissão do usuário, se ela for reconhecida.

Com todos esses componentes identificados, iremos juntá-los na próxima seção.

Arquitetura de Dados

A arquitetura de dados para essa solução inclui um componente incomum: o ser humano. Isso destaca a importância vital da tomada de decisão com a qual só um ser humano consegue lidar e que (ainda) não podemos replicar com um sistema automatizado. As grandes ramificações de decisão são destacadas na Figura 9-1, as quais determinarão qual conteúdo será promovido nas redes sociais da editora e qual conteúdo poderá ser incluído no Google Optimize.

 No futuro, se descobrirmos que essa função inclui tarefas repetitivas, talvez possamos automatizá-la mais em um projeto sequencial. Uma possível rota seria usar algumas APIs de aprendizado de máquina que abordamos na seção "APIs de Aprendizado de Máquina", do Capítulo 5.

Com todas as peças do plano no lugar, agora podemos avaliar como ligar os pontos na nossa arquitetura.

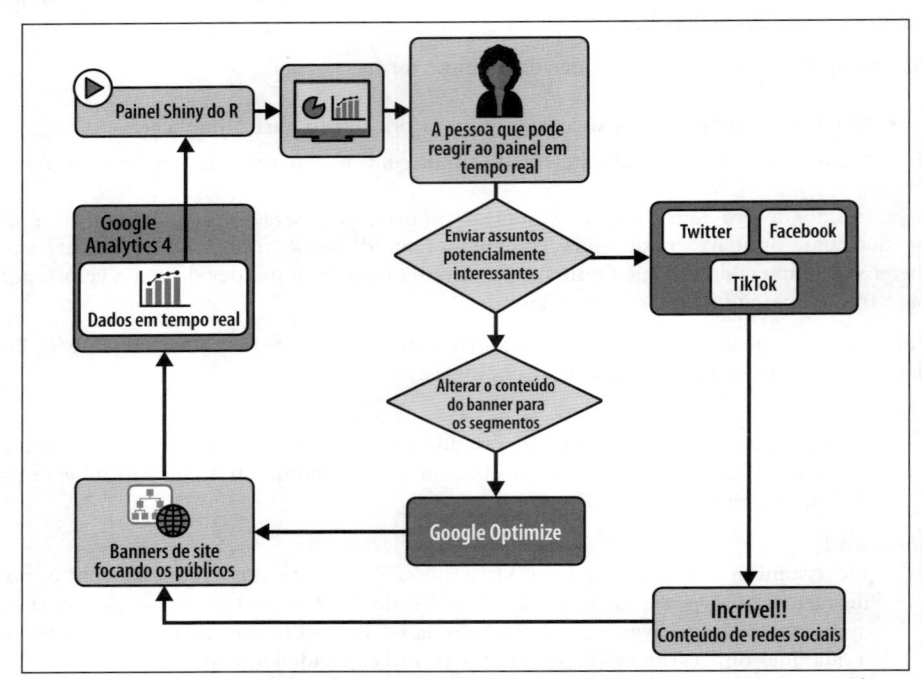

Figura 9-1. Os dados em tempo real são obtidos do GA4 e uma previsão é criada para ajudar a priorizar o conteúdo das redes sociais e os banners locais via Google Optimize

Ingestão de Dados

A primeira coisa a considerar é como os dados entrarão no sistema, tal como abordado no Capítulo 3. Para esse caso de uso, isso significa verificar se o fluxo em tempo real do GA4 armazenará todas as informações das quais precisaremos no painel.

Configuração do GA4

Os dados que queremos coletar em tempo real precisam estar listados nas dimensões e nas métricas da Real-Time API do GA4. São um subconjunto limitado de dimensões que podemos obter por meio da API normal. Por padrão, podemos obter os últimos 30 minutos de dados de eventos do nosso site ou 60 minutos com uma licença paga do GA360.

Para os nossos objetivos, queremos ver quantos usuários estão no site a partir dos Audiences que criamos e em que seção do site eles estão. Isso nos permitirá ver qual conteúdo se enquadra melhor com os segmentos dos Audiences que criamos. Consultando a Real-Time API, podemos ver que os campos `audienceName` e `unifiedScreenName` podem identificar os dados de que precisamos. Para obter uma previsão, também precisamos de uma tendência de série temporal, de modo que `minutesAgo` será usado para ordenar a atividade do usuário e extrapolar as tendências de previsão.

Entretanto, existem restrições adicionais na API de tempo real que limitarão quais dimensões e métricas poderão ser consultadas juntas. Isso inclui tentar consultar `audienceName` e `unifiedScreenName` (por exemplo, a URL de uma página) juntas. Isso está relacionado com tentar vincular uma métrica baseada no usuário com uma métrica baseada em eventos. Sempre poderemos consultar `event_name` e `event_count`, que é o esquema de dados fundamental do GA4, de modo que, para facilitar ao máximo a extração dos dados que queremos, talvez desejemos considerar criar eventos que registrarão as interações do usuário que estamos procurando. Também podemos consultar as Custom Dimensions focadas no usuário (mas não focadas no evento), tal como descrito na seção "Propriedades do Usuário", do Capítulo 3.

Perceba também que, embora não possamos consultar `audienceName` e `unifiedScreenName` juntas para ver, digamos, os médicos que estão lendo conteúdo de medicina, podemos definir um Audience com características de nome das páginas.

Um exemplo de configuração para esse caso de uso é exibido na Figura 9-2. Criamos Audiences que serão preenchidos quando a profissão de um usuário corresponder ao conteúdo que queremos monitorar, ou seja, médicos que estão lendo conteúdo de medicina.

Quando os usuários acessarem esse público, eles também ativarão um evento que poderemos consultar, de modo que isso poderia ser algo a consultar na Real-Time API também. Poderíamos configurar um evento chamado `doctors-seeing-medical- content`, por exemplo, como na Figura 9-3.

Seguiremos com essa última opção, para manter as coisas familiares para os usuários do GA4: o painel de tempo real refletirá os Audiences, como configurados no GA4. Essa é a forma mais fácil de os usuários acrescentarem ou removerem dados do feed de tempo real.

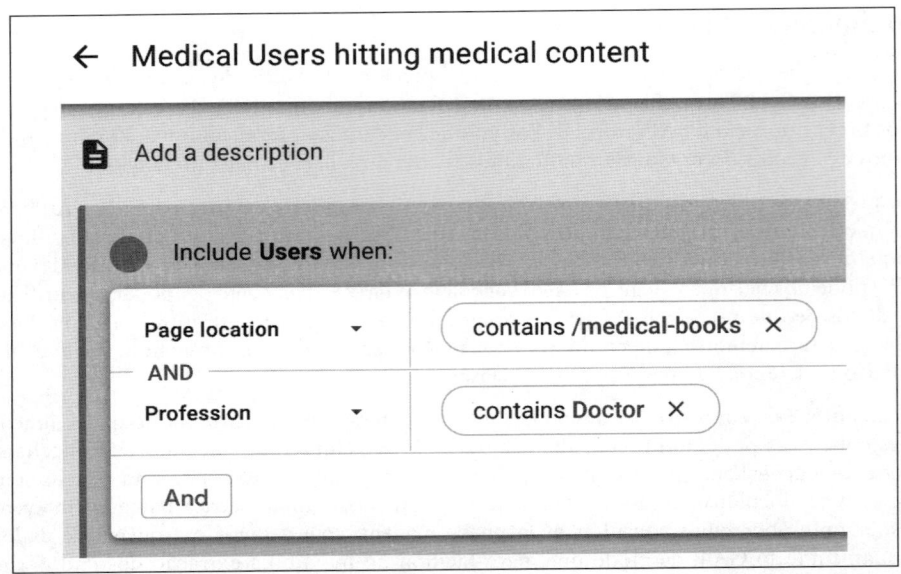

Figura 9-2. Criando um público para consultar, na Real-Time API, a correspondência de livros de medicina com usuários que são médicos

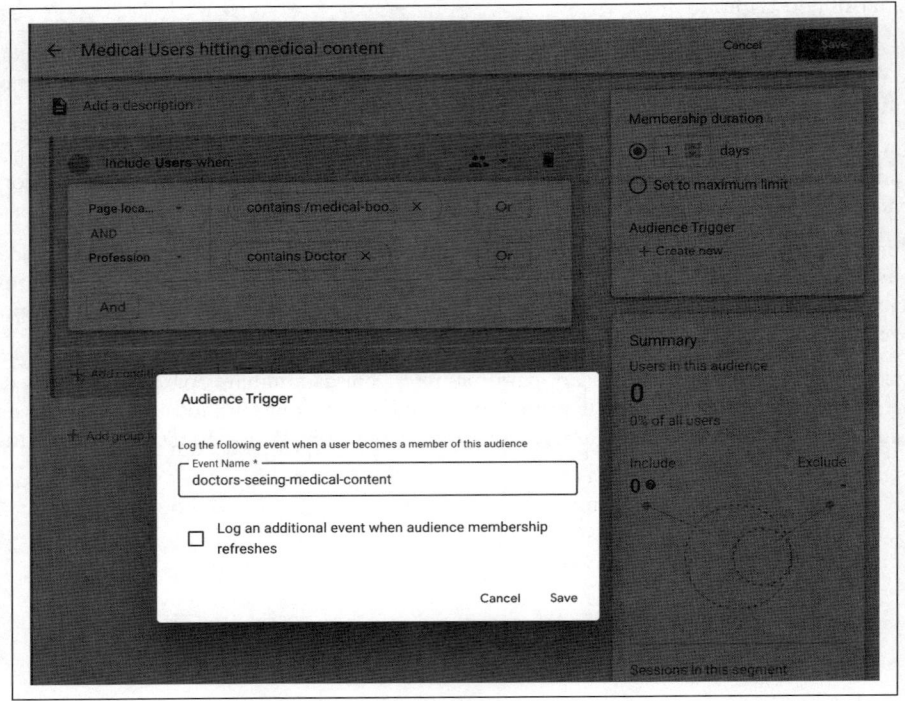

Figura 9-3. Quando os usuários se qualificam para o público, eles podem ativar um evento que poderá ser visto na Real-Time API

Para coletar os dados no R que será a base do painel, o aplicativo Shiny é exibido no Exemplo 9-1.

Exemplo 9-1. Coletando dados da API em tempo real com a biblioteca de R `googleAnalyticsR`

```
library(googleAnalyticsR)
ga_auth()
ga_id <- 1234567 # sua propertyId do GA4

# coleta dados de públicos em tempo real

ga_data(ga_id,
        metrics = "activeUsers",
        dimensions = c("minutesAgo", "audienceName"),
        realtime = TRUE)
#i 2022-06-17 12:47:40 > Realtime Report Request
#i 2022-06-17 12:47:41 > Downloaded [ 60 ] of total [ 60 ] rows
# A tibble: 60 × 3
#   minutesAgo audienceName                    activeUsers
#   <chr>      <chr>                           <dbl>
# 1 22         All Users                       335
# 2 13         All Users                       332
# 3 07         doctors-seeing-medical-content  29
# 4 09         doctors-seeing-medical-content  27
```

Nesse ponto, devemos ter os eventos de GA4 disponíveis que queremos consultar em tempo real através da Real-Time API. Agora veremos o que precisamos fazer com esses dados depois de coletá-los e baixá-los.

Armazenamento de Dados

Como estamos usando diretamente a Data API do GA4, o próprio GA4 será usado para armazenar grande parte dos dados. Os dados do painel serão poucos, o suficiente para caberem na memória do aplicativo Shiny que os exibirá, de modo que não há muito o que fazer no que se refere ao armazenamento de dados, exceto decidir em que servidor o aplicativo Shiny será hospedado, o que será abordado na próxima seção.

Hospedando o Aplicativo Shiny no Cloud Run

Existem muitas opções para hospedar os aplicativos Shiny, mas, para um número baixo de usuários (< 10), eu prefiro usar as opções sem servidor para não precisar procurar nenhum. Podemos fazer isso na GCP usando o Cloud Run, um serviço parecido com as Cloud Functions, além do fato de que ele executa imagens Docker na nuvem. Se o aplicativo Shiny de R puder ser inserido em uma imagem Docker, ele poderá ser usado a partir do Cloud Run como qualquer site HTTP.

Como exemplo, o Dockerfile exibido no Exemplo 9-2 poderia ser usado para criar uma imagem Docker que executará o Shiny no Cloud Run.

Exemplo 9-2. Um exemplo de Dockerfile instalando o Shiny com googleAnalyticsR

```
FROM rocker/shiny

# instala quaisquer dependências de pacotes R
RUN apt-get update && apt-get install -y \
    libcurl4-openssl-dev libssl-dev

## instala pacotes adicionais de CRAN
RUN install2.r --error googleAnalyticsR

# copia o aplicativo Shiny na pasta do Shiny Server
COPY . /srv/shiny-server/

EXPOSE 8080

USER shiny

CMD ["/usr/bin/shiny-server"]
```

Esse Dockerfile pode ser inserido na mesma pasta do aplicativo Shiny (chamado app.R por padrão), além de quaisquer outros arquivos de configuração dos quais talvez precisemos para o aplicativo, como um cliente para fins de autenticação (client.json):

```
|
|- app.R
|- Dockerfile
|- client.json
```

Para hospedar esse aplicativo no Cloud Run, primeiro precisamos criar a imagem Docker no Google Project. Podemos fazer isso via Cloud Build, que abordamos na seção "Configurando a CI/CD do Cloud Build com GitHub", do Capítulo 3, e que também possui alguma documentação do Google disponível para a criação de contêineres.

Precisamos hospedar a imagem Docker para chamá-la a partir do Cloud Run; a imagem será criada e armazenada em um local no serviço Artifact Registry da GCP, um serviço da GCP para hospedar imagens Docker.

Se estivermos criando uma imagem Docker, não precisamos de um arquivo *cloudbuild. yaml* para configurar a tarefa, pois se trata de um trabalho bem comum, a ponto de que, se um Dockerfile estiver presente, ele saberá o que fazer. Nesse caso, só precisamos especificar o flag `--tag` para mostrar para onde queremos enviar a imagem Docker (o local no Artifact Registry). A partir da mesma pasta, enviamos o trabalho do Cloud Build com o comando de gcloud `gcloud builds submit --tag eudocker.pkg.dev/learning-ga4/shiny/googleanalyticsr --timeout=20m`.

Isso deverá enviar um trabalho de Cloud Build que levará bastante tempo, e é por isso que o intervalo aumenta com o flag `--timeout`.

Depois de ser criada no Artifact Registry, podemos importar essa imagem Docker para ser executada no Cloud Run, como podemos ver na tela de configuração exibida na Figura 9-4.

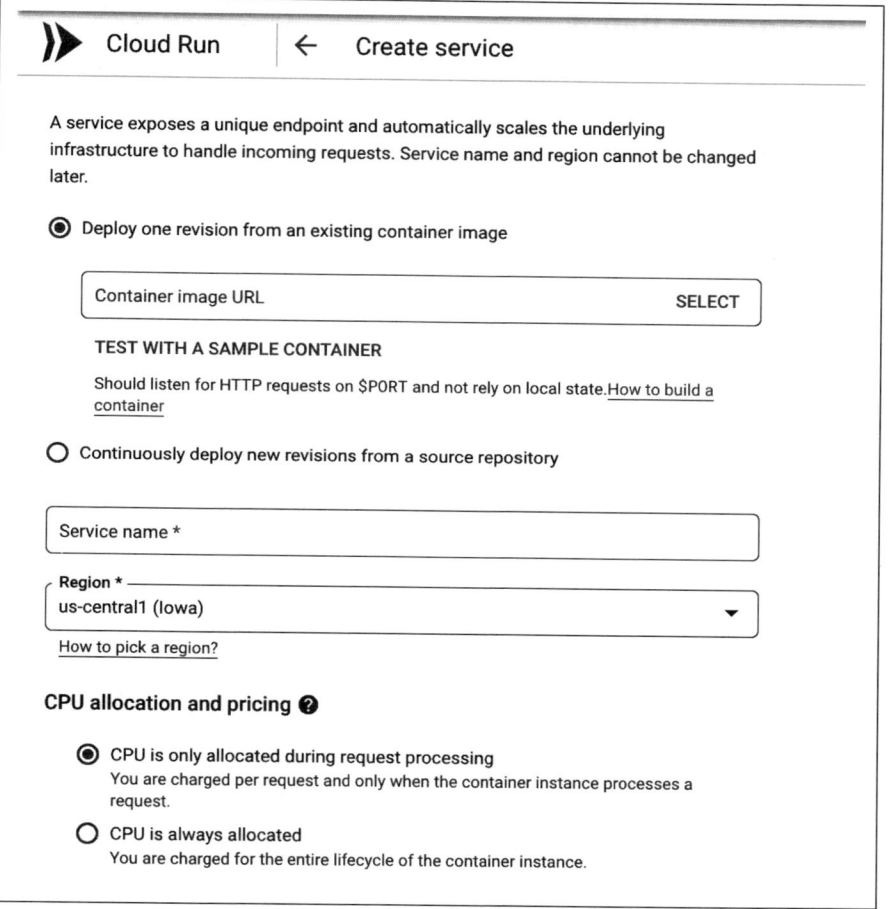

Figura 9-4. A URL da imagem de contêiner será a que especificamos para a compilação local de Docker, como `eu-docker.pkg.dev/learning-ga4/shiny/googleanalyticsr`

Estamos lidando com dados bem "pequenos" aqui, visto que não precisamos armazenar muitos para criar um painel — talvez mil pontos de dados no total. Os painéis raramente precisam de GBs de dados, porque só precisamos dos pontos de dados que uma pessoa consegue visualizar, e uma pessoa só consegue analisar dados até certo ponto. Assim, o espaço de armazenamento para a instância que executa o painel não precisa ser grande, e os padrões costumam ser suficientes.

Porém o trabalho se concentra em quais dados são exibidos e como transformar nossos dados brutos de GA4 em insight, o que, para essa aplicação, será uma previsão no painel Shiny. O código de apresentação é exibido na próxima seção, ao passarmos para a fase de modelagem de dados.

Modelagem de Dados

Na seção anterior, descrevemos como hospedar o servidor Shiny, mas o motivo de usar o Shiny para início de conversa é que ele consegue executar códigos em R que podem exibir resultados no navegador. Agora começaremos a criar a previsão usando códigos em R a partir dos dados de GA4 em tempo real.

Para essa previsão, usarei o pacote forecast, cuja manutenção é feita por Rob Hyndman, que também foi o coautor de um livro de previsão online, *Forecasting: Principles and Practice* [sem publicação no Brasil], com George Athanasopoulos; é um excelente livro. Se quiser se aprofundar em como o pacote R cria as previsões, ele explica os princípios por trás delas e é o melhor lugar para pesquisar como aprimorar a precisão do modelo.

Para os nossos objetivos, o código em R precisa fazer o seguinte:

1. Inserir os dados de GA4 a partir da API de tempo real
2. Transformá-los em um formato que pode ser usado na biblioteca de previsão (por exemplo, um objeto pedido em série temporal)
3. Configurar a sazonalidade e outras opções de configuração para a previsão
4. Enviar a série temporal para a função de previsão para gerar a predição futura dos pontos, bem como um intervalo de previsão
5. Plotar a previsão

Supondo que nossos dados foram coletados conforme o Exemplo 9-1, teremos um data. frame de R pronto para o processamento. Algumas sugestões de códigos para criar a previsão são exibidas no Exemplo 9-3. Perceba que o script em si também segue os temas principais do livro, ou seja, a coleta, a organização e a modelagem de dados, então a geração de uma saída para ativação.

Exemplo 9-3. Fazendo a previsão de dados do GA4 em tempo real usando library(forecast) e library(googleAnalyticsR)

```
library(googleAnalyticsR)
library(dplyr)
library(tidyr)
library(forecast)


# coleta dados de públicos em tempo real
get_ga_rt <- function(ga_id){
```

```r
now <- Sys.time()

rt_df <- ga_data(ga_id,
                 metrics = "activeUsers",
                 dimensions = c("minutesAgo",
                                "audienceName"),
                 realtime = TRUE,
                 limit = 10000)
# cria uma timestamp de (now - minutesAgo)
rt_df$timestamp <- now -
    as.difftime(as.numeric(rt_df$minutesAgo),
                units = "mins")

rt_df

}

# organiza os dados colocando cada público na sua própria coluna
tidy_rt <- function(my_df){

  my_df |>
    pivot_wider(names_from = "audienceName",
                values_from = "activeUsers",
                values_fill = 0) |>
    arrange(minutesAgo)
}

# prevê cada público activeUsers
forecast_rt <- function(rt){

  # exclui colunas não previsíveis
  rt$minutesAgo <- NULL
  rt$timestamp <- NULL

  # cria objetivos de série temporal
  rt_xts <- ts(rt, frequency = 60)

  # faz loops por coluna e uma lista de previsões para os próximos 15 min
  forecasts <- lapply(rt_xts, function(x) forecast(x, h = 15))
  setNames(forecasts, names(rt))
}

# altera para a sua ID de propriedade GA4
ga_id <- 123456

# usa as funções acima para criar uma lista de previsões por público
forecasts <- get_ga_rt(ga_id) |> tidy_rt() |> forecast_rt()

# plota para examinar as previsões
lapply(forecasts, autoplot)
```

Por padrão, a Real-Time API coleta apenas 30 minutos no passado ou 60 minutos no GA360. Para habilitar nossas previsões para funcionarem com mais dados, precisaremos armazenar os dados históricos da API e anexá-los à última coleta para construir um histórico razoável ao longo do dia. O código do Exemplo 9-4 mostra como fazer isso para acumular dados aos poucos no nosso aplicativo para as previsões. Novamente, estamos apenas lidando com um baixo volume de dados aqui, mesmo se armazenássemos várias horas de dados, de modo que o aplicativo Shiny conseguirá lidar com facilidade com esse volume de dados (embora provavelmente devêssemos impor um limite para que ele não aumente ao longo de semanas). Nesse caso, podemos armazenar, por exemplo, até 48 horas, o que representará a quantidade 2880 rows * (number of Audiences) de linhas.

Exemplo 9-4. Código para anexar nossas coletas da Real-Time API para criar uma tendência histórica para as previsões

```
library(googleAnalyticsR)
library(dplyr)
library(tidyr)

get_ga_rt <- function(ga_id){
  # coleta dados de públicos em tempo real
  now <- Sys.time()
  rt_df <- ga_data(ga_id,
                   metrics = "activeUsers",
                   dimensions = c("minutesAgo", "audienceName"),
                   realtime = TRUE,
                   limit = 10000)
  rt_df$timestamp <- now - as.difftime(as.numeric(rt_df$minutesAgo), units = "mins")

  rt_df

}

tidy_rt <- function(my_df){

  my_df %>%
    pivot_wider(names_from = "audienceName",
                values_from = "activeUsers",
                values_fill = 0) %>%
    arrange(minutesAgo) |>
    filter(minutesAgo != "00") |>
    mutate(timemin = format(timestamp, format = "%d%H%M")) |>
    select(-minutesAgo)
}

append_df <- function(old, new){

  # não faça nada se não houver nada para anexar
  if(is.null(old)) return(new)
  if(is.null(new)) return(old)
```

```r
# linhas que estão em old, mas não em new
history <- anti_join(old, new, by = "timemin")

if(nrow(history) == 0) return(new)

# anexar os dados históricos, excluir minutesAgo inválido
rbind(new, history) |>
  head(2880) # only keep top 48hrs (60*24*2)
}

# substituir por sua ga_id
ga_id <- 123456

# use assim
first_api <- get_ga_rt(ga_id) |> tidy_rt()

# espere mais de um minuto e colete novamente
second_api <- get_ga_rt(ga_id) |> tidy_rt()

# colete linhas de first_api que não estão em second_api
append_df(first_api, second_api)

# repita conforme agendado
```

Agora temos um script em R que pode processar dados em tempo real e criar algumas previsões e regressões, mas precisamos ativar esse processo para que os usuários finais possam reagir e tomar decisões com base nos dados, sem precisarem saber nada de R. Para isso, precisamos criar um painel usando os dados.

Ativação de Dados — Um Painel de Tempo Real

Passemos para a ativação de dados, pegando os scripts em R da seção anterior e fazendo um painel de tempo real a partir dos dados para nossos colegas. Isso envolverá pegar o script independente em R da seção "Modelagem de Dados" e hospedá-lo em um servidor Shiny da seção "Armazenamento de Dados", ambas neste capítulo.

Quando falamos sobre "tempo real", precisamos considerar exatamente o que isso significa. Dissemos antes que o painel de tempo real precisa de decisões de tempo real para ser útil, mas quão granular essas decisões podem ser? "Tempo real" significa respostas em segundos ou a cada 10 minutos seria "tempo real" o suficiente?

A granularidade da Real-Time API é a cada minuto. Assim, na prática, uma coleta a cada 60 segundos será tempo real o suficiente, a menos que pensemos em motivos para reagir aos dados em intervalos de tempo abaixo de minutos. Eu não consigo pensar em nenhum. Isso também é fatorado em cotas para a API, visto que uma coleta a cada 10 segundos versus 1 minuto esgotará nossa cota 6 vezes mais rápido, possivelmente não resultando em nenhum ganho. Lembre-se de consultar a página Cotas de API online para ver como isso se enquadra na sua aplicação.

Em conclusão, essa é a justificativa para o fato de que nosso painel de "tempo real" na verdade tem um índice de resposta de 60 segundos, pois coletamos dados a cada minuto para atualizar as informações no painel.

Código em R para o Aplicativo Shiny de Tempo Real

O aplicativo que criamos em R poderia ser substituído pelo seu em outro sistema de painel ou por meio de um aplicativo da web em Python, por exemplo, mas acho que em R é mais rápido.

Para complementar os dados modelados que vêm das funções em R da seção anterior, recorrerei à minha biblioteca favorita de visualização em JavaScript, a Highcharts. Essa biblioteca nos permite criar visualizações interativas que podem ser exibidas em qualquer navegador. Ela também tem uma excelente biblioteca de R para facilitar seu uso, inclusive no Shiny, chamada `highcharter`, escrita por Joshua Kunst. Essa biblioteca pega os objetos de R e os transforma em plotagens JavaScript. Um pouco de interatividade é sempre bom para as nossas apresentações de dados, permitindo que o usuário final manipule os dados. Isso pegará os gráficos comuns que criamos antes e lhes darão um toque especial. O código do Exemplo 9-5 pegará os objetos de previsão do Exemplo 9-3 e os colocará na versão Highcharts.

Exemplo 9-5. Alguns exemplos de códigos que pegarão os dados brutos e de previsão, e os transformarão em plotagens `highcharts`

```r
library(highcharter)

highcharter_plot <- function(raw,
                             forecast,
                             column = "All Users"){
  ## objeto de valores de previsão
  fc <- forecast[[column]]

  ## dados originais
  raw_data <- ts(raw[,column], frequency = 60)

  raw_x_date <- as.numeric(raw$timestamp) * 1000

  ## cria as timestamps do eixo x direito
  forecast_times <- as.numeric(
    seq(max(rt$timestamp),
        by=60,
        length.out = length(fc$mean))
        ) * 1000

  forecast_values <- as.numeric(fc$mean)

  # cria o objeto do gráfico highcharts
  highchart() |>
    hc_chart(zoomType = "x") |>
```

```
      hc_xAxis(type = "datetime") |>
      hc_yAxis(title = column) |>
      hc_title(
        text = paste("Real-time forecast for", column)
      ) |>
      hc_add_series(
        type = "line",
        name = "data",
        data = list_parse2(data.frame(date = raw_x_date,
                                      value = raw_data))) |>
      hc_add_series(
        type = "arearange",
        name = "80%",
        fillOpacity = 0.3,
        data = list_parse2(
          data.frame(date = forecast_times,
                     upper = as.numeric(fc$upper[,1]),
                     lower = as.numeric(fc$lower[,1])))) |>
      hc_add_series(
        type = "arearange",
        name = "95%",
        fillOpacity = 0.3,
        data = list_parse2(
          data.frame(date = forecast_times,
                     upper = as.numeric(fc$upper[,2]),
                     lower = as.numeric(fc$lower[,2])))) |>
      hc_add_series(
        type = "line",
        name = "forecast",
        data = list_parse2(
          data.frame(date = forecast_times,
                     value = forecast_values)))
}
```

Podemos ver um exemplo do resultado na Figura 9-5.

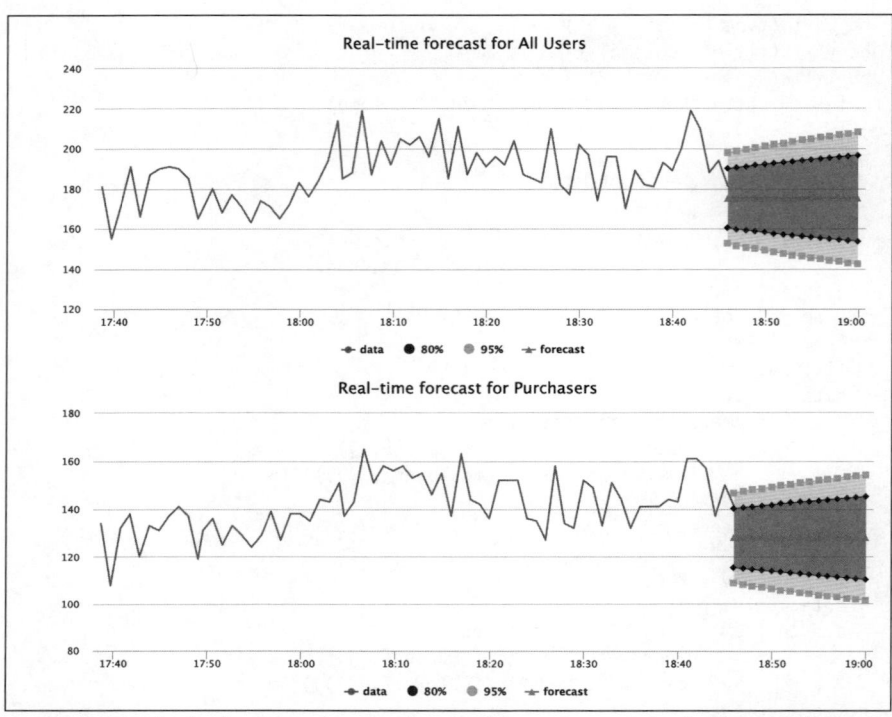

Figura 9-5. Resultado do script que transforma objetos de previsão de R em gráficos high-charts

Autenticação do GA4 com uma Conta de Serviço

A forma mais fácil e segura de conceder acesso aos dados do GA4 no nosso aplicativo é criando uma chave de serviço da GCP e dando a essa chave o acesso Viewer aos nossos dados do GA4. Então podemos fazer o upload dessa chave de serviço com o aplicativo. Contudo, isso não é recomendado se nossa chave de serviço tem acesso a quaisquer recursos da nuvem que custam dinheiro (como o BigQuery), pois se ela for comprometida, poderemos perder milhares de dólares.

Podemos criar uma chave de serviço no Google Cloud Console, tal como exibido na Figura 9-6. Não atribua nenhuma função de Cloud à chave. Esta foi chamada de "fetch-ga" e gerará um e-mail no formato *{nome}@{id-projeto}*.iam. gserviceaccount.com; por exemplo, *fetch-ga@learning-ga4.iam.gserviceaccount.com*.

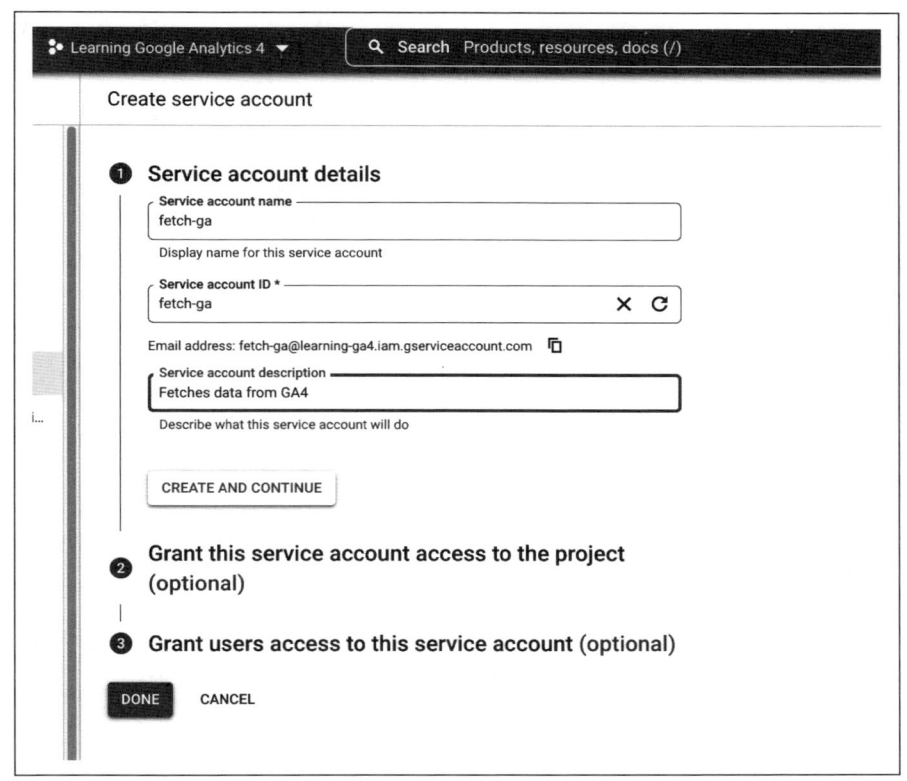

Figura 9-6. Crie uma chave de serviço para ser usada no seu aplicativo — se nenhuma função for atribuída, então ela poderá ser usada com segurança no GA4 sem nos preocuparmos com a possibilidade de ela ser comprometida, resultando em cobranças de nuvem

O e-mail de serviço incluído com o arquivo JSON pode ser tratado como um e-mail nosso ou de outra pessoa que quer ter acesso ao GA4, acrescentando-o através do console User Admin do GA4. No entanto, antes de fazermos isso, precisaremos de uma maneira de o aplicativo se autenticar, o que é feito com uma chave JSON associada à conta de serviço. Ela é criada no mesmo console da GCP, como na Figura 9-7, que gerará um arquivo JSON que podemos baixar no computador. Guarde-a bem e coloque-a em um local que possa ser acessado por seu aplicativo.

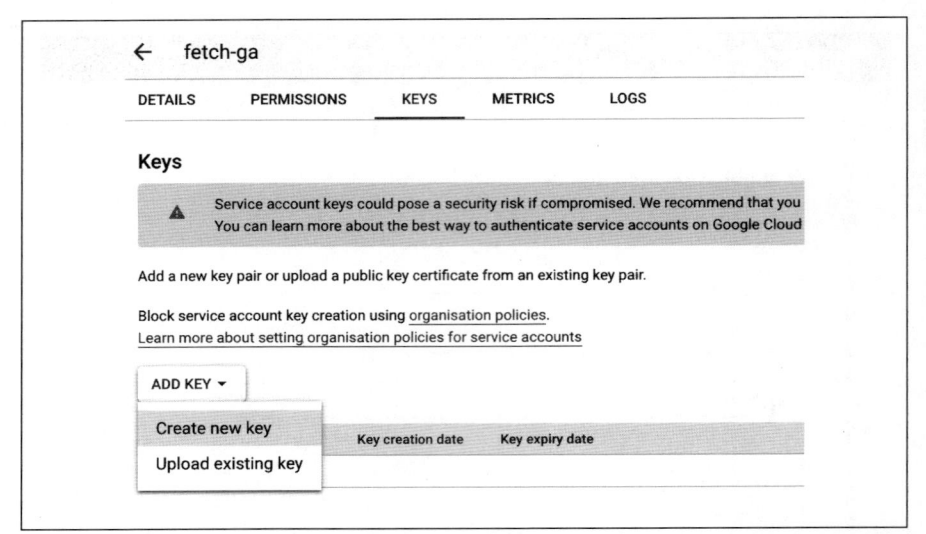

Figura 9-7. Depois de criar a conta de serviço, baixe uma chave JSON para usar com seu aplicativo; essa chave concederá acesso aos dados, então guarde-a bem

Tudo o que resta é acrescentar o e-mail aos usuários na admin do GA4, como visto na Figura 9-8. A função Viewer é perfeitamente apropriada para esse aplicativo.

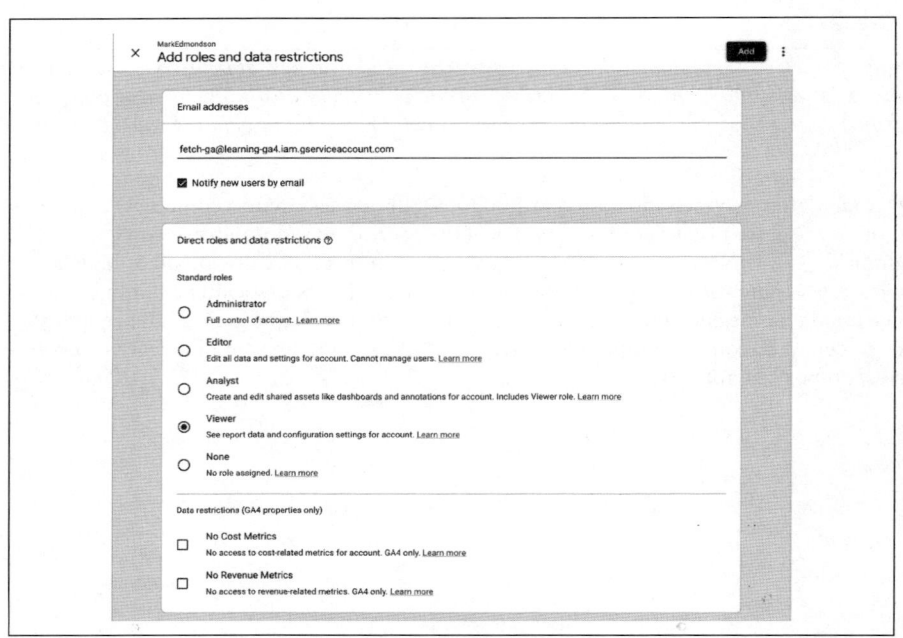

Figura 9-8. Acrescentando um e-mail de serviço como usuário à interface do GA4 para usar nos scripts

Esse procedimento funcionará em qualquer linguagem usada para programar nossas coletas de API do GA4. No caso específico de `googleAnalyticsR`, podemos autenticar essa chave apontando a função `ga_auth()` para o arquivo, como no Exemplo 9-6.

Exemplo 9-6. Autenticação do GA4 usando uma chave de serviço JSON em `googleAnalyticsR`

```r
library(googleAnalyticsR)

# autenticação via arquivo json configurado para acessar a conta do GA4
ga_auth(json_file = "learning-ga4.json")
#> ℹ Authenticating using fetch-ga@learning-ga4.iam.gserviceaccount.com

# teste a autenticação listando suas contas
ga_account_list("ga4")
#># A tibble: 2 × 4
#>   account_name  accountId property_name propertyId
#>   <chr>         <chr>     <chr>         <chr>
#> 1 MarkEdmondson 47480439  GA4 Mark Blog 206670707
```

Juntando Tudo em um Aplicativo Shiny

Você poderá adaptar o aplicativo Shiny do Exemplo 9-7 de acordo com seus objetivos, usando todas as funções de R deste capítulo.

Exemplo 9-7. Usando as funções de R deste capítulo em um aplicativo Shiny

```r
library(shiny)            # aplicativos web de R
library(googleAnalyticsR) # coletando os dados de GA4
library(tidyr)            # organizando os dados
library(forecast)         # modelando os dados
library(dplyr)            # organização dos dados
library(shinythemes)      # estilização do aplicativo web
library(DT)               # tabelas html interativas
library(highcharter)      # gráficos interativos

# a UI HTML do aplicativo
ui <- fluidPage(theme = shinytheme("sandstone"),
    titlePanel(title=div(img(src="green-hand-small.png", width = 30),
            "Real-Time GA4"), windowTitle = "Real-Time GA4"),
      sidebarLayout(
        sidebarPanel(
          p("This app pulls in GA4 data via the Real-Time API using
          googleAnalyticsR::ga_data(),
          creates a forecast using forecast::forecast()
          and displays it in an interactive plot
          via highcharter::highcharts()"),
          textOutput("last_check")
        ),
        mainPanel(
          tabsetPanel(
            tabPanel("Realtime hits forecast",
```

```
                    highchartOutput("forecast_allusers"),
                    highchartOutput("forecast_purchasers"),

        ),
        tabPanel("Table",
                dataTableOutput("table")
        )
      )
    )
  )
)
)
```

As funções deste capítulo estão todas contidas no script e são reunidas no Exemplo 9-8.

Exemplo 9-8. Funções para o aplicativo Shiny

```
library(shiny)            # aplicativos web de R
library(googleAnalyticsR) # coletando os dados de GA4
library(tidyr)            # organizando os dados
library(forecast)         # modelando os dados
library(dplyr)            # organização dos dados
library(shinythemes)      # estilização do aplicativo web
library(DT)               # tabelas html interativas
library(highcharter)      # gráficos interativos

get_ga_rt <- function(ga_id){
  # coleta dados de públicos em tempo real
  now <- Sys.time()
  rt_df <- ga_data(ga_id,
                   metrics = "activeUsers",
                   dimensions = c("minutesAgo", "audienceName"),
                   realtime = TRUE,
                   limit = 10000)
  rt_df$timestamp <- now - as.difftime(as.numeric(rt_df$minutesAgo),
                                       units = "mins")

  rt_df

}

tidy_rt <- function(my_df){

  my_df |>
    pivot_wider(names_from = "audienceName",
                values_from = "activeUsers",
                values_fill = 0) |>
    arrange(desc(minutesAgo)) |>
    mutate(timemin = format(timestamp, format = "%d%H%M")) |>
    filter(minutesAgo != "00") |>
    select(-minutesAgo)

}

append_df <- function(old, new){
```

```r
  if(is.null(old) || nrow(old) == 0) return(new)
  if(is.null(new) || nrow(new) == 0) return(old)

  # linhas que estão em old, mas não em new
  history <- anti_join(old, new, by = "timemin")

  if(nrow(history) == 0) return(new)

  # anexa os dados históricos
  rbind(history, new) |>
    head(2880) # mantém no máximo 48hrs (60*24*2)
}

forecast_rt <- function(rt){

  rt$timestamp <- NULL
  rt$timemin <- NULL

  # ## o número de acessos por timestamp
  rt_xts <- ts(rt, frequency = 60)

  do_forecast <- function(x, h = 30){
    tryCatch(
      forecast::forecast(x, h = h),
      error = function(e){
        warning("Could not forecast series - ", e$message)
      }
    )

  }

  forecasts <- lapply(rt_xts, do_forecast)

}

highcharter_plot <- function(rt, forecast, column = "All Users"){
  ## objeto de valores de previsão
  fc <- forecast[[column]]

  ## dados originais
  raw_data <- ts(rt[,column], frequency = 60)

  raw_x_date <- as.numeric(rt$timestamp) * 1000

  ## cada minuto
  forecast_times <- as.numeric(
    seq(max(rt$timestamp), by=60, length.out = length(fc$mean))) * 1000

  forecast_values <- as.numeric(fc$mean)

  highchart() |>
    hc_chart(zoomType = "x") |>
    hc_xAxis(type = "datetime") |>
    hc_yAxis(title = column) |>
    hc_title(
      text = paste("Real-time forecast for", column)
    ) |>
    hc_add_series(
      type = "line",
      name = "data",
      data = list_parse2(data.frame(date = raw_x_date,
                                    value = raw_data))) |>
    hc_add_series(
```

```
        type = "arearange",
        name = "80%",
        fillOpacity = 0.3,
        data = list_parse2(
          data.frame(date = forecast_times,
                     upper = as.numeric(fc$upper[,1]),
                     lower = as.numeric(fc$lower[,1])))) |>
hc_add_series(
        type = "arearange",
        name = "95%",
        fillOpacity = 0.3,
        data = list_parse2(
          data.frame(date = forecast_times,
                     upper = as.numeric(fc$upper[,2]),
                     lower = as.numeric(fc$lower[,2])))) |>
hc_add_series(
        type = "line",
        name = "forecast",
        data = list_parse2(
          data.frame(date = forecast_times,
                     value = forecast_values)))
}
```

As funções do servidor funcionam como um back-end para o aplicativo Shiny e preenchem os resultados, como definido no Exemplo 9-7. As funções de back-end chamam as funções, como no Exemplo 9-8. Esse é o código que executa o código responsivo de R, tal como no Exemplo 9-9.

Exemplo 9-9. As funções de back-end do servidor para o aplicativo que chama as funções para preencherem os dados para a IU de front-end

```
# define a lógica do servidor necessária para desenhar um histograma
server <- function(input, output, session) {

  # substitui por sua ID de propriedade do GA4
  ga_id <- 1234567

  historic_df <- reactiveVal(data.frame())

  get_ga_audience <- function(){
    # autenticação através de um arquivo JSON
    ga_auth(json_file = "learning-ga4.json")

    # coleta e organiza os dados
    get_ga_rt(ga_id) %>% tidy_rt()
  }

  # isso é sempre diferente para forçar uma chamada de API de tempo real
  check_ga <- function(){
    Sys.time()
  }
```

```r
# verifica se há alterações a cada 31 segundos
realtime_data <- reactivePoll(31000,
                              session,
                              checkFunc = check_ga,
                              valueFunc = get_ga_audience)

# cria um registro histórico
historic_data <- reactive({
  req(realtime_data())

  # acrescenta novos dados ao histórico
  new_historic <- append_df(historic_df(),
                            realtime_data())

  # grava novos valores em reactiveVal
  historic_df(new_historic)

  new_historic

})

# cria os objetos de dados de previsão
forecast_data <- reactive({
    req(historic_data())
    rt <- historic_data()
    message("forecast_data()")

    #
    forecast_rt(rt)
})

# exibe a timestamp da última chamada de API
output$last_check <- renderText({
  req(historic_data())

  last_update <- tail(historic_data()$timestamp, 1)

  paste("Last update: ", last_update)

  })

# uma tabela dos dados brutos
output$table <- renderDataTable({
  req(historic_data())
  historic_data()
})

# cria um desses por público
## todos os usuários
output$forecast_allusers <- renderHighchart({
  req(forecast_data())
```

```
        highcharter_plot(historic_data(),
                         forecast_data(),
                         "All Users")

    })

    ## compradores
    output$forecast_purchasers <- renderHighchart({
      req(forecast_data())

        highcharter_plot(historic_data(),
                         forecast_data(),
                         "Purchasers")

    })

    ## mais plotagens de públicos aqui?

}

# Executa o aplicativo
shinyApp(ui, server = server)
```

Se tudo der certo, veremos um aplicativo parecido com o da Figura 9-9, atualizando a cada 60 segundos com os dados mais atuais.

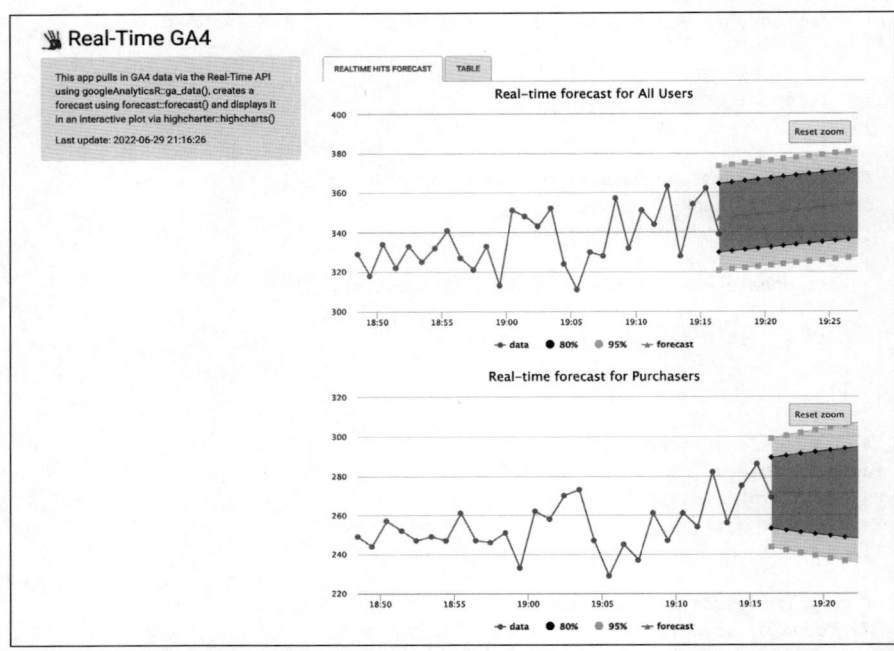

Figura 9-9. Um aplicativo Shiny em execução com dados de GA4 em tempo real e uma previsão (visualização Highcharts fornecida pelo pacote highcharter *chamando www. highcharts.com — conteúdo em inglês)*

Uma vez que estiver funcionando localmente, poderemos executá-lo, tal como discutido no Exemplo 9-2, com um Dockerfile criado com os pacotes de R, o aplicativo Shiny e a chave JSON de autenticação instalados.

As rotas a modificar para os seus objetivos incluem escolher o público que deseja rastrear (como o Público de Livros de Medicina do início deste capítulo) e personalizar a aparência do aplicativo para se adequar melhor à sua organização.

Uma vez que o painel estiver funcionando, é importante obter feedback dos usuários finais que queremos que o utilizem todos os dias. Sem dúvida, eles nos dirão o que precisa ser melhorado e os comentários devem ser encarados como uma tarefa constante para mantê--los felizes e engajados com os dados.

Resumo

Neste capítulo, vimos como criar um caso de negócio para o painel de tempo real, de quais recursos precisamos para estudar suas capacidades, como configurar públicos do GA4 para disponibilizá-los na API de tempo real, como hospedar um aplicativo Shiny no Cloud Run como a solução de aplicativo web do painel, como configurar a autenticação correta-mente, como criar uma modelagem de previsões usando o pacote forecast do R e como juntar todos os ingredientes para coletar dados da API de tempo real do GA4, prevendo-os e apresentando-os usando as bibliotecas de visualização Highcharts.

Assim como em todos os casos de uso apresentados, não sei se o aplicativo se adequará per-feitamente às suas necessidades, e foi por isso que procurei abranger o máximo de cenários e tecnologias que acho que seriam úteis, para que você possa misturá-los e combiná-los. Ao adquirir experiência, você trabalhará com mais casos de uso, de preferência com um elemento novo a cada vez. Dessa forma, poderá criar seu próprio catálogo de técnicas que poderá aplicar a novas situações no futuro. Este livro procurou lhe dar o primeiro empurrão com os casos de uso que vi na minha carreira, mas os seus com certeza serão diferentes. A lição mais importante que espero que tenha aprendido é ter uma estrutura para ser eficiente no seu aprendizado. O Google Cloud e o GA4 são particularmente úteis para isso, visto que sempre haverá inovações sendo lançadas, as quais poderá aplicar à estrutura. Assim, manter-se atualizado com os lançamentos o ajudará a se manter em dia com o que é possível fazer.

As técnicas descritas neste livro foram reunidas pessoalmente por mim de diversas fontes e, no último capítulo, veremos como desenvolver as habilidades necessárias com alguns recursos que me ajudaram ao longo dos anos.

## CAPÍTULO 10

Próximos Passos

O objetivo deste capítulo é deixá-lo com os recursos nos quais você poderá se basear, movido pela inspiração que espero que tenha recebido por meio deste livro. Este capítulo também inclui alguns recursos que poderá usar como lembretes, que podem ser úteis caso se sinta perdido durante a leitura.

Como procurei destacar, é impossível escrever um livro que abranja todas as soluções únicas das quais cada negócio precisa, mas espero que agora você tenha as ferramentas para desenvolvê-las sozinho. Eu escrevi os casos de uso para cobrir os muitos aspectos diferentes que surgiram na minha história, mas seu negócio e experiências serão diferentes. Já trabalhei em muitos casos de uso e, a cada vez, procurei introduzir um novo elemento, fosse ele um código ou um serviço que não havia usado antes, fosse uma nova abordagem. Então, quando estiver trabalhando no seu projeto de GA4, talvez você possa pegar este livro e encontrar uma seção que lhe dê aquele elemento extra que não conhecia antes e que agora poderá incluir.

Caso não tenha implementado nenhuma das soluções abordadas neste livro, incentivo-o a experimentar uma delas para ajudá-lo a sentir na pele quaisquer questões que possam surgir. Os livros e os exemplos são idealizados, e não incluem o vaivém de correção de erros de digitação, links esquecidos ou erros que cometi ao criá-los.

Neste último capítulo, compartilharei como obtive o conhecimento para escrever este livro, que vem, em grande parte, da comunidade e da bondade de desconhecidos que fizeram postagens em blogs, no Twitter ou conversaram diretamente comigo sobre suas descobertas nas comunidades digitais online.

Motivação: Como Aprendi o Que Está Neste Livro

Uma grande parte da educação é a motivação. Assim, encontrar essa motivação em nós mesmos é um passo fundamental para o sucesso futuro. Eu não sou a pessoa certa para escrever sobre como alimentar a motivação (se estiver lendo este livro, acho que você já está pelo menos com meio caminho andado!), mas posso lhe dizer o que me motivou na esperança de que isso sirva para o seu caso também.

Gosto de criar coisas novas e encontrar soluções inovadoras. Em cada projeto que trabalho, procuro incluir algo novo — mesmo que não dê certo e eu precise recorrer a um método que já foi testado e comprovado. Essa é uma experiência de aprendizado valiosa. É uma vitória toda vez, visto que tenho uma ideia melhor do que seria mais adequado usar da próxima vez ou encontro uma solução de trabalho superior em relação à anterior.

Também descobri que mudar meu foco para um nível meta acima do que estou trabalhando a cada intervalo de anos me dá um sentimento de progresso. Com isso, refiro-me a trabalhar nos limites do que sei agora para aplicar isso de forma mais genérica. Por exemplo, comecei a trabalhar com SEO de sites. Então me interessei em como medir os esforços de SEO e encontrei meu caminho na análise da web. Então passei para como ampliar a escala de soluções de análise web. Por fim, fui para a nuvem. Trabalhar no horizonte do que sei agora mantém minha motivação alta.

Acho que outra forma de me manter motivado é ter uma solução ideal em mente ao trabalhar no dia a dia. O cenário ideal é um que implementa todos os recursos perfeitos e não faz nenhuma suposição de recursos, técnica ou de questões políticas (o que é difícil de imaginar às vezes, eu sei!).

Com esse ideal em mente e mantendo-o atualizado com os pensamentos avançados mais recentes, sempre teremos um alvo em prol do qual nos esforçar. Algumas das ideias deste livro o ajudarão a perceber alguns desses mesmos ideais. Ao nos esforçarmos em direção ao nosso alvo, devemos aproveitar a jornada, porque nunca o alcançaremos, sempre fazendo coisas úteis no caminho.

Minha configuração ideal incluiria o seguinte:

- Objetivos gerais de negócios definidos pelo CEO refletidos nos maiores KPIs medidos no GA4 e em todo o negócio. O suporte das métricas do site para esses KPIs seria entendido e acordado por todos os stakeholders.
- A disponibilização de uma convenção e um esquema de nomenclatura a todos na empresa, de modo que todos possam chamar essas métricas pelo mesmo nome e relacioná-las com os KPIs.
- Uma dataLayer de GTM armazenando todas as métricas necessárias do site para todas as tags, com uma equipe de TI de marketing ágil, pronta para fazer as atualizações necessárias.
- QA e testes de lançamentos do site, incluindo uma aprovação/reprovação da qualidade dos dados de análise digital.
- Uma política clara e ética de privacidade para cookies e governança de dados para os dados do usuário, mantendo o respeito e a confiança dos usuários como o objetivo principal. A habilidade de o usuário reexaminar quais dados ele está transmitindo para nós e para nossos parceiros terceirizados, podendo revogar ou escolher novamente o que transmitir com facilidade.
- A habilidade de os usuários fazerem login quando confiarem que o site tem uma ID de usuário robusta, gerada de forma central e usada para todas as relações do cliente com o negócio (cruzamento entre canais, telefone, offline etc.).
- O rastreio anônimo estatístico é permitido para aqueles que escolhem não ser rastreados.
- A habilidade de todos os publicitários digitais fazerem configurações sozinhos e criarem pontos de dados para suas análises ad hoc.
- A habilidade de ativar fluxos de trabalhos com base em qualquer evento do GA4 enviado para ativar dados através dos canais de ativação.
- Fazer apenas a tag do GA4 ser ativada no site, enviando todos os dados de eventos para uma implementação de GTM SS.

- Todos os sistemas de dados internos na GCP, usando o BigQuery como a base para seu data warehouse e outros serviços como Cloud Run, Cloud Functions, Cloud Build etc., conforme a necessidade.
- O enriquecimento dos fluxos de eventos do GA4 com uma pesquisa Firestore vinculada a sistemas de back-end.
- Públicos no GA4 enriquecidos com dados de back-end usados para ativar através da Google Marketing Platform.
- Conjuntos de dados limpos e organizados no BigQuery, contendo as agregações do GA4 e dos sistemas internos, vinculados à ferramenta Looker BI para distribuição nos negócios para análise ad hoc.
- Acesso escalonado aos sistemas analíticos: apenas desenvolvedores analíticos terão acesso ao console web do GA4, relatando os dados entregues através das exportações do GA4 no BigQuery para o Looker e/ou o Data Studio.
- Eventos internos relacionados à atividade de usuário ativados pelo Pub/Sub, que podem ser opcionalmente enviados ao GA4 para aprimorar a análise e usados em casos de uso de ativação de dados.
- Um plano de desenvolvimento de dois anos com uma lista priorizada de casos de uso com dependências e recursos mapeados.

A sua pode ser diferente! Mas mesmo que eu conseguisse montar um sistema que atendesse todos esses requisitos, provavelmente teria de lidar com outros desafios.

Recursos de Aprendizagem

O conteúdo deste livro se baseou nos resultados de diversas pessoas que conheci ao longo dos anos, em especial meus muitos colegas de trabalho talentosos, como os da IIH Nordic, de Copenhague. Contar com uma ótima equipe enquanto eu trabalhava para ótimas pessoas foi de muita ajuda. Contudo, uma grande parte do meu dia era gasta consumindo conteúdos de outros membros da comunidade online, e o que se segue é uma lista de alguns dos mais úteis. Caso nunca tenha ouvido falar de alguns deles antes, incentivo-o a dar uma olhada (a maioria com conteúdo em inglês):

Documentação de desenvolvimento do Google
O primeiro talvez seja o mais óbvio, mas talvez se surpreenda com quantas pessoas realmente não leem a documentação criada pelo Google. Use o botão de feedback caso encontre algum erro ou se algo não estiver claro para melhorá-la ao longo do tempo. Recomendo que você leia tudo pelo menos uma vez, pois isso poderá esclarecer muitas perguntas comuns, e esse sempre será um link que reflete autoridade ao responder perguntas.

Simo Ahava
Eu trabalhei com Simo Ahava antes de ele se tornar um sinônimo de GTM e estratégia digital, de modo que tenho o privilégio de saber que ele é tão prestativo, confiável e amigável quanto sua persona pública. Ele merece seu sucesso, e se estiver tentando entender como usar o GTM e seus interesses em expansão com a privacidade digital e o básico do JavaScript, inscreva-se nos seus cursos através de sua empresa, a Simmer.
- Blog de Simo, focando o GTM e o GA

- Cursos de aprendizado online da Simmer
- @SimoAhava

Krista Seiden

Krista trabalhava para o Google como uma defensora do GA, de modo que ela ajudou a dar forma ao GA. Agora, como profissional independente e criando conteúdo para ajudar na transição para o GA4, Krista possui muitos recursos que o ajudarão a se atualizar com o uso do GA4, em especial em comparação com o Universal Analytics.

- KS Digital, o serviço de consultaria de Krista
- Blog de Krista
- @kristaseiden

Charles Farina

Charles costuma estar na frente de lançamentos do GA e contribui regularmente com seu canal no Slack, #measure, no Twitter ou no seu blog. Ele é o chefe de inovação da Adswerve, uma das maiores consultoras de GMP dos EUA.

- Blog de Charles Farina
- @CharlesFarina

Measure Slack

Se quiser se conectar com mais de 16 mil publicitários digitais, inscreva-se para fazer parte da comunidade #measure do Slack. Ela possui canais dedicados ao GA, data science, bancos de dados e muito mais, e se tornou a maior comunidade online de marketing digital. Ela também é apenas para aplicativo, de modo que a qualidade permanece muito boa com uma alta relação entre sinal/ruído.

Julius Fedorovicius

Julius chegou relativamente há pouco tempo na comunidade de análise digital, mas não demorou para se tornar um fornecedor de muitas informações excelentes sobre como dar os primeiros passos no GA4, incluindo tutoriais em vídeo no seu site, Analytics Mania.

Ken Williams

Ken já vem postando ativamente no seu blog sobre questões-chave relacionadas com a transição do GA4 e do Universal Analytics, e ele escreve sobre guias de implementação técnica e explica conceitos, por exemplo, como as conversões são moldadas.

Krisjan Oldekamp

Como outra pessoa que começou a publicar temas sobre análise digital há relativamente pouco tempo, Krisjan forneceu ótimos tutoriais sobre a interseção do Google Cloud e do GA, que também é o foco deste livro. No Stacktonic, Krisjan postou vários artigos sobre integração no Cloud que eu gostaria de ter escrito!

Matt Clarke

As postagens de Matt Clarke foram um dos meus tesouros secretos de longo prazo, com vários tutoriais de como fazer um data science prático usando dados de marketing digital, incluindo o GA. Ele também criou um pacote em Python para baixar dados de GA4 que é parecido com o meu, feito em R.

- Blog Practical Data Science
- gapandas4, uma biblioteca de importação GA4 em Pandas

Johan van de Werken

Johan foi um dos primeiros a escrever sobre como trabalhar com exportações de BigQuery do GA4, levando-o a oferecer um curso no site Simmer de Simo. O site GA4BigQuery de Johan é um ótimo recurso, ao qual ainda recorro quando esqueço alguma sintaxe, e possui alguns exemplos de SQL para começar a trabalhar.

David Vallejo

David se tornou rapidamente a autoridade sobre como trabalhar e personalizar as chamadas JavaScript reais nos fragmentos de GTM e GA4, possuindo bastante experiência com o Measurement Protocol do GA4. Se estiver procurando informações sobre como personalizar e fazer configurações de rastreio avançado, recomendo que dê uma olhada no blog de David primeiro para ver se ele já postou algum conteúdo sobre o assunto.

- Site de David Vallejo
- Dicas do Measurement Protocol do GA4

"Churn Prediction for Game Developers Using Google Analytics 4 (GA4) and BigQuery ML"

Esse excelente tutorial do YouTube de Googlers Polong Lin e Minhaz Kazi mostra como combinar os dados do GA4 no BigQuery ML, concentrando-se em reduzir a perda de clientes para um aplicativo de jogos.

R for Data Science

Se quiser começar a aprender R, recomendo *R para Data Science*, de Hadley Wickham e Garrett Grolemund (Alta Books).

Forecasting: Principles and Practice

Acho que esse livro online é inestimável para começar a aprender a fazer previsões. Ele foi escrito pelo autor do pacote de previsão em R, Rob J. Hyndman e George Athanasopoulos. *Forecasting: Principles and Practice* [sem publicação no Brasil] contém exemplos de uso de R, mas também é útil como texto geral.

A comunidade de R e data science

A comunidade está sempre publicando diversas técnicas estatísticas úteis. Um bom lugar para começar é pela newsletter RWeekly.org. O blog de data science *Towards Data Science* inclui diversos artigos sobre temas estatísticos.

Isso deve ser o bastante para mantê-lo ocupado com os recursos de aprendizagem. Mas mesmo com todos os recursos do mundo, você ainda precisará pedir ajuda, que é o assunto da próxima seção.

Pedindo Ajuda

Já posso adiantar que você precisará autodiagnosticar problemas que surgirão mesmo seguindo os exemplos à risca. Essa é uma das barreiras mais complicadas, porque saber qual é a pergunta certa a se fazer é quase tão difícil quanto encontrar as respostas, e com menos experiência, identificar exatamente o que está errado fica mais difícil. Fazer a pergunta certa é uma habilidade tão importante quanto saber a resposta certa. Seguem algumas dicas que poderão ajudar em sua jornada:

- Leia as mensagens de erro e tente fazer uma pesquisa na internet sobre elas se não entender o que querem dizer (pode parecer loucura, mas um número surpreendente de perguntas online é resolvido nas próprias mensagens de erro).
- Procure limitar e testar a linha ou o serviço exato que está causando o problema. Comentar blocos de código aleatórios é uma tática válida.
- Stack Overflow é um site de perguntas e respostas que já me ajudou diversas vezes.
- Se você se sentir perdido, faça mais logs do que está fazendo. Exiba as variáveis que está esperando e veja se elas batem com suas expectativas.
- Estabeleça um regime de testes no início do seu processo. Possuir dados de testes com os quais sempre podemos fazer comparações pode agilizar bastante o progresso e é um investimento que vale a pena para evitar frustrações mais tarde.
- Entenda o processo exato do que você está fazendo, inspecionando cada nó para se certificar de que eles batem com suas conclusões — por exemplo, a solicitação HTTP do navegador, os dados processados por uma tag do GA4 no GTM, os dados na visualização de depuração do GA4 etc.
- Erros intermitentes são os mais difíceis de rastrear porque eles provavelmente têm algo a ver com o ambiente ou as circunstâncias especiais da solicitação.

Depois de ganhar alguma experiência com seus próprios projetos e aprender com esses recursos, talvez queria obter um certificado para que você e os outros saibam que atingiu certos padrões.

Certificados

Os certificados mostram a nós mesmos e ao nosso empregador o que podemos fazer, e que trabalhamos o suficiente na nossa especialização para sermos reconhecidos. Se estiver procurando um emprego, acho que vale a pena obter pelo menos alguns para mostrar aos seus potenciais empregadores. Nesse caso, a cereja do bolo seriam algumas demonstrações além dos certificados que mostram que você consegue colocar em prática o que aprendeu em, digamos, um projeto de código aberto.

Existem muitos certificados de marketing digital por aí, mas escolhi alguns que sei que serão úteis e acho que serão de ajuda para os outros (alguns conteúdos em inglês):

- O programa de treinamento do GA4 tem sua própria prova de cinquenta perguntas, o que seria o primeiro benchmark de que você sabe do que está falando quando o assunto é o GA4. Todo o material necessário para passar na prova pode ser encontrado neste livro!
- Simo Ahava oferece um processo de certificação, o "Simmer for Google Tag Manager".
- Krista Seiden oferece cursos de GA4.
- A GCP possui muitos cursos no Coursera, e o de Engenheiro Profissional de Dados me foi útil enquanto estava aprendendo sobre todos os serviços relevantes de dados.
- O curso de Programação em R do Coursera me ajudou ao longo da minha jornada no R.

Esses cursos são úteis porque abrangem as tecnologias que uso no meu trabalho do dia a dia, minhas ferramentas profissionais. Quando escolher em quais ferramentas você deseja se especializar, incentivo-o a dominá-las. Fazer isso me deu uma profunda satisfação no trabalho.

Pensamentos Finais

Desejo-lhe sorte na sua jornada de criar incríveis integrações de GA4. Essa jornada foi interessante para mim, e tive muita sorte em ter algum sucesso público. Se consegui lhe transmitir parte da minha sorte e experiência com o conteúdo deste livro para que você também se beneficie, então valeu a pena. Se eu puder deixar um pensamento final, seria que atribuo grande parte do meu sucesso à decisão de começar a publicar conteúdo na comunidade, em blogs e através de código aberto, contribuindo com a comunidade que me deu suporte. Isso me mostrou que nunca estamos sozinhos nas questões e nos problemas que enfrentamos, e a recompensa por compartilhar essas soluções foi dez vezes maior em feedback e contribuições dos outros. Mal posso esperar para ver o feedback e as histórias que este livro o inspirará a escrever, e se desejar, fique à vontade para entrar em contato comigo através dos meus canais públicos de comunicação.

Índice